厚德博學

經濟匡時

U0172630

人文社科文库

城市空间的
逻辑变迁与文化启蒙

魏海燕◎著

The Logical Changes and

Cultural Enlightenments

of Urban Space

上海财经大学出版社
SHANGHAI UNIVERSITY OF FINANCE & ECONOMICS PRESS

  上海学术·经济学出版中心

图书在版编目(CIP)数据

城市空间的逻辑变迁与文化启蒙/魏海燕著.一上海:上海财经大学
出版社,2023.11
(匡时·人文社科文库)
ISBN 978-7-5642-4260-2/F·4260

I.①城… Ⅱ.①魏… Ⅲ.①城市空间-研究-中国 Ⅳ.①TU984.2

中国国家版本馆 CIP 数据核字(2023)第 193965 号

本书由上海财经大学"中央高校建设世界一流大学学科和特色发展
引导专项资金"与"中央高校基本科研业务费"资助出版。

□ 责任编辑　邱　仿
□ 封面设计　张克瑶

城市空间的逻辑变迁与文化启蒙
魏海燕　著

上海财经大学出版社出版发行
(上海市中山北一路 369 号　邮编 200083)
网　　址:http://www.sufep.com
电子邮箱:webmaster@sufep.com
全国新华书店经销
上海华业装璜印刷厂有限公司印刷装订
2023 年 11 月第 1 版　2023 年 11 月第 1 次印刷

710mm×1000mm　1/16　15.5 印张(插页:2)　215 千字
定价:78.00 元

献给我的母亲陈宝玲女士

前　言

城市·空间·希望

　　城市是人们共同生活的空间场域。它既是物质文明的载体,又是历史文化的叙事线索。它不仅是一种空间的物性存在,而且是人类精神文化的依托。作为现代化与全球化历史同构的新舞台,城市在当下及未来全球发展与世界连接中扮演着越来越重要的角色。在现代化的引擎中,西方发达国家的城市发展已走过几百年的历史,我国的大规模城市建设也走过了几十年的发展历程。无论是几百年的沉淀还是几十年的飞跃,身处"人类命运共同体"的历史环境下,面对资本的发展、环境、生态、人口等诸多要素,城市的现代性发展仍是各国共同面临的问题。总体而言,这就是资本驱动带来的城市结构化以及同质化发展问题、信息技术强制带来的空间层化问题、人在多棱社会空间中的文化求存问题。这些问题的突显与交织,无不呈现出城市的空间意识与空间观念在时代发展中的变化历程与变迁逻辑。

　　城市的理解离不开现代性的语境与立场。城市的现代化发展更是在现代性的历史图景下展开的。我们不禁首先发问,现代性是什么?现代性是奠定在时间与空间两个维度上,突破以往历史阶段,与传统社会完全不同的生产机制与运行机制。如果不能从时空维度上去理解与把握现代性的结构性生存法则,那么对现代性的理解则无法从整体上掌握其本质的精髓。现代性的最大理性特征就是把时间与空间从传统社会中抽离出来,把人们可以错落有致进行社会观感的对象,变成了可用于资本生成与运动的生产性社会时空。可以说,没有时间的强制性、统一性要求,资本积累无从谈起。同样,没有空间的差异性格局,资本积累无法突破时间刻度的约束性,不能实现资本的空间裂变。时间与空间的全球一致性与共在性,成了现代性发展的基本坐标。与此同时,现代性把人的生存尺度融入对时间与空间生产的同一过程中。时间是马克思用来洞悉劳动与价值的密钥,它解析了价值的来源,更是以此展开了无产阶级在时间维度上体现的劳动价值,在对抗资本空间化积累中难以逃脱被盘剥的历史命运。绑定在时间维度上的劳动价值与空间维度下裂变的资本价值,在现代性的历史推进下被发挥与分离得淋漓尽致。

对于城市而言,空间是城市的天际线,是高楼大厦的矗立,是居住空间的拥簇,更是互联网虚拟空间里一个个波涛汹涌的信息通道。物理空间、虚拟空间、人际空间的重叠与交织,共同构成了城市空间的存在。城市是一个巨大的空间,而充盈其中的不仅仅是土地和建筑,更是不断交织与更迭的关系网。空间是理解城市的首要与核心概念。无论是以土地为代表的城市地理空间,还是以资本为动能的时空压缩空间,抑或是结合信息技术而生成的层级关系空间,空间无不表达着城市由内至外的本质及形态——社会关系的构成、物质与精神的载体。在这个巨大的空间关系网络中,以资本流动和资本积累为驱动,交织着土地、固定资本投资、生产机制、劳动力、人口等诸多要素的同构、变迁和转移。

空间进入理论视野并非偶然,而是时代的酝酿已久。空间的组织性与政治意味性,率先被以福柯为代表的理论家们所发现。在他们看来,空间的建构更多是社会心理与政治的投射与表达。空间隐喻的揭示与政治意味的发现,成为进入空间探索的理论自觉与理论先锋,注重城市空间的社会功能与分类,则是理论家们对空间问题的进一步阐释与聚焦。伴随着资本在时空生产中的累积,越来越多的原本具有社会公共属性的空间卷进资本生产的过程,或者说,空间本身就是资本生产的对象。"公共服务乃是现代城市的骨架和肌肉,在它们的确定和开发方面,自由主义城市规划的先人们,无论对其所为有什么优点和缺点,他们还在为自己改变了城市面貌而倍感自豪。"①空间的"编织与制定"越来越脱离人们的生活经验与常识,很难再依靠传统的经验性感受去描述城市空间对于人的存在的意义。空间的急剧变化不仅给人们的内心带来冲撞、分裂,更是对现实的社会关系及身份进行再定义。

列斐伏尔试图在技术与空间中撕开一条民主的裂缝。在列斐伏尔的观念中,政治是一种社会性的总体考量。他更希望从对空间政治属性的批判中,能够看到一种制约与平衡各方利益的政治力量。易言之,政治不但是批判的对象,更是空间问题拯救的力量。这是他从否定的批判中看到的一种希望与未来。

从资本视角去解释现代性空间的构成本质,是对空间本质鞭辟入里的剖析。可以说,注重空间形态的资本构成及马克思理论视角的批判,是空间理论的建设高峰以及真正具有里程碑意义的思想标杆。资本构筑的当代城市空间形态,始终和资本运动密不可分。甚至可以说,城市空间是资本运动在当代社会结构中的铺陈与展现。因此,我们可以看到大卫·哈维进一步发挥了列斐伏尔的空间思想,把空间理论的基础夯实在城市空间形态的资本构成上。他将空间问题与意识做了更深层次的回归,试图从马克思的资本理论当中寻根问底,从马克思的政治经济学批判中释放出不曾被清晰表明与发觉的空间思想的种子。空间问题在马克思的理论中是隐而不述的,但马克思的理论却从未脱离城市、脱离现代性的历史

---

① [美]卡尔·休斯克.世纪末的维也纳[M].李锋译.南京:江苏人民出版社,2007:25.

背景,并且是站在现代性的总体立场在立足资本运作的城市结构中所做出的政治经济学批判。这是一种深入现代性本质的入理剖析。这也正是马克思理论永不退场的真理明证。从空间的政治意味中读出历史地理的空间唯物主义,用马克思的唯物史观再次对空间问题进行审视,哈维参透了这种思想进路。他对马克思《资本论》的再次深入研读,立足马克思唯物史观的立场,与其说他发展了马克思的空间理论,毋宁说给我们提供了一种理解现代性空间的解读方法与视角。城市是资本生成的场域,更是资本腾挪发展化解危机的空间与社会结构。没有资本的注入与扩张,城市不会快速发展,没有城市社会空间结构的承托,资本危机不会一次次置转。在解析城市空间资本化社会结构的基础上,哈维发展了城市权利、新帝国主义理论、城市正义问题等理论,同样希望从空间中看到城市的未来。

因此,我们可以非常坚定地认为,缺乏政治经济学高度审视的地理—空间理论,是难以得到社会的理解与认同的。这一点使得我们看待信息革命带来的城市空间变革问题时仍是如此。在城市空间形态不断变迁的历史当下,我们更应拿出马克思政治经济学批判的理论勇气,仔细审慎地看待这一新的时代变迁带来的新空间问题。信息技术的突飞猛进,似乎通过一种创新的技术带着前所未有的气势,打造出城市空间日益复杂的层次性与多极性,并能在现实世界中实现城市各层级空间的无缝穿梭。空间在现代性的意味里不是简化,而是更趋复杂。这给现代性之复杂性更增添了"祛魅"的难度。身处城市多重空间碾压下的人的主体性逐渐让渡给信息打造的空间。空间层化的效应突显,迭代速率更快,在各层级空间、各社会角落加速人与世界、人与社会、人与人之间更迭与淘汰的速度。信息技术在各类由数据蓝海建构的数字化模型中试图还原物理世界的"事实",打造"元宇宙"世界中通行的数字话语。现实世界似乎都要透过信息技术在数字世界找到其"元之初"的原本,而现实世界反倒成为数字元宇宙的摹本。在数字建构的元宇宙世界中,现实世界仿佛沦落为一个数字建构的模型,人更是成了缩微的符号与代码,一切人类活动包括情感需求,都只是列入其中可定义、可编制、可量化、可操作的参数。由此,数字化权威成了现实世界中的空间强制与逻辑话语。这种数字思维的理性化方式不仅因其科学性与客观性而变得无可辩驳,还成为现代社会通行的规则话语。在这个人类主体性不断被让渡的信息化空间下,我们主张的城市权利、城市正义在哪里?城市空间进一步解放的出路与空间正义在哪里?带着这些思考,我们尝试寻找出路。

相较资本与技术,文化一直不是强势话语,甚至在资本的扩张中,文化总是被侵扰与裹挟的对象。文化被强势的资本带入,或者被卷入,甚至被侵蚀与消解。资本的本性惯于将文化变成产品与资本,以至于忘却并抛弃了作为社会主体性存在的文化母体。文化是资本与社会形态的分水岭,并不是所有的民族与国家都接受资本的定制与改造。资本是现代性的引擎,文化是各国发展现代性的界标与限度。资本不是全世界的通行证,唯一能控制资本主导的现代性形态的力量就是世界各民族与国家不同的文化。在西方对于现代性社会及文化批判理论中,学者们对于文化现象以及作为结果的文化状况表示担忧并描述较多,而对于文化的主动建构却鲜有提及。对文化的继承性批判理论较多,而对文化主动求变的理论回应却很少,使得人们很难在资本对现代性社会的定制与打造中,在资本逻辑对现代性社会的霸占中,从文化中去发现并寻求一种社会救赎的整体力量。理论上的破而难立,导致了卡斯特尔等人城市空间救赎理想的破灭。其实,文化是一切社会属性的源泉与人们生存样式的总体性概括。有什么样的文化就有什么样的政治体制、思维方式、思想观念和社会理解。我们可以看到,西方的文化已根深蒂固,加之新自由主义的弥漫,已经将个人主义、原子式个人、个体自由主义发挥得淋漓尽致,很难在社会中形成一种团结的力量,这在 2020 年初全球暴发的新冠疫情所引发的一系列社会运动中展现得一清二楚。在这种文化下,政治体制中的社会只有个体,没有集体,只有个体自由,而无群体自由。在原子式个体思想意识中,个体没有关涉他人的社会责任意识,政治体制只为少数特权阶层服务。在式微的理论与突变的社会环境下,西方现代性批判理论中,文化只沦为批判的对象,而无重塑的可能。与其说是理论难以走向深入,不如说是现实世界中,在西方文化基因弥漫中,脱离文化包容性、背弃文化主体性、蔑视文化差异性的资本逻辑难以为继。

相较于西方,中国在经历经济快速发展之后,人们的审美、思想、意识、文化等都处在一个激荡与调适期,仍需较长时期的精神沉淀与文化内省,文化建设正处于再启蒙与全面发展的历史新阶段。我国的历史文化作为民族与国家总体凝聚的精神文化根基是西方文化无可比拟的,这也为新时期社会主义再出发奠定了良好的基础。因此,从文化的启蒙中,我们看到一种能够理解城市空间问题的新生力量与希望,并且是持久的能够为现代性注入文化新注解的真正力量。

这就是本书试图表达的对城市空间持续保持活力与希望的思想期望及叙述逻辑。在寻求城市空间的未来之路上,我们又多了一种可能,这就是文化的力量,并且我们正在开启并建构这种文化的力量。围绕这个叙述主线,本书首先以资本切入对城市空间的理解。资本批判是马克思唯物史观审视现代性的历史视野,更是城市自我审视的内在张力与机理。立足马克思唯物史观立场,运用现代时空理论,结合当代历史-地理唯物主义、城市空间理论,以马克思的资本积累理论作为城市空间逻辑变迁的研究起点,将打开本书透视城市空间在迈向现代化与全球化发展中的三个维度:资本定义的空间、信息改变的空间、文化塑造的空间。在三个维度的剖析与阐释中,展现城市空间如何在资本、信息、文化的内在勾连下,通过信息化的社会建构扩大资本驱动,最终在文化的孕育空间下走向更高发展阶段的内在逻辑。

资本始终是理解城市空间的核心要素。城市离不开资本的发展,无论是基础设施建设、固定资本投资,还是社会化再生产,都需要资本的投入。无论城市以信息技术来延展自己的空间,还是在文化空间中寻求突破,始终离不开资本的积累与驱动。同样,资本的积累更依赖于城市的结构并与之适应和调适,通过城市化来吸收资本生产出来的剩余产品已成为资本与城市共生发展的基本原理。城市的空间结构就是城市发展公式中的变量,资本与城市空间必须在新的生产条件和社会条件变化下不断寻求一种平衡。资本推动生产技术与社会条件的飞速发展,被定义的社会结构与空间话语都会对人们的社会心理、生活期许带来极大的冲击与震荡,空间的主体与策略就变得至关重要。

信息技术带来的全面信息化社会发展更是如此。信息不是与资本相对立的东西,它并没有消解资本逻辑,相反它是受资本推动并且不断变化资本逻辑不同面貌的另一种存在形式。信息带来更大程度与规模的资本集聚与垄断,成为社会另一种形式的高度抽象与异化。信息渗透到各个社会空间,把资本的毛孔扩张得更加细致与精准,每个毛孔都充满并吸附着资本。信息重新建构与塑造不同于以往的城市空间、社会结构和社会秩序,它成为现代社会另一种形式的"座架"力量。这一切并没有改变资本的本质与属性,只是以更加技术化的方式造就城市空间新的不平衡与不平等,而技术化的背后仍是资本力量之间的博弈、对立、此消彼长的过程。技术强制与挟制对人们的伦理和道德造成冲击,甚至可以诱导人们的主观意志、思维方式与行为方式与信息逻辑的方向一致。人们所处的空间不是更开放了,而是成为信息强制下更密闭的"壳"空间。这些都给当代城市与社会的发展带来更大的考验。

那么,在资本与信息的强制下,人们的精神依附与归属将走向何处?与此同时,文化对人们又意味着什么呢?不同国家和民族,在资本及信息强制所制定的一切空间秩序与社会规制面前,唯一可以对资本做出不同定义和路径的力量就是各自独特的文化。文化是传统,更是固守一个文明存在的根基。因此,面对资本、信息技术冲击的社会,文化更应突显它的作用,彰显它的主体地位,而不是被资本所造就的现代文明所压迫与舍弃。在资本的全球化中,文化即话语,文化即样态。在资本高速发展的阶段,文化受资本的驱动,受利益的鼓吹,但是当资本发展到一定程度,想进一步发展时,则必须进一步尊重文化的主体性地位,尊重不同的文化传统,回归文化的叙事主线。文化是面对世界多样性文明样式存在的最大明证。未来的世界发展之路,不再仅仅是经济多元化发展,而是在文化多元性主张下的经济发展。社会的承认、沟通与对话,都必须在文化框架下进行。文化话语将是资本话语的必然超越。

本书的完成,并非一夕。每每感于自己钝笔的同时,也发现时代环境的变化超过了我们对它静心思考的速度。每一个十年,城市的空间以惊人的速度发生着日新月异的变化,无论是资本的扩张速度,还是信息技术带来的社会变革乃至人们的行为模式、思维方式,都发生了不同以往的可以称之为迭代的变化。高铁的迅猛发展,改变了城市间的时空距离,验证了空间换时间的现代时空感受;大都市圈的集聚效应发展,带动并打通了产业发展的区域链,并带来了城与城之间"际"的空间更替与发展,空间布局随着产业布局、人口流动而不断发生变化;产业的调整、传统产业的置转,都是在空间的再布局中进行,更是在城与城、城市与农村的空间置转中不断调整。城市的定位、区域发展、中心功能,都在不断进行空间置转与调整,试图在新一轮的空间竞争中保持城市的吸引力与特色。空间发展与空间布局已成为现代化发展的基本规划单元和基本的考量对象。信息化技术的发展更是网格化了空间,能通过技术实现对人、对物的精准控制,细密地织就着人与空间的各种关系与碰撞。

在这发展与改变的过程中,城市改变了我们的生活,但它是我们想要的生活吗? 现实的变化已令人瞠目结舌,理论上是否有足够的思想把握力来涵盖并表达我们的世界,也是对理论工作者艰辛的考验。对城市空间的理解与批判,始于西方的理论,但是我们又不能止步于这些理论的思考。现实的巨大变化,又在何种程度上可以延伸我们的思考? 城市空间问题的解决方案是什么? 信息技术究竟是我们的福音,还是新的一种技术强制,进而带来城市正义与话语问题的失衡? 实证主义是否在新的信息技术条件下,又重新霸占政治、文化的话语权? 城市未来的出路在哪里? 这些都是我们面临的时代问题及思考的方向。城市是个复杂巨大的生态系统,我们不可能用简单的语言就可道尽其中的奥秘。但是,如果没有宏观且基本的框架对其化繁就简,也在一定程度上说明理论没有上升到足够的水平。在立足资本批判立场解析城市空间形态构成方面,大卫·哈维代表了马克思唯物史观立场开创城市批判理论的风向标,而当城市空间形态在信息时代发生转变之后,城市的空间理论基础在哪里? 这不由引发我们需要更多的思考与理论总结。在这个艰辛思考过程中,我们希望通过本书的叙述,能看到城市变迁及未来的发展方向。

中国的改革开放走过了四十余年的历程,中国城市的发展恰恰在改革开放的历程中表达着其中每一个环节、每一层关系、每一种结构的进化与变迁。因此,城市的每一次结构转型、功能转变、区域变化都暗含着社会生产机制的变迁。中国正处在高速发展的新时期,以空间逻辑变迁切入对中国城市发展进程的思考,恰能展现在当今新自由主义及资本全球化的外部空间环境下,我国城市发展走出了与中国式现代化过程相适应的道路,在奠定了城市发展物质财富基础的同时,又展现出我国在空间生产、空间均衡、文化反思等多重维度中笃定前行,立足中国特色社会主义道路的坚定立场。和而不同的现代化方式和极具创新的历史实践方式,铺就了中国城市砥砺前行的发展道路,为中华民族伟大复兴之梦的实现打下了坚实的基础。中国城市的发展,必须有自己的理论、自己的道路。中国在现代化建设道路中的文化启蒙与建构,是一种源自中国历史文化内在精神的思想内省。文化的坚定、精神的挺拔、民族的自信,这是中国屹立于现代性世界之林的应有姿态。中国有这种历史文化底蕴与基础,更有建构一种新文化,塑造新文明生态的可能性。

魏海燕

2023 年 9 月于上海

目　录

第一章　城市：现代性的总体叙事

现代性，是立足城市展开的社会景观和历史画卷。"'现代性'被认为是历史社会学中的一个经验范畴，用来揭橥在一个'时期'的奠基性的统一性内部的社会发展中开天辟地般的断裂或者决裂，这些断裂发生在许多不同的层面上——从政治、经济、法律形式出发，贯穿宗教和文化组织，直到家庭结构、性别关系和个体的心理构成。"①脱离城市来谈现代性，是抽象且失根基的。现代性的形成与发展，从基质上而言，必然离不开城市这个空间形态作为载体和依托。只有城市的社会结构才能满足现代性对当下的改造及对未来的想象。因此，在空间上，城市摒弃天然散落的农耕格局，让聚合性社居成为社会流动与商贸流通的先决条件；在生产上，城市摒弃传统的农业，通过工业化、社会化生产转而追求土地空间价值的最大化；在思想上，城市摒弃落后陈旧与不确定性，更倾向于科学理性带来的可控性；在行动上，城市摒弃盲目和随从，更倾向于可以提前预设的规划和计划。由此，城市在空间格局上，帮助现代性完成了对所有不能为之所用的各种旧有格局的摒弃，在思想上实现了对旧有思想及文化禁锢的突破，从而在历史形态与阶段上，标志出现代性特有的特征，宣告着与旧时代的割裂。在现代主义看来，城市是人类文明在较高历史阶段的体现，是原始信仰和旧有传统的对立面，因为传统意味着落后与守旧。城市所表达出来的对文明的理解与尺度，将成为文明心智与原始思维的分野与对立。现代性呈现的历史阶段，既是人类思想突破传统实现自我认知的历史必然，又是开启社会化大生产、全新定义人类生产劳作与社会分工方

---

① ［英］彼得·奥斯本.时间的政治——现代性与先锋［M］.王志宏译.北京：商务印书馆，2004：13.

式的新阶段。"由于整个世界变成了现代的和同时的,整个世界共同享有'现时代'(present age)。这是历史民众所曾背负过的最沉重的'现时代'。其任务是弥合现代性理想与现代性现实经验状态之间的沟壑。这意味着人们为现在负责。"①

现代性不仅是传统时空意义下的历史节点,而且是以自己的方式改变了长久以来对时空的依存关系,重新定义了时空观念。启蒙思想开化出来的时间与空间观念,将时空从抽象的自然属性中抽离出来,赋予它不同以往的生产属性与社会意义,成为满足社会化大生产的时空要素。当时空纳入现代生产体系中时,时间首先被用于生产领域,成为衡量劳动与价值的社会性尺度。只要它被卷入到现代生产体系中来,世界各地的人们就有了统一的生产、劳动的尺度与标准。时间成了保持现代性一致性原则与要求的基本尺度。围绕时空运转而创生的现代性运行机制,更是创生了以时空管理为内在性框架的现代货币政策、金融制度、法律权属制度,以及围绕现代性所特有的一切管理制度。

时间与空间是现代性的坐标,更确切地说,是资本形成与运动的两个重要维度。马克思的资本积累理论,用劳动、阶级、价值等这些立足现代性总体性的概念,深入剖析了现代性社会存在的结构性逻辑。空间理论的兴起,更是对时空置转变换的时代观察。空间不是抽象空洞的"物",而是基于资本积累的腾挪转换产生的社会关系,是马克思理论中所说的人类社会关系在空间上的呈现与投射。由此,我们可以透过时空的维度,从本质上理解现代世界(资本世界)中那些日常可见——表现在货币政策、资本交易、法律权属等领域中无力反驳的时间霸权、空间强权等全球霸权的行为。在现代性的时空座架中,谁能对时间和空间做出定义与要求,谁就拥有现代性的强权与霸权。现代性的运筹帷幄,就在于对城市时空累积性生产的掌控,在于对城市资本裂变空间灵活自主的运用。谁越能灵活充分地运用城市的时空框架,谁就越能拥有更多关于现代性的话语权。

---

① [匈]阿格尼丝·赫勒.现代性理论[M].李瑞华译.北京:商务印书馆,2005:254.

一、现代性的时空之维

时间和空间是一对客观的自然范畴。哲学家、科学家、诗人、文学家、艺术家都试图从不同角度和不同层面表达出对时空无限苍穹的敬仰与思考。科学家们更是希望能够提供完整解释宇宙时空的单独理论,以此来表明科学在解释宇宙天体运动中产生的时间与空间概念的有效性、独立性和客观性。"科学的终极目的是提供能够描述整个宇宙的单独理论。"①然而,这种科学尝试越是努力,越会发现单独依靠科学解释时空客观性的困难以及不可能性。在时空开端及边际有限性问题上,康德把它装进先验认知的范畴内,称这些问题为纯粹理性的二律背反,是不可用人类后天的日常经验去理解和认知的先天范畴。对于进入人们日常生活的时空和能够通过小时、分、秒刻度为人们所感知的时间,都是时空的社会性存在。只有当时空与人们的社会性感知、社会劳动紧密结合在一起的时候,当人们在社会生活与劳作中去感知时间对人们的意味时,时空才不是独立于人们思考之外的存在,而是作为人们认知与生存的对象性存在。"在面对'为什么要把历史总体化?'这个问题时,在以'现代的'、后神学的哲学形式做出的反应中,有三种各各不同的反应赫然醒目。有的人的反应可能是先验的,有的人的反应可能是内在的,还有的人的反应方式在某些人看来在哲学上可能更为根本些,它处在某种时间经验的现象学的本体论之内。"②在时间的社会化感知阐释中,海德格尔把时间与人的内在化感知联系起来。在哲学家看来,将时空的存在作为人的生存之境,是一种能够纳入人的生存本体论上的认识。"一种是'客观'时间,空洞的物理时间,另一种是此在(dasein)的时间,作为生活的时间。这种区分并不完全是新的,但海德格尔作出这种区分的方式是全新的。"③在存在论视域

① [英]史蒂芬·霍金. 时间简史[M]. 许明贤,吴忠超译. 长沙:湖南科学技术出版社,2007:17.
② [英]彼得·奥斯本. 时间的政治——现代性与先锋[M]. 王志宏译. 北京:商务印书馆,2004:52.
③ [匈]阿格尼丝·赫勒. 现代性理论[M]. 李瑞华译. 北京:商务印书馆,2005:240.

下,以人的社会化感知将时空与人的感知到的存在作为共同的在场,这才是对时空社会性的最好阐释。

"时间是一个历史概念,并因此历史地改变其限定。在形而上学中没有有意义的时间概念。在柏拉图主义中没有时间概念。亚里士多德的时间概念是双重的。一方面是系列(lines)的概念,另一方面是与行动相关的概念或'此刻',这是后来被作为'时间'范畴加以引用的范畴之一。"①

无论是先验性的不可知论,还是内在性的社会感知,都反映出一个问题:人既是时空认知的主体,也是时空感知下的客体;人既是这个问题思考的主体,又是这个时空过程的客体。人类现在所认知与讨论的时空,都是以一切人类总体活动作为参照的,我们所处的位置(地球)、观察的角度、参照物的条件,都决定了时空是我们所理解到、感受到、认知到、共同发生交互关系的时空。脱离人的认知的时空存在并非不存在,但那不是与人类有关联的对象范畴。我们所认知的时空逻辑起点与现实参照物,其实都没有脱离人的认知视野与活动范围。这也表明,脱离人的社会实践活动来谈时空是没有意义的。

时空标明了事物的存在。事物的存在依赖于人类在时空座架上对其所产生的认知。可以说,时空是人类认知能力建构的坐标,我们从时空维度去感知与认识事物的存在。当我们无法从时空中去判断与把握一个事物时,我们自然就认为它不存在。因为事实上,一定有独立于我们认知之外的自在之物,这就是康德所说的自在之物。之所以称之为自在之物,就是因为它们脱离了我们的时空认知范围与能力。人类所认知的事物,都是能够在时空中把握其存在的事物。对时空的认知程度,决定了我们认识事物的限度与界度,也是事物存在的时空依据。变换了时空,抽取了时空,每个事物都不是其当下的存在。事物的存在,必然带着时间与空间的维度与标记。在这个意义上,存在论上所说的存在,发扬了马克思的观点。在谈到事物的社会性存在时,马克思早已提到,"先于人类历史而存

---

① ［匈］阿格尼丝·赫勒. 现代性理论［M］.李瑞华译.北京:商务印书馆,2005:240.

在的那个自然界,不是费尔巴哈生活于其中的自然界;这是除去在大洋洲新出现的一些珊瑚岛以外今天在任何地方都不再存在的、因而对于费尔巴哈来说也是不存在的自然界。"①我们所处的世界,包括时空,一定是与人发生关联的社会性存在。

我们没有必要使时间和空间的所有概念都从属于科学规定中物理的客观属性,即我们不能以绝对的物理观念去套解时空的社会观念来追求它的绝对性及客观性,从而满足仅是我们逻辑上要求的自洽性。因为时空对于人类的意义而言,它的意义不仅仅是物理观念,更可能是人类在社会实践活动中形成的社会性观念。我们所说的时间与空间的客观性,其实是立足于人类社会生活实践的基础上而言的。时间和空间是人类生存的社会维度。时间与空间不依赖于人的主观意志而存在,但却是内化于人类的物质生产与社会生活之中的。时空是我们认知世界的介质与维度,是我们感知能力、认知能力、实践能力与世界相连的坐标。与此同时,时空的感知也与不同地域下人们的社会实践能力相连。我们可以看到,在不同地理环境下,在不同的文化间,都保留许多独具特色、依环境而成的生产方式或社会时空观念,都表明在各自地域里,人们对时空的观感与主张是不同的。这也是表明时空观念具有社会性的另一个重要体现。

因为时空的社会属性,这就使得我们在理解人类的社会活动时,很多问题就变得可理解了。时空被纳入社会生活中,就构成了人类群居生活所遵守的共同规范与生存基础,从而引入到了社会规范之中。时间构成了共同生产劳作的计量标准。空间因地理、区域的差异被分割成了不同的生存方式、地域观念、礼仪风化、生活习惯。在不同空间下对时间的理解和感受是不同的。我们不能用同一种时空尺度去要求不同地域的人们保持同一生产与生活频率,要求他们认同共同的时空感受。事实上,整齐划一的时空观念在传统社会中,在不同地域间,是根本不存在的。人们可以依据自己的主张固守各自地域的时空观念。"共时态比较的结果被依

---

① 马克思,恩格斯.马克思恩格斯选集:第1卷[M].北京:人民出版社,2012:157.

照历时态进行排列,形成了整体历史发展水平上的发展的阶梯,这种阶梯依据把某些民族的现在筹划为另一些民族的将来而定义'进步',在这种意义上,这些历史就是现代化的进程。因此,他们的确是在同质化。"①在进入现代性之前,我们依然可以依据内心感受,独立主张属于自己的时间与空间,那些零散的,但却是属于自我的时空感受。我们也因此可以理解在不同的社会文化下,为何培养出了完全不同的时空感受。正因为如此,我们要表达的其实是对不同文化间历史文化的尊重与理解。

现代性的开启,打破了这种传统的时空观念。时空一旦被纳入社会化生产中,便开启了现代性以之为根本的现代化大门,传统固守的时空边界必然被现代世界所打破。现代性的历史推动力量可以表现为阶级冲突、权力之争、教义的冲突、世界战争、生态学上的不稳定、人口压力、地理上的大发现等类似的事件,但不管怎样,现代性的力量都或急或缓地带入社会变革之中,扩大并改变了人们的认知范围,使人感受到了一种与原来的认知范围内全然不同的时间与空间的概念,并据此改变着传统社会的封建秩序。

"无论希腊/罗马的宇宙还是基督教的神圣宇宙都不是一个'空间',或者'在'一个空间中。上帝创造一切……空间概念随着宇宙无限的思想而出现。从那以后,天上的物体被放进一个'空间',而在牛顿的宇宙中,空间成为不同于时间的'容器'。物理空间和形而上学地点无论在古代宇宙学中还是在基督教神圣宇宙中都是重合的。"②对空间感和空间概念的理解是随着人类历史发展的认知能力而不断产生与变化的。空间被作为容器,无论在物理的天体学中,还是作为形而上学概念,它都是最先表达给人们的观念,并且是最直观的感受和理解。自传统社会以来,在人们的认知中,空间的直观意义首先大于对时间意义的认知与理解。空间价值的最初表现为对地域空间的直接占有。通过战争、武力等手段,实现对某

---

① ［英］彼得·奥斯本. 时间的政治——现代性与先锋［M］.王志宏译.北京:商务印书馆,2004:34.

② ［匈］阿格尼丝·赫勒. 现代性理论［M］.李瑞华译.北京:商务印书馆,2005:256.

一个地域空间的直接占有，意味着对自然的征服与支配，表明一个群体对另一个群体的征服，更意味着对各类物质财富的据为己有。既然地域空间是一个自然的事实，对于自然的征服是人类解放的一个必要条件和社会发展的不竭源动力，那么现代主义思想也不例外，对空间更加理性的安排成了现代性规划的一个组成部分。过去，一切被神谕的事物，如今也能通过人类自己的理智去发现与思考。环球航行的地理大发现使得地理知识剥去了一切幻想的和宗教信仰的因素，而逐步实现了对空间及其现象进行管理与控制的想法和举措。空间被赋予商品价值的意味，空间能够在现代性的社会价值体系中率先于时间而体现其价值所在。

空间具有价值的这种意识，随着地理上的迁徙以及新大陆的发现，在人们的社会生活中变得越来越强烈。文艺复兴以来各种新制式地图的出现，在客观性、实用性和功能性等方面不断呈现出来的特质，给善于发现世界本来面貌的人们带来耳目一新的启发性。由此，在一个商品意识愈加浓郁的社会氛围里，人们发现，地理知识的运用是一件越来越具有价值的事情。这当然暗藏着社会对于空间价值的探索以及人们对空间价值的期盼。因为大到国家领土的空间主权，小到个体对房屋、土地权利的主张，都离不开对空间价值的认知以及再发现。地理在勘测、探明未知地域等方面的作用能够帮助空间权利归属的确认。探测技术、测量精准程度的提高，都是对空间价值权属利益的肯定和确认。空间客观性的发现与地理知识的运用，都成了一项有价值属性和政治意义的事物，因为航行精确度的确立、运输通道权利的争夺、土地产权的确定、政治边界的划分等在政治上和经济上都是绝对必要的。

"欧几里得几何学提供了基本的话语语言。建造者、工程师、建筑师和土地管理人员本身就表明了，欧几里得对客观空间的表达可以被转变为一种在空间上有序的有形景观。商人们和土地所有者把这样一些实践用于他们自己的阶级目的，而专制主义的国家（及其对于土地税收和确定自己统治及社会控制范围的关注）则同样爱好以固定的空间坐标来限定和创造空间的能力。"①

　　相较于空间而言,时间表现为每个时空下人们的各自体验和生命刻度,并不体现为可继承性和可转移性的物质财富。在纳入现代性之前,在横向的不同社会文化之间,以及纵向的传统社会生产方式中,对时间的利用,都伴随着各自的社会观念和生产方式。时间对民族、国家、个体并没有统一的均质性要求,各地域都是按照自己的文化习俗与劳作习惯固守自己对时间的感观和社会功用。

　　工业化时代开启的现代性,则打破了这种散落于各地域的时间观念。时间被用于生产经营的统一运营体系之中,形成了统一的外在劳动尺度与价值尺度,并作用于每一个人身上。一切生产生活都要与时间进行齿合。时间是一切生产的总控,一切生产都在时间的布局下展开,同时又是生产过程努力压缩与控制的对象。时间被纳入到对商品价值的衡量之中,也成为现代性社会化大生产努力压缩的对象。工业化大生产率先在时间领域进行要素分解,使每个要素、每个动作、每个环节、每个维度都适合工业化生产体系对时间的要求。时间既是一个总体概念,是一切生产为之追逐的总体目标和神经总枢,更可以分身无数,化为生产体系中能够牵动整个生产神经与细胞的每个生产环节的标尺。时间成为价值的必然尺度。时间的控制,意味着各项成本的压缩,意味着效率的提升。"效率"一词是被现代性时间开发出来的概念。为了实现对时间的谋划,现代性更是创生了现代管理体系,使得各个环节都需要专门的名词与之对应,如效率、生产率等,这些概念不一而足,并且通过不同的概念去描述这些环节间的关系。因此,可以说,现代管理的概念体系,都是围绕时间尺度这个竞争目标展开的。时间复杂化了庞大的生产链条,催生了现代管理制度的形成。这一切都是以时间为核心的,时间成了复杂生产体系中的"元概念"。价值的形成、财富的实现、资本的积累,都需要在时间这个共同尺度中完成并实现。时间在现代性通行的世界范围内具有了共同尺度,每

---

① ［美］戴维·哈维. 后现代的状况［M］. 阎嘉译. 北京:商务印书馆,2003:317.

天 24 小时,对所有的劳动经营、交易,都具有了一致性准则。所有财富的竞争性关系争夺,都是在这同一尺度中争取价值的最大化。

　　将时间的元概念运用到整个社会体系,我们可以看到,金融和信用制度,这些都是建立在以时间管理为基础的社会机制上。当代的商业支付制度和金融机制,都是基于对时间利用价值的发现,是围绕时间运筹而创新的机制。金融建立起的信用制度是利用时间尺度对价值计算的发明。信用制度基于时间维度在储存货币价值方面变得积极有用,使价值在未来的时间期许下可保值、可转承,并且增值的作用也是固定和显而易见的。金融服务市场和信用制度都是利用当下及未来时间里对商品、货币价值保增值的期许,从而建立起 24 小时不打烊的时间。时间在现代性的世界里有了普世的适用性和生产体系的均质性。一切纳入现代性生产体系的国家和地区,都必须遵守时间这样的同一尺度。时间,成了撬动现代性的第一动力。

　　人类社会实践活动中的时间,在引领人们思想以及指引社会行动方面,具有总体性的观念,能产生扩大化的效应。时间连接着过去、当下和未来,总是能够在精神与行动上将人类文明指引到一个更美好的阶段。时间包含着累积,包含着对当下未尽之事的化解,包含着未来的想象性动力。时间作为一维的线性存在,在观念上总是能够使一切得以包容并收。时间的总体性观念同样被现代性利用,用以开发对现代性许诺的美好。时间不再是外在的对事物的观照,而是现代性所要努力改造的对象,现代性赋予时间以价值的维度。马克思创造性地把社会必要劳动时间纳入到对生产的本质理解之中,使对现代性的理解与对资本的批判有了基石。时间成为衡量劳动价值的统一度量。更为重要的是这样一种同质的、普遍的时间概念,对于计时工资、生产的效率、价值、成本、利率、社会平均利润率等来说具有重要意义。在启蒙之前,传统宇宙观中时间和空间具有置身于人之外的绝对性和权威性,是人类难以突破的界标,因此在很大程度上也限制了人们的思想与社会行动。而现如今,对时空在资本生产上的应用与拆解,使时间进入到人们切实的生活与工作感受之中,量度着每个人的生存尺度。这种强烈的可以称之为每个人真实生存体验之感的时空感受,成为现代性发展最核心的动力之源。

工业社会化大生产带来时间的内在化要求使现代资本积累的形成得以可能,这个工业化、资本化的过程实际上塑造了现代化的生产样式。规范化管理,城市大规模集中居住,基础设施的集中建设、规划与统筹,都在以时间为轴心不断进行现代化的延伸与拓展,从而形成了稳固的生产体系、社会体系和资本生产机制。商业、银行、簿记、贸易和土地集中管理在现代性的时空关联中走到了一起,共同构筑商业社会的物质财富。财富、权力、知识和资本的积累和人们对时空的要求有了很强的关联。

在现代性中,工业化生产体系的建立,使得时间有了价值的刻度与意味,时间就是效率,效率意味着价值的产生。资本的发展使社会充满商品和价值的意识,凡是利于资本生产的,一切皆可商品化,时空也不例外。时间既是现代性的原动力,更是一种强制,它把生产领域的逻辑,成功复制到人们的社会生活领域中。资本带来的对时间周转的内在要求,使得生产技术、劳动过程都处在不断压缩过程中。甚至这种急迫的带有周期性内在要求的时间观念,也影响到各种价值观、世界观的形成。人们在拼命地制造时间紧迫的同时,又不断被当下即时消费所牵制。在消费观念的塑造方面,即时消费、大量一次性产品、瞬时文化、快速消费伴随着对加速消费的需求而通行于世。加快消费、过度消费,其实质是缩短消费周期,提高产品的生产数量,用不断增加的消耗创造更多的产品价值。加快消费速度成为一种风尚,商品的即时消费、快速消费,也是基于时间拉动的消费需求和生产需求,从而不断缩短使用周期,加速对消费品的快速替代。大量一次性、不可重复性的商品消费成为现代性生活的标配。耐用品、长久的观念在现代社会反而变得值得玩味。资本增殖的需求推动技术的发展,技术的不断发明与推陈出新,总是带着资本的使命,在不断创造新的需求,用来不断调整与提高人们对需求的适应性。资本主义生产只有通过不断地生产,并且是一刻不停地生产,不断制造出新的满足物,才能维持其自身的存在。除了满足人们正常的生活必需品之外,所有技术的推陈出新,所有的资本鼓动,都是为了创造需求而不是仅仅维持与满足生活所需。因此,资本的幻象包含着对消费者的想象,同时把这种想象运用于对生产的膨胀之中。

掌握了时间的精髓,空间对于现代性而言只不过是一种技术上的操作。我们可以看到,对于资本不断增殖的内驱性动力而言,资本的积累想要寻求更大的增殖就需要对时间在不同空间下进行复制。资本的形成可以在时间的刻度中累积形成,但是时间的有限性与固定性,使得资本必须不断寻求空间的突破,在空间的效应下实现对时间带来的价值的叠加。正是因为地域空间的差异,可以引发资本在全球各地实现对于生产资料、劳动力成本控制、劳动过程、金融、市场等要素的不同决策。或者进一步说,因为人口、地理、文化等因素带来的地区发展不平衡,可以利用空间差异带来生产成本的控制。空间差异一方面带来了不同的价值构成,利用空间价值的差异及不同,实现生产成本的均匀控制,都是全球经济带来的资本生产的便利和好处。另一方面,空间在全球范围内不断开拓,能为资本生产过程和资本积累带来更为丰厚的回报。当然,资本寻求空间在全球范围内的铺陈与开拓,必然需要政治力量作为支撑。事实上,伴随着资本的扩张,贸易与货币政策在地缘政治、霸权主义、贸易保护等方面也变得越来越收紧,贸易战争与贸易壁垒形成的空间阻碍层出不穷。这就使得基于时间与空间的贸易决策与政治决策必须能够不断做出适应与调整,以便链接与生成更高层级的时空运用。

时间与空间一旦被现代性开发与利用起来,其被利用的速度与规模便变得一发不可收。现代性为时间与空间注入了社会属性的新解,时间与空间则为现代性构建起框架。在现代生产中,现代性有了内在的增长与性状的不断提升。

时空是现代性的生存基因,是现代性的安身立命以及为之努力抗争的目标。无论技术如何发展,都逃不脱这种现代性的时空格局。资本的制高点就在于对时空的双重把握与转换。时间产生劳动价值,空间产生资产价值。时间与空间在资本生产机制下被分别加以不同运用,从而产生不同的价值分化与极化。时间与空间在价值体系中的分离,表明资本运动过程中,两种价值以及分别依存在这两种价值上的两种阶级的对立。马克思的阶级理论敏锐地发现了现代性社会中两种阶级的对立存在:一个是依存于时间维度,通过劳动获得劳动价值的无产阶级;一个是脱离了劳动,通过不断打开新的空间维度,在资本运动中获得资产价值的资产阶级。两个阶级分别依存于时间与空间维度上,依存于不同的价值来源,从而获得各自维度上产生的价值,即"时间—劳动—劳动价值—无产阶级",以及"空间—资本—资产价值—资产阶级"之间的对立。马克思阶级理论中关于劳动与资本的对立,在现代性的时空分离机制下,有了进一步的呈现与印证,并且这条线索在资本运动过程中越来越清晰。在资本制度下,对无产阶级而言,在时间维度上通过劳动获得维持其生存的劳动力价值,是其无可逃脱的命运,而对资产阶级而言,在空间维度上能够在空间量级上获得资本的增殖,是其追逐利润本性的不断延伸。

那么,时间价值与空间价值在不同阶级间的依存与运用,有何联系与区别呢?劳动价值是整个社会物质财富的基础。脱离生产劳动,否认劳动价值产生的社会物质财富,那么整个社会将不复存在,并且一天都不能存在。社会只要停止一天的劳动生产,社会系统都将带来无可弥补的损失。时间带来的资本积累,使得资本主义走过了最初繁荣发展的黄金时期,而伴随生产过程形成的阶级对立也是发展过程中的必然。随着资本主义工业化生产的兴起与发展,人们越来越发现,时间对于生产的意义与价值。时间的观念与意识从未变得如此紧要与紧迫,在资本主义生产中,它是努力争夺与改造的对象。时间意味着单位时间内商品价值的多寡,意味着生产与流通的速率。资本家充分并娴熟运用这些技能时,却并未意识到价值的真正来源。时间直接决定着价值的形成,决定着资本与劳动的对立。正因为如此,马克思把时间作为洞察现代性的钥匙,以至于马克思首先把时间推至世人的面前。

在空间维度上获得脱离劳动的增殖资本,乃至在信息时代下掠夺空间经济中的巨量资本价值,是基于对时间—劳动价值的掠夺。没有无产阶级的时间—劳动价值作为依存性关系的前提，资产阶级也无法在此基础上获得资本。否认或者脱离无产阶级在时间—劳动维度上创造的价值，否认他们创造的社会物质财富基础，一方面将使资本的形成与来源成为无源之水，另一方面会使整个社会的经济脱实向虚。脱离实体经济，脱离生产劳动，空间维度形成的资本价值将成为瞬间坍塌的空中楼阁，根本不会存在。

时间并不仅仅是马克思解放思想的宏大叙事。在许多理论家看来，马克思以时间的现代属性与观念切中现代性脉搏，并将这种观念推至未来，相信在历史—时间维度上能够带来人类的解放，他们认为是时间叙事的乌托邦。这实则是误解了马克思。马克思并非在时间的筹划中看到我们解放的未来，而是看到了无产阶级被绑定在时间—劳动价值维度上，无可逃脱的历史命运。只要这种现代性的资本机制不改变，这种命运则没法改变。无产阶级去抗争历史命运的只能是在这个时间构成的劳动价值维度上，无产阶级不可能跨越这个维度去妄谈空间维度价值的获取。实际上，无产阶级只有在时间—劳动价值的维度获得解放，才可能谈得上真正的人类解放。因此可以看出，时间—劳动价值为什么对无产阶级至关重要，为什么是马克思解析现代性的第一密码。因为它是整个社会的基石，是无产阶级的命运所在。劳动、时间、价值构成了现代性的微循环与大循环的有机结合。无论何种经济理论的建构与分析，都逃脱不了对这种有机循环体的正视与把握。

因此，越想充分了解现代性的内在性，越要将它放在时空的座架上去理解。在这一点上，马克思为人类理解现代性创立了一种极新的思维方式，他将对现代性的研究置于物质生产当中。现代性就是通过时间与空间来为自己塑形与定格。时空从未像现在这样变得对人们如此重要。时空支撑起对现代性的理解，架构起社会物质生产，更规制了人们的生存样式。抛开时间与空间的维度，现代性则不成其为现代性，而是变得面目全非。现代性一方面在竭尽时空，另一方面又在不断开拓时空。离开时空的叙事与座架，我们也无法真正理解现代性的动力与意义。

二、马克思的资本积累理论

马克思是最伟大的现代性观察者与理论家。他能够从万千错综复杂的社会关系及物质形态中,总结出现代性社会的一般规律及资本社会的特质。"他发展出了一套截然不同的启蒙辩证法,让社会和经济分析在历史和哲学层面上占据了优先地位。辩证机制的中心从思想和反思的概念转移到了生产和交换的概念,从自我意识的问题转移到了劳动问题。"① 这在以往所有思想家、理论家看待现代性问题时,其犀利程度是绝无仅有的。通过社会物质生产结构的变迁把握人类社会历史变迁的逻辑,这是马克思历史唯物主义独有的理论品质。马克思认为,"蒸汽、电力和自动走锭纺纱机甚至是比巴尔贝斯、拉斯拜尔和布朗基诸位公民更危险万分的革命家。"②马克思之所以做出这样的历史判断,表明社会物质基础的生产方式决定了社会存在与社会结构。"从物质生产的一定形式产生:第一,一定的社会结构;第二,人对自然的一定关系。人们的国家制度和人们的观念由这两者决定。因而,人们的精神生产的方式也由这两者决定。"③自资本主义产生以来,资本主义社会化大生产摧毁了传统社会中农业与手工业相结合的生产基础,在政治、经济、社会文化方面重新规制出不同以往的全新社会关系与社会交往逻辑。因此,奠定在现代化工业大生产基础之上的资本主义以一种不同以往的质的变化表明自身与历史前期的断裂。

"歌德将这些观念和希望综合成了我所谓的'浮士德式的发展模型'。这种发展模型最注重的是巨大的能源和一种国际规模的交通工程。它的目的主要是为了生产力的长期发展而不是为了眼前的利润,因为它相信这样做从长远来看对每个人都最有利。这种发展模型不让企业家和工人们把自己的生命浪费在零碎的、片断的和竞争性的活动之中,而要努力把

① [意]文森佐·费罗内. 启蒙观念史[M]. 马涛,曾允译. 北京:商务印书馆,2018:52.
② 马克思,恩格斯. 马克思恩格斯文集:第2卷[M]. 北京:人民出版社,2009:579.
③ 马克思,恩格斯. 马克思恩格斯全集:第33卷[M]. 北京:人民出版社,2004:346.

它们整合在一起。它要在历史上创造一种新的私人力量与公众力量的综合,其象征就是干了大量坏事的私人掠夺者和剥削者靡非斯陀匪勒司、与设想和指挥整体工作的公共计划者浮士德两者的统一。它将为现代知识分子开创一个令人兴奋和含糊不清的世界历史性的角色——圣西门把这样的人物叫做'组织者';我则喜欢称之为'发展者'——这样的人物能够把物质的、技术的和精神的资源聚拢在一起,将它们转变为新的社会生活结构。"①在现代性社会中,资本的力量借助于对时间与空间的运筹维度,成了在歌德看来是浮士德式的社会变革力量的巨大推动者与组织者。现代性社会为此而进行谋划,为此而发生时代的巨变,为此而与传统社会宣告断裂。

现代社会资本生产是为了积累而积累进行的生产,资本积累就变得至关重要。它既是资本主义不同以往任何历史时期的特有生产方式,又是现代性展开历史画卷始终围绕的轴心。资本积累在马克思政治经济学批判中,是一个基于资本全生命周期发展而形成的总体性概念。任何一个要素的形成与理解语境,都不能脱离以资本积累为目的和宗旨的资本运动这个过程而独立存在。

在马克思的理论视野中,有几个要素始终与资本积累过程息息相关,始终伴其左右,同时也是资本绕不开的发展核心,这就是:阶级、利润、危机。这里面包含三个层面:第一个层面,阶级的生成与建立在本质上直接来源于资本积累;第二个层面,资本积累"模型"是围绕利润的生成以及利润率的下降展开的;第三个层面,资本主义危机是在上述两个因素,即当工人阶级不断赤贫化以及资本积累发生阻碍后无可避免的宿命。由此,三个要素间的有机关联成为观察资本主义生产方式的重要切入方式。

首先,我们来看阶级概念的历史出场语境。阶级,在马克思的历史唯物主义语境下是一个历史概念,它既非从来就有,更非永恒存在,而是特定时期的历史存在。阶级并非一般社会人群的划分,并非社会存在的一

---

① [美]马歇尔·伯曼. 一切坚固的东西都烟消云散了[M]. 徐大建,张辑译. 北京:商务印书馆,2003:95.

一对应,但它是资本发展中一个重要的社会形态。这是马克思对资本社会在理论层面的高度抽象与概括,更是社会本质的揭露。在马克思看来,阶级的存在,或曰,对立性的阶级关系的存在,只有到了资本主义社会才真正实现,这就是资本带来的有产与无产的对立,劳动与价值的对立。劳动与价值的分离,只有在阶级对立的显现中,才能发现并探明彼此的对立与分离。劳动是价值的唯一真正来源,但在社会表现中,却会被分离并异化出不同的表现形式,以至于遮住了价值的真正来源。私有财产关系只有到了资本阶段,它才达到自我发展的顶端,它的主客体存在才达到了真正的对立与统一,即劳动与资本的对立。易言之,资本完成了私有财产主客体关系的对立与统一,是私有财产关系的历史完成。

尽管在资本产生之前就有了阶级的分化,就已经出现了无产与有产的对立。但是"无产和有产的对立,只要还没有把它理解为劳动和资本的对立,它还是一种无关紧要的对立,一种没有从它的能动关系上、它的内在关系上来理解的对立,还没有作为矛盾来理解的对立"①,而无产和有产对立的、最极端的表达形式就是资本与劳动的对立,这是资本产生之后所导致的一种真正对立。因为只有资本的出现,它才消除了一切对立,把一切对立都归结为一种普遍性的对立——无产阶级和资产阶级的对立。而随着无产和有产的对立,私有财产关系也最终必然发展为劳动与资本的对立,这种对立是作为财产之排除的劳动(即私有财产的主体本质)和作为劳动之排除的资本(即客体化的劳动)之间的对立。

资本作为私有财产关系的当代形式,它是生产力发展到一定程度、历史发展到一定阶段的产物,是在资本主义社会才出现的一种对立。以往的私有财产虽然也存在,但是那个时候,有产与无产的对立还不构成一种真正的对立,或者说对立还没有达到它的最高点。而只有当私有财产变成资本,劳动变成了一种真正的异化劳动,无产与有产的对立变成了劳动与资本的对立,这个时候它才是人类的私有制发展的最高状态。

——————————

① 马克思,恩格斯.马克思恩格斯全集:第42卷[M].北京:人民出版社,1979:117.

"劳动和资本之间的对立时时都在扩大;穷人和富人之间的关系日益具有对抗性;生产越便利,增长得越多,财富积累得越快,工人阶级的社会地位就降得越低。"①"阶级"是马克思在对资本进行分析的基础上,即在研究商品的生产和交换过程中发掘出来的概念。阶级关系是资本关系的人格化特征,马克思在对资本的分析中得出对阶级的分析,同时反过来用阶级概念分析资本主义生产过程。劳动与价值,在马克思分析看来,分属于不同的所有者,而这是资本社会不可忽视的两种力量间的对立。资本家和劳动者的关系始终处于马克思资本主义经济分析的核心,正是资本家和劳动者这两个群体之间的竞争和冲突为资本主义经济提供着核心动力。只有通过对商品生产和交换进行分析,才能揭示资本主义社会中两种截然不同、彼此对立的角色存在。

马克思自然十分清楚资本主义社会里当然不止包含了两个阶级,在他评述法国历史的著作中,就梳理出了所有不同的阶级和类似阶级的社会群体。我们应当理解马克思出于理论建构的需要而对社会总体描述采用一种高度概括与抽象的方法,采用两阶级"模型"只是为了直指该社会的社会和经济冲突的核心,用来分析资本社会的生产过程以及资本运动过程。《资本论》的阶级分析是要揭示这些新矛盾的结构,因为这些矛盾内嵌于资本主义生产方式之中,这就使得马克思突破传统政治经济学的藩篱。

阶级是一个历史概念,阶级关系是到了资本主义生产方式下才出现的概念与历史现象。阶级关系在马克思的理论中究竟意味着什么呢?这种阶级关系在产生它的生产过程中表现为既定的生产关系。生产关系不能等同于社会关系,但是有一点需要肯定,那就是生产关系决定着社会系统公共层面中人与人之间的社会关系。我们知道,在资本主义社会的生成史中,生产力的首先萌发才带动了社会形态的整体变革。资本主义社会以资本为轴心,取消一切封建等级贵族、传统的人身依附关系、土地所

---

① 马克思,恩格斯.马克思恩格斯全集:第 11 卷[M].北京:人民出版社,1995:679.

有关系,而只表现为纯粹的资产阶级与"除了出卖自己的劳动力之外别无所有"的自由劳动力之间的关系。也只有在这样的关系对立下,资本生产与资本积累才得以进行。这种对立的社会关系,马克思把它以阶级冠名,这也表明,只要资本主义的生产机制不消失,只要资本主义社会仍存在,阶级的概念就不会消失。

只有在生产领域中,社会关系的阶级特征才清晰起来。资本家阶级与无产阶级是同步形成的。换言之,他们被卷入了资本主义循环过程之中,而这个循环过程需要一种适宜的、能够作为系统性的牟利基础的生产方式。他们处于共生但是却无情的对立状态,他们之间的对立又是根深蒂固和不可调和的,然而没有一方能够离开另一方而存在。正是这种对立性阶级关系的存在,才成就了资本生产与运动的前提。资本的生产机制要求这种对立的必然存在。没有无产阶级劳动者的存在,社会生产丧失前提;没有资产阶级的存在,资本运动无法形成。正是两者"天然"又必然的历史合拍地互为彼此前提,以及彼此依赖且对立的关系,才形成了资本社会的历史画卷。归根到底,资本与劳动之间的关系在社会形态中是支配性的主导力量,在这个意义上,整个社会结构和发展方向要与此合拍。如果没有劳动与价值的对立,自由出卖劳动力的劳动者是不存在的。在自由平等的原则面前,"除了出卖自身劳动以外,别无选择"的劳动力的自由流动正是加速资本生产与周转的必不可少的条件,而这往往是以人格平等与自由为名。正是因为如此,货币所有者才能够在市场上找到作为商品存在的自由出卖劳动力的劳动者。马克思在《资本论》的理论中把握着劳动与阶级这个事实,而资本家则在实际生产过程中充分展现这个事实。在马克思唯物史观看来,资本与商品之间的关系"自然而然的"基础是作为特定社会过程的产物而出现的。所以在《资本论》第一卷的末尾,马克思阐释了资本主义取代封建主义的历史过程。

一个是追逐利润的资本家阶级,另一个是出卖剩余劳动、孕育了利润的劳动者阶级。资本家尽可能地压低工资以获取利润,而劳动者则试图提高工资水平、改善劳动条件。"孤立的工人,'自由'出卖劳动力的工人,在资本主义生产的一定成熟阶段上,是无抵抗地屈服的。"①对工人来讲,唯一的补救措施就是"必须把他们的头聚在一起,作为一个阶级来强行争得一项国家法律,一个强有力的社会屏障"②来抵制资本的劫掠。并且,工人越是以阶级的形式来对抗资本,资本家越是相应地也把自身作为一个阶级组织起来以确保累进积累的条件能够维持下去。工人阶级必须争取保持和再生产自己,不仅在身体上,而且在社会、道德和文化上保持和再生产自己。单个资本家的行为不取决于"他的善意或恶意",因为"自由竞争使资本主义生产的内在规律作为外在的强制规律对每个资本家起作用。"③就单个资本家来说,他们被迫把追逐利润的动机内在化,作为主体自身的一部分。在这样的背景下,贪婪和守财奴秉性就有了存在的空间,但资本家本身并不是以这些人格特征为基础。但是基于社会竞争和社会平均利润率的追逐,不管他们愿不愿意,迫使他们都必须成为在这种机制下运作的阶级角色与社会角色,从而保持自身作为阶级力量的存在。"只有作为资本的人格化,资本家才受到尊敬。作为资本的人格化,他同货币贮藏者一样,具有绝对的致富欲。但是,在货币贮藏者那里表现为个人的狂热的事情,在资本家那里却表现为社会机制的作用,而资本家不过是这个社会机制中的一个主动轮罢了。此外,资本主义生产的发展,使投入工业企业的资本有不断增长的必要,而竞争使资本主义生产方式的内在规律作为外在的强制规律支配着每一个资本家。竞争迫使他不断扩大自己的资本来维持自己的资本,而他扩大资本只能靠累进的积累。"④资本家阶级必须、也必定对工人阶级施加暴力,以维持积累。同时,它必须确保那些施加到工人阶级身上的要求和举动不至于过分,以防止损害积累。整个体系被利润的逻辑所驱动,资本的投入必然以获利为根本着眼点。因此,资本与劳动之间的关系既是共生的又是矛盾的,作为资本主义生产

① 马克思,恩格斯.马克思恩格斯全集:第44卷[M].北京:人民出版社,2001:346.
② 马克思,恩格斯.马克思恩格斯全集:第44卷[M].北京:人民出版社,2001:349.
③ 马克思,恩格斯.马克思恩格斯全集:第44卷[M].北京:人民出版社,2001:312.
④ 马克思,恩格斯.马克思恩格斯全集:第44卷[M].北京:人民出版社,2001:683.

过程的产物,劳动与资本之间的矛盾始终是阶级斗争的源泉,是资本生产同一过程的两个不同向度。在理论事实的背后潜藏着一个重要的历史问题:总的来看,资本与劳动之间的阶级关系都是历史的创造物。

马克思从资本主义阶级关系的角度研究"社会总资本"的"流通过程",通过对商品生产和交换背景下的使用价值、价格和价值之间关系的研究,得出了一个基本结论:在马克思的价值理论中处于根本地位的社会关系,实际上是资本与劳动之间的阶级关系。换言之,劳动价值理论其实是这种阶级关系的表达,并且构成了马克思的资产阶级政治经济学批判的基础。所以说,劳动价值概念不仅具有技术的和物质的含义,而且应该被看作是一种社会关系,即在阶级关系下展开并铸就形成的概念。"资本也是一种社会生产关系。这是资产阶级的生产关系,是资产阶级社会的生产关系。构成资本的生活资料、劳动工具和原料,难道不是在一定的社会条件下,不是在一定的社会关系内生产出来和积累起来的吗? 难道这一切不是在一定的社会条件下,在一定的社会关系内被用来进行新生产的吗?"①没有劳动与资本的分离,资本社会就不会有价值的真正形成与产生。价值理论是资本主义生产方式的根本矛盾的内在体现,这些矛盾通过阶级关系而被表达出来。马克思认为的社会生产必要性,不但要求再生产资本和劳动,而且还要再生产他们之间的阶级关系。每一轮生产过程,其实都是社会关系的再生产与再循环。"如果我们从整体上来考察资产阶级社会,那么社会本身,即处于社会关系中的人本身,总是表现为社会生产过程的最终结果。具有固定形式的一切东西,例如产品等,在这个运动中只是作为要素,作为转瞬即逝的要素出现。直接的生产过程本身在这里只是作为要素出现。生产过程的条件和对象化本身也同样是它的要素,而作为它的主体出现的只是个人,不过是处于相互关系中的个人,他们既再生产这种相互关系,又新生产这种相互关系。这是他们本身不停顿的运动过程,他们在这个过程中更新他们所创造的财富世界,同样

---

① 马克思,恩格斯.马克思恩格斯选集:第1卷[M].北京:人民出版社,2012:341.

地也更新他们自身。"①劳动—资本关系本身就是一对矛盾性关系的存在,它构成了社会生产的基础与前提,同时也是阶级斗争的源泉。

"阶级"是不是一个脱离生产领域就消失的概念呢?如果把阶级概念看作树立在生产领域中的概念,那么离开生产领域,这个概念是否就自动消失了呢?在马克思看来,劳动力的买卖在交换和流通领域被贴上"自由""平等"的标签,这确实是掩盖阶级关系的巧妙办法。认为劳动力的买和卖作为商品在流通领域和交换领域中是在"平等"和"自由"原则下进行的,并不存在阶级压迫之说,这只是"庸俗的自由贸易论者用来判断资本和雇佣劳动的社会的那些观点、概念和标准"②,是从流通或商品交换领域中得出这样的观点。对此,马克思反讽道:"劳动力的买和卖是在流通领域或商品交换领域的界限以内进行的,这个领域确实是天赋人权的真正伊甸园。那里占统治地位的只是自由、平等、所有权和边沁。"③维持劳动力自身以及扩大化的家庭生存需要,都需要在分配、流通领域中实现。在生产领域获得的维持自身及家庭需要的工资,已经先期决定了其在消费、流通领域的生存处境。在消费和流通领域,并不会因为无产者与资本家共同作为消费者就会抹煞他们各自的阶级属性。作为共同消费者,其用于保持自身生存所需的消费和资本家的消费根本就不是同一个层级与概念。已经预置了"资本—劳动"对立的先决前提,因此我们不能离开资本主义生产领域谈阶级的形成,同样,离开生产阶段进入流通与交换领域时,阶级概念也不会自然消失,而是一个由资本主义自身生产已经先天决定了的历史概念。

在马克思的论证中,资本积累与阶级两者之间是一种共生关系,尽管阶级在当今是一个被人耻笑与没落的概念,阶级力量与阶级意识已经被资本主义世界所粉化,但是我们并不能跳脱资本积累而说阶级在今天已经消失。阶级始终是一个伴随资本积累过程而形塑的概念。在原始积累

①　马克思,恩格斯.马克思恩格斯全集:第31卷[M].北京:人民出版社,1998:108.
②　马克思,恩格斯.马克思恩格斯全集:第44卷[M].北京:人民出版社,2001:204.
③　马克思,恩格斯.马克思恩格斯全集:第44卷[M].北京:人民出版社,2001:204.

阶段即在资本主义的内部生产中,阶级是一个被资本主义生产所直接定义与形成的概念,可以谓之"阶级的形成"阶段。而随着资本主义扩张,以资本为驱动力的帝国主义重卷历史舞台之时,在夺取式资本积累阶段,阶级就是一个联合的概念,可以谓之"阶级的联合"阶段。其中,阶级由一个历史概念向空间概念转换,阶级的主题也经历由阶级的形成向阶级在分散的空间区域中重新联合的变迁。

因此,阶级仍是我们当今观察资本主义的重要概念。阶级的形成与阶级的联合,在资本积累的内外部机制(内部指在一国之内在资本生产机制下的生产,外部是指对外的资本扩张)中实现着重要但不同的角色。阶级是一个历史概念,但如何随着资本主义生产方式的变迁而实现为一个空间概念,在新的时空境域下跨越资本主义分而治之的空间阻隔,由一种阶级对抗演变为各民族联合的阶级对抗,这是我们在马克思历史唯物主义语境下仍需不断深化的地方。

紧随阶级概念之后,我们再来考察利润这个概念。利润是资本积累中另一个重要且复杂的中枢性概念。可以说,一切资本积累的生产,其最终目标都是围绕着利润、平均利润率的追逐展开的。

在对资本积累概念进行界定时,马克思认为,"把剩余价值当作资本使用,或者说,把剩余价值再转化为资本,叫作资本积累"[①]。在这里,他抓住了两条紧密相连的线索,即一方面是资本的形成,另一方面是在此基础上资本积累的形成,前者直接揭示了剩余价值的真正来源问题,后者则面临剩余价值的资本化问题。

在资本积累的过程中,作为资本主义生产"为积累而积累"的引擎,利润是反映资本主义整个生产过程变化的总脉络。以之为总线,它的形成以及最终平均利润率的实现则贯穿于资本主义生产过程的各个领域。马克思认为,"利润、利息、地租等(还有赋税)只是剩余价值在各阶级中进行分配而分解成的不同组成部分。在这里,暂时只能在剩余价值的一般形

---

① 马克思,恩格斯.马克思恩格斯全集:第 44 卷[M].北京:人民出版社,2001:668.

式上对它们加以考察。当然,剩余价值以后可能发生的分割,不会使它在量和质上有丝毫改变。"①剩余价值理论解释了利润的起源,即在雇佣劳动的社会关系下资本家在生产过程中对劳动力的剥削。分配理论还必须进一步说明从剩余价值向利润的转变过程。

利润来源于生产领域中由工人创造出来的剩余价值,没有工人这个可变资本创造出超出劳动力成本之外的剩余价值的存在,利润不可能真正形成。利润绝不是资本家全部预付资金的自动增殖,而是来源于工人可变资本的创造。但是利润的最终实现,还需在流通和分配领域的各个环节中完成。这是一个资本运动下,从生产到分配、流通等领域连续的过程。任何一个环节的缺失,都会影响利润的实现。更为重要的是,利润在流通、分配领域被平均化的过程,利润获得的高低起伏波动,又直接导致了资本危机的形成。因此,利润、资本危机是相继连续又相互影响的资本运动环节,必须把它们放在一起做连续的观察与分析。

为了论证资本主义的内在逻辑,理解资本主义条件下经济与社会危机的成因与出路,为了对这一整体情况做出描述与分析,我们可以把马克思资本积累理论看成是资本积累的动力学"模型"。② 这也是大卫·哈维试图理解马克思资本积累理论而建立的一个理解框架。对此,哈维称之为马克思资本积累的三个动力学"模型"。

在《资本论》中,马克思分别在生产、流通、分配领域对这一线索作了连续动态的说明,"这三个过程[所使用资本的价值保存过程、资本的价值增殖过程和生产出来的产品的价值实现过程]——它们的统一构成资本——彼此是外在的过程。"③在每一个领域中,马克思都试图通过几个要素之间的关联性来说明每一个领域特有的问题特征。为此,哈维形象地把马克思每一个领域的集中说明称为理论模型,"他把这些描述当作是

---

① 马克思,恩格斯. 马克思恩格斯全集:第32卷[M].北京:人民出版社,1998:180.
② 用"模型"一词是为了便于清晰马克思在每个领域论题的轮廓,我们在这里称之为模型,每个模型其实是要说明马克思在生产、交换、流通等不同领域对资本积累连续而又区别的解释。
③ 马克思,恩格斯. 马克思恩格斯全集:第30卷[M].北京:人民出版社,1995:383.

'理论对象',系统地考察了它们的特性,并由此而建立了各种积累的动力学'模型'。每一个'模型'构成了一个特定的'窗口'或'制高点',从这里可以看到一个非常复杂的过程。"①

在第一个牢牢地矗立于生产领域的理论模型中,利润的形成体现出资本主义生产方式下资本与劳动力结合这种不同以往的独特生产方式。在纯粹的生产领域中,为了达到"为积累而积累"的生产目的,资本与劳动力的结合就成为资本积累的首要前提。

为了便于在形式上得以理解与掌握,马克思的分析完全基于一个简单的假定,即社会劳动在资本与劳动对立的两大阶级中进行。在资本与劳动对立的社会关系下展开的生产过程中,工人的劳动起了关键性的作用。剩余价值作为一种物化的生产关系,正是通过工人的劳动创造出来的,它必须通过工人再生产,通过对人身、物的消解来为物的增殖提供条件。正是在生产领域里,"我们不仅可以看到资本是怎样进行生产的,而且还可以看到资本本身是怎样被生产出来的。"②"资本的积累因此就是无产阶级的增加"③,因此,"简单再生产不断地再生产出资本关系本身:一方面是资本家,另一方面是雇佣工人;同样,规模扩大的再生产或积累再生产出规模扩大的资本关系:一极是更多的或更大的资本家,另一极是更多的雇佣工人。"④也正是在生产领域里,作为第一推动力的"为积累而积累"的资本被生产出来了。

马克思的生产理论已经表明,无产阶级的劳动是商品价值的唯一真实来源,马克思在《资本论》第一卷中的观点表明,我们绝不可能通过分析交换领域而发现资本来自何处的秘密。在生产领域中,我们"不仅可以看到资本是怎样进行生产的,而且还可以看到资本本身是怎样被生产出来的。"⑤也正是在生产领域里,资本被实现了。剩余价值理论被马克思建

---

① D. Harvey,*The Limits of Capital*,Basil Blackwell,1982,p. 156.
② 马克思,恩格斯. 马克思恩格斯全集:第 44 卷[M].北京:人民出版社,2001:204.
③ 马克思,恩格斯. 马克思恩格斯全集:第 44 卷[M].北京:人民出版社,2001:709.
④ 马克思,恩格斯. 马克思恩格斯全集:第 44 卷[M].北京:人民出版社,2001:708.
⑤ 马克思,恩格斯. 马克思恩格斯全集:第 44 卷[M].北京:人民出版社,2001:204.

构起来从而发现利润在生产过程中的真正来源。与此同时,剩余价值的生产是在"阶级"关系的羽翼下展开的。资本主义生产是资本与劳动之间的阶级关系的再生产。资本家阶级只有通过累进的积累才能再生产自身,而工人阶级也必须在与剩余价值的生产相适应这个条件下再生产自身。所有这些特征对资本主义生产方式的再生产来讲都是必要的社会条件。所以说,剩余价值的概念不仅具有技术的和物质的含义,并且在本质上应该视作一种社会关系。积累的竞争推动了生产活动的不断集中以及权力机构和控制机制对工作场所的不断强化,促使资本家日复一日地暴力对待工作场所里的工人阶级。对相对剩余价值的无休止的追求在提高劳动生产力的同时,也贬低和侮辱了劳动力。单个工人几乎不可能抗拒这种局面,工人只有采取某种阶级行动才能形成抵制力量,或者是建立能够开展总体性阶级斗争的组织,于是,阶级斗争爆发了。由此,资本主义生产过程中资本与劳动的直接对立,马克思的阶级以及阶级斗争的宏大叙事也在第一个模型中表现出来了,积累的一般规律实际上包含着人口的无产阶级化和不断加深的贫困化。

在这个环节中,劳动力供应成为资本积累的重要前提,大量的被剥削的劳动力的上升与资本积累保持同步。在技术与组织条件不变的情况下,劳动力价格的增加会使可变资本的支出不断上升。如果工资的提高超过了劳动力的价值,以至于积累被减少,那么积累就会受到威胁,"收入中被资本化的那部分减少,积累削弱,工资的上升运动受到阻滞。可见,劳动价格的提高被限制在这样的界限内,这个界限不仅使资本主义制度的基础不受侵犯,而且还保证资本主义制度以扩大的规模进行再生产。"①所以当劳动力的价格以及劳动力再生产的成本提高以至威胁到资本积累时,技术与组织变革的运用可以作为维持积累的手段。

与此同时,竞争对资本家利润的实现构成了进一步的威胁,为了保持资本积累的增长,必须减少社会必要劳动时间,从而与技术变革的一般过

---

① 马克思,恩格斯.马克思恩格斯全集:第44卷[M].北京:人民出版社,2001:716.

程保持同步。时间的压缩表现为技术的提高,通过技术的应用而减少对劳动力的雇佣,减少预付总资本中对可变资本的需求,这不仅提供了劳动力的"蓄水池",还便于将剩余价值转变为新的资本。技术变革从而成为积累的杠杆,这个杠杆被用来与其他资本家争夺相对剩余价值,结果就形成了生产力的不断革命,以及社会劳动生产率的不断提高的局面。

马克思资本积累的第二个模型则聚焦于资本的流通和交换领域。作为整体的资本主义生产过程体现了生产和流通的统一:在简单再生产过程中,即在封闭的生产领域,资本是圆环,而在扩大再生产中,资本为了实现自身,则必须与其他部类实现交换,生产领域获得的剩余价值要在流通领域保持实现,因此资本是螺旋。在这一领域中,资本通过流通的扩大再生产而实现积累,并且消费等环节对利润的实现也形成诸多制约条件。资产阶级经济学家的经济理性活动着力于设计与描述一个永恒的资本主义再生产的模型,认为在恰当的条件下,劳动力供应是无限的,不同的部门、生产数量、价值交换以及雇佣保持比例相称的增长率,这个部门生产出来的剩余价值能投资到另一个部门,资本家正确地再投资,资本积累便能相对没有麻烦地永远持续下去。但在资本主义的社会关系下,这种理性预设是不可能实现的。

马克思力图在生产与交换两大领域之间,呈现剩余价值与资本流通两者均衡化要求的潜在矛盾。事实上,生产领域中的平衡与交换领域中的平衡产生了矛盾,再生产并不意味着商品的生产与交换只是在价值和使用价值交换之间进行的,经济部门之间的物质交换是通过市场实现的,在考虑生产与交换两大部类之间的平衡积累中,有数不清的应该考虑的特殊方面和复杂情况,诸如商品按照生产价格而不是价值进行交换,货币市场价格的波动、实际的货币流通、信用制度等,这些都影响着资本主义的扩大再生产的过程。"认为生产与消费、需求与供应之间必定有某种平衡或均衡这种观点实在是泛泛而谈。在一般的商品交换体系中,市场的首要角色看上去就是要均衡需求与供应,并因此而实现生产与消费之间所必须的关系。然而,需求与供应、生产与消费之间的整个关系是政治经济学史上密集的、有时候令人生畏的论战的焦点。"①所有这些都迫使我们去思考:在生产领域中调节积累的规则与在交换领域中调节平衡积累的规则之间的鲜明对比。

到了这个地步,需要建立第三个积累模型——一个暴露资本主义的内在矛盾,并说明这些矛盾是如何成为各种资本主义危机的源泉的模型,这意味着解释危机的起源、功能和社会后果。在《资本论》第三卷中,马克思试图超越"对于这个统一的一般考察","揭示和说明资本运动过程作为整体考察时所产生的各种具体形式"②,并因此呈现资本在社会表面上所呈现的形式。

在第三个资本积累模型中,马克思试图建立一个把生产—分配关系与生产—实现的要求相结合的模型。这个整体性的资本主义生产方式的动力学模型围绕"下降的利润率及其抵消趋势"这一主题,通过它既可以解释假设性的利润率下降趋势,又能解释危机的形成以及解决方案。哈维认为,这是"用来揭示资本主义条件下趋向不均衡状态的各种力量"③的重要领域,但是,"在一个应该把生产和流通紧密结合在一起的理论领域里,它缺乏牢固的基础。这样,这个模型必须被当作是对一个艰难而复杂的问题进行理解的一个初步的和很不完全的尝试。"④

马克思的观点紧紧围绕"现代政治经济学的最重要的规律"——利润率的下降趋势这个规律。他宣称,"从历史的观点来看,这是最重要的规律。这一规律虽然十分简单,可是直到现在还没有人能理解,更没有被自觉地表述出来。"⑤在古典政治经济学家看来,利润率下降的趋势是脱离资本主义运动之外的因素造成的。李嘉图认为,这是自然的过错,因为农业生产力在不断地减退。对马克思而言,这种求助于"自然"的做法是令

① D. Harvey,*The Limits of Capital*,Basil Blackwell,1982,p. 75.
② 马克思,恩格斯. 马克思恩格斯全集:第 46 卷[M]. 北京:人民出版社,2003:29.
③ D. Harvey,*The Limits of Capital*,Basil Blackwell,1982,p. 157.
④ D. Harvey,*The Limits of Capital*,Basil Blackwell,1982,p. 157.
⑤ 马克思,恩格斯. 马克思恩格斯全集:第 31 卷[M]. 北京:人民出版社,1998:148.

人厌恶的,他严厉地批评李嘉图,"他从经济学逃到有机化学中去了"。①
作为资本运动过程中重要的要素,利润率本身就是一个不能脱离资本运
动过程而单独解析的概念。任何脱离资本运动过程而片面肢解的外部解
析,都是偏离逻辑的胡言乱语。针对这一错误做法,马克思深入到资本主
义的内在逻辑中寻找这种现象的原因。

对利润率下降的"规律"而言,马克思通过"资本的有机构成上升的规
律"来说明,正是由于资本主义社会关系下的"社会劳动生产力的不断发
展",导致了利润率下降的永恒趋势。我们知道,在马克思的价值理论分
析中,利润率与价值构成成反比,与剥削率的提高成正比。如果剥削率低
于价值构成,那么利润率就会下降。在通常情况下,通过技术变革提高资
本的有机构成从而降低商品中的价值构成,这样会提高利润率或者使利
润率下降变缓。但是,从实践来看,自从十九世纪后半期以来情况却并非
如此,由于技术进步而滞缓利润率下降的局面并未出现。因此,我们需要
解释的是,这样的变革为什么不能稳定资本利润率下降的趋势。

这是因为,控制着他们自己生产过程的单个资本家,维持经营的最好
办法是提高自己的劳动生产力,使之超过社会平均水平。单个资本家通
过推进技术变革来应对竞争的压力和阶级斗争的状态,至少偶尔会获得
各种各样特定的技术变革,从而使资本的价值构成保持稳定。然而,由于
竞争的作用,单个资本家的技术革新引起的是广泛的技术变革,从而利润
率就有一个社会平均化的过程。因此,抵抗利润率下降并非技术所能解
决的问题,技术能解决资本的价值构成,但价值的实现却是一个社会化的
过程,这其中就涉及平均利润率的问题。

针对利润率下降的趋势,哈维也解读出马克思在《资本论》中列出的
几个起反作用的影响因素,如:(1)以缓慢速度上升的剥削率;(2)不变资
本的成本下降(它抑制了价值构成的上升);(3)工资被压低到劳动力的价
值之下;(4)产业后备军的增加(通过降低以机器取代劳动的冲动,使某些

---

① 马克思,恩格斯. 马克思恩格斯全集:第31卷[M]. 北京:人民出版社,1998:154.

经济部门免于技术进步的蹂躏)。在《1857—1858年经济学手稿》中,马克思列出了另外一些"以不同于危机的方式"来稳定利润率的因素。他谈到了使"一部分现存资本的不断贬值","很大一部分资本转化为并不充当直接生产要素的固定资本"①(例如,伴随着资本主义经济危机化解的,在公用事业上不断加大的对固定资本的投资)和"非生产性的浪费"(如军事、战争)等举措。他还说到,利润率的下降可以"通过建立这样一些新的生产部门来加以阻止,在这些部门中,同资本相比需要更多的直接劳动,或者说,劳动生产力即资本生产力还不发达。(也可以通过垄断)"②,如开发或者保存劳动密集型的部门。因此,垄断化也被当作是利润率下降的一种"解毒剂"。

为了阻止利润率的下降,资本生产的自我保护机制同样会采取更多的措施。例如,通过资本在劳动密集型产业与知识、技术密集型产业间的不断来回运转以及增加相应的壁垒,来制造不同产业间的利润剪刀差。在技术密集型产业,可以通过专利取得、技术协议许可法的制定等措施,通过强大而有力的组织来阻滞竞争和革新的动力,可以形成新的技术带来的垄断与贸易壁垒,从而形成垄断价值与利润。而针对大量的相对过剩人口,则能够把资本运动的方向拉回到劳动密集型产业,特别是当机器比替代的劳动力更为昂贵的时候,利润的驱动使得技术的提高对于资本增殖来说并非万能的。技术提高并非不可逆的,尤其是劳动密集型产业与技术密集型产业之间的不断转换可以很容易地使利润率稳定下来的时候。

可见,在反利润率下降的过程中,从来不是一个从经济原则出发的理性过程。事实上也不存在资产阶级经济学家鼓吹的经济秩序自洽。它必定是集结着资本、劳动力、国家、政治、暴力等要素的社会化过程,资本主义经济危机不是消失了,而是走向更大的历史深渊。

最后,我们来看资本主义危机的形成与导致的后果。在马克思看来,

---

① 马克思,恩格斯.马克思恩格斯全集:第31卷[M].北京:人民出版社,1998:150.
② 马克思,恩格斯.马克思恩格斯全集:第31卷[M].北京:人民出版社,1998:151.

资本主义危机是资本主义生产方式导致的必然结果。这种论证是通过对利润率下降之资本运动过程的说明来展开的,即:资本家对能够追逐更多剩余价值的技术变革的狂热,以及"为积累而积累"的生产强制,造成了资本的过剩,也就是说,这种资本没有被使用的机会。资本这样一种被过度生产出来的状态,即所谓的"资本的过度积累"。

资本的过度积累表现为资本运动过程的滞缓与停顿,在一个整体社会消费过程中的完成不足,继而会影响下一个生产、消费的循环过程。在物的形态上,它表现为产品的生产过剩、固定资本的贬值、剩余资本闲置、投资资本利润率下降等样态;在社会关系方面,它则表现为劳动力剩余——生产中的失业、产业后备军的不断扩大。

过度积累首先表现为资本的贬值。资本最初被定义为"运动着的价值",价值凝结的是一种人类劳动,同样,在资本运动的停顿中,"无价值"或价值的贬损也是对人类劳动的社会否定,这只有在马克思对于"价值"解释的唯物主义语境中才能够理解。① 在资本主义生产方式的社会化运动中,资本的贬值甚至成为价值流通中的一个"必要的阶段"。在流通的过程中,资本经历了一系列的变化:货币转化为物质资料,物质资料进入生产过程并生产出商品等。既然资本是运动中的价值,那么价值只有在保持运动状态的情况下才能维持自身。这就允许马克思提出一个纯粹技术性的关于贬值的定义,即在任何特定的情况下、在一定的时期里处于"静止"状态的价值,还没有被使用或者还没有被卖掉的库存商品、储备的货币等都可以被归纳到"贬值的资本"这个标题下,因为它们的价值处于静止状态。一旦价值恢复运动,重新开始从一个状态进入到另一个状态,那么,内在于资本流通之中的必要的贬值就会自动地中止。假如资本能够在特定的时间周期里经历所有的阶段,完成它的流通,那么贬值不会产生永久的不良后果。但资本主义市场化的生产方式,即单个资本家的行为与社会化大生产的需求这种生产悖论是难以实现生产的自洽性要求的。

---

① 对此,哈维也有所解释,具体观点参见其著作 *The Limits of Capital*,Basil Blackwell,1982,p.193.

"马克思的论证实际上使贬值成为价值的一部分,这样做的目的是要摆脱萨伊定律在供应与需求之间所划的等号,是要表明供应不一定创造出它自身的需求,并且,也是要表明危机的潜在可能性始终存在,它埋伏在克服资本流通的各个'时期'或'阶段'在时间和空间上的分离这种永恒的需要当中。……贬值是过度积累的基底。"①其具体的社会扩散表现为:货币形式的资本可以通过通货膨胀的方式贬值,劳动力可以通过失业以及降低实际工资的方式贬值,以成品或者半成品的形式存在的商品也许必须通过亏损销售的方式贬值,凝结在固定资本中的价值可以通过让它闲置的方式贬值。

不置可否,过度积累的实质与核心仍是利润率下降的问题。马克思指出,利润率下降的趋势"在促进人口过剩的同时,还促进生产过剩、投机、危机和资本过剩。"②而且,它表明"资本主义生产方式在生产力的发展中遇到一种同财富生产本身无关的限制;而这种特有的限制证明了资本主义生产方式的局限性和它的仅仅历史的、过渡的性质。"③同时,利润率下降刺激产生的是抵制下降的力量,但这也进一步深化与激化了资本主义生产方式的内在矛盾。马克思在《资本论》中,列出了这样的起反作用的影响因素:随着利润率的下降,对工人的剥削率上升了,工资被压低到劳动力的价值之下;随着资本的有机构成提高,产业后备军增加了。

由利润率下降引发的过度积累问题,还引发我们进一步思考马克思以及一些马克思主义者争论不止的问题,即:资本主义经济危机是否应该被看作是由于"消费不足"(普通大众没有能力购买资本家生产出来的大量商品)或者利润率下降的趋势而产生的? 利润率下降究竟是商品生产

---

① *The Limits of Capital*,Basil Blackwell,1982,p. 194 在《资本的界限》一书中,哈维写道,"如果我们从社会的角度把'价值'看作是人类劳动,它通过持续不断的、在生产与交换当中运动的资本流通而得到表达,那么,马克思对萨伊定律的批判——它强调生产与消费之间这种'统一体内部的分离'——则意味着,价值必须把这种分离作为'无价值'(not-value)而内在化到自身当中。这样一来,危机和崩溃的可能性就被内在化到价值概念当中了。"详见 *The Limits of Capital*,Basil Blackwell,1982,p. 194.

② 马克思,恩格斯.马克思恩格斯全集:第 46 卷[M].北京:人民出版社,2003:270.

③ 马克思,恩格斯.马克思恩格斯全集:第 46 卷[M].北京:人民出版社,2003:270.

过剩引发的,还是分配领域的问题,对此问题的回答,直接可以转而成为对危机原因的探讨。事实上,在资本世界,利润率的下降和商品的过剩都是同一个潜在问题在现象层面的呈现。利润率下降不仅是停留在生产过程的利润问题,或是消费领域的单一问题,它还是一个利润经由社会平均化的过程。

对于平均利润率的问题,哈维认为马克思对这一问题的分析是有其独特见解的,但这一问题往往被马克思主义的研究者们所忽视,"这个方案就是:信用制度提供了一种机制,它能够把不同的周转时间还原到一个'共同的基础',即利息率。"①哈维认为,"就像必须解释抽象劳动如何成为具体劳动不同形式的评估尺度一样。如果没有一个衡量周转时间的共同尺度,则不可能有利润率的平衡,因为没有一个标准来决定利润率是否高于或者低于平均水平,抑或上升还是下降。"②

平均利润率,即利息率问题实际上是反映出了资本主义生产方式中纵横捭阖的整体景观。因为这其中不仅包括了生产领域问题,还包括商品的流通领域。马克思的高明之处就在于,他使用的是"社会必要"的历史唯物主义方式来对此加以限定与说明。李嘉图的作为"劳动时间的体现"的价值概念,并不足以表明资本主义价值形成的现实来源,马克思插入了"社会必要"这个限定词,用来建构政治经济学批判,并阐述资本主义运动规律及其矛盾。越是抓住了资本主义的社会必要的特征,它的含义就越是在不断地变化。"'价值'不是一个固定的、用来描述不稳定的世界的度量衡,而是一个不稳定的、不确定的和矛盾的尺度,它反映了资本主义的内在矛盾。"③同理,社会平均利润率中"社会平均"事实上也反映这样一个过程,无论是生产性的资本,还是商业资本、信用资本,它都要实现一个平均利润率,而这个平均利润率的实现,就是一个社会化的过程,它与最初的技术与劳动力有关,与资本的实现有关,它制定与调节着资本流

① D. Harvey, *The Limits of Capital*, Basil Blackwell, 1982, p. 187.
② D. Harvey, *The Limits of Capital*, Basil Blackwell, 1982, p. 187.
③ D. Harvey, *The Limits of Capital*, Basil Blackwell, 1982, p. 193.

动的方向。它是一个平均化的过程,要使一切剩余价值、利润还原为平均利润率。

列宁认为,"资本积累乃是资本主义生产方式与资本主义前的生产方式之间所进行的新陈代谢过程。"[①]资本积累是一个试图把握资本主义生产方式中枢的核心概念,通过这一概念的展开,就打开了资本主义生产的整幅画面。它既是资本主义生产得以展开的现实写照,又是理论家必须小心应对的一个概念。事实上,"资本积累"在马克思著作中并不是一个平面静止的概念,因为它既发端于资本主义"为积累而积累,为生产而生产"[②]的起始处,又贯穿整个资本主义社会过程。因此,它既不是一个起始概念,也不是一个终点概念。我们可以在马克思论述领域的不断转换以及层层推进中看到其呈现的是一个庞大的资本主义生产体系。在描述和分析资本主义生产方式的内在运动规律时,马克思透过彼此关联的理论框架,搭建起理解资本主义生产方式整体面貌的桥梁,用立体化结构解说这一看似平面化的概念。

三、城市空间理论的发展

时间与空间是一对相互依存的社会观念,是构成人类认知维度的依存性框架。在人类社会历史发展的绵延中,没有什么能替代时间带给人类社会以"丰饶、流动、繁盛"的生命体感受。一切历史与发展,包括人类自身生命的存在,都是在时间的流动与镌刻中得以显现。时间在某种程度上代表着一种永恒的追求,代表着精神的锲而不舍,代表着发展的奔腾不息。时间永是在流转,在时间的绵延与流转中又是生命力与希望的象征。一切美好都是基于时间对未来的期许之中。而与此相对,空间的固着性、非流动性、局限性、阻碍性,都带给人们静寂僵化之感。空间不过是一切形式上的外化,终将成为时间的过客。在时空相伴而生的存在感知中,空间给予时间以形式上的凝固,是对时间当下流动性意识的结构性承

---

① 列宁.列宁全集:第 59 卷[M].北京:人民出版社,1990:420.
② 马克思,恩格斯.马克思恩格斯全集:第 44 卷[M].北京:人民出版社,2001:686.

载。时间被空间记录,空间被时间裹挟,最终通过时间的进步力量征服一切在社会活动中的外在形式。人类对世界的未知与探索,都充满期许地留给了未来时间的赛道。时间表明未知与希望,时间带着进步与前行的力量,推动人类发展的历史想象。任何一个关于未来的时间点,都是面对过去、当下而表明的历史进步。由此看来,人类认知与进步的表征就是通过时间累积带来的。时间与空间,在人类历史发展的长河中,与人类社会活动息息相伴,轮番交替加强人们对社会生活的感知,对世界、生命的感知。时间可以绵延,空间可以撷取,时间表达无限性想象,空间固化着有限性认知,两者在维护人类发展稳定性方面都发挥着重要的功能与作用。

地理—空间以它具有的承载性特征,构成了人类历史形成与发展的前提与基础,是人类社会生存不可或缺的基质。地域空间因其自然带来的差异与不同,给人类社会生存条件也带来各式各样的样貌。正因为这种地域空间的差异,生成了人类不同地域下各自的生存样式。地域所标识的差异,同时又是各民族、地区文化的差异,是人们在风土人情、文化礼俗等方面来自物质与精神上的双重界标。地理空间既是外在于人的物质生活载体,又是文化历史的内在生成基础。没有脱离地理而可以单独理解的历史,同样,也没有脱离历史文化活动而单独审视的地理空间。地理是自然的产物,更是历史文化活动的产物与积淀,是人类历史文化中长期浸润的丰富成果,同时又是人类文明不断承袭的载体与过程。因此,相较于空间既定、受动的特质,地理空间也有它能动实践的一面。它在被人类不断发现、扩大、占有的过程中,也扩大了人们的社会认知。这个不断被探明与启发的过程,同时也生成着人类进步发展的历史。

世界历史的探明,在很大程度上就是地理空间的扩张史。每一次的战争、文明同化、利益冲突,无不是交织着对空间的诉求。空间的扩张与探明,都是对历史的积极延续与回应。没有与历史的结合,地理空间就是虚无的存在,缺乏对孕育人类历史母体的认知。同样,没有对地理空间的认知与理解,也无法理解历史事件发生的原因。地理是历史发展的隐背景,历史是地理空间发展的推动者。因此,从地理空间的不断扩张角度而言,世界历史已然成为极为丰富的图景画面。与此同时,历史为地理的扩张与征服注入了时代背景的注解。历史的想象力与对空间的征服欲被紧密联系在一起,共同构成人类历史发展长河中丰富的画卷。地理扩张带来的认知构成了历史上每个至关重要的历史阶段,同时也为地理空间自身的认知发展带来了重要的积累。历史、地理、文化,三者同生共存,始终与人类的社会活动相连。

随着人类社会实践能力的增强,原有固化的空间边界不断被人们打破。人们对世界的认知水平与认知能力也在不断加强。伴随着武力战争,以及航海远行带来的新大陆发现,人们越来越能够不断开拓出新的地理空间,以此扩大人们的世界活动范围。这种开拓力量增强的背后,实质是社会生产力的不断发展。物质生产能力及水平的提高,使得人们不再满足原有的固定狭小地域,而驱使人们去探索新的未知领域与空间。生产力在每个历史阶段的发展水平,都意味着人类能够在多大程度上去认知自然,意味着开拓新的空间的物质水平与能力。从历史上看,"作为过去取得的一切自由的基础的是有限的生产力;受这种生产力所制约的、不能满足整个社会的生产,使得人们的发展只能具有这样的形式:一些人靠另一些人来满足自己的需要,因而一些人(少数)得到了发展的垄断权;而另一些人(多数)经常地为满足最迫切的需要而进行斗争,因而暂时(即在新的革命的生产力产生以前)失去了任何发展的可能性。"①空间扩张的背后意味着生产力水平的提高,意味着人类改造自然的能力在不断增强。对空间的征服,其实质意味着人类对自然改造能力的增强。人类就是在不断地与自然的改造、与自然的对象性活动中证明自身的力量,与自然空间的和谐共生处。"文化上的每一个进步,都是迈向自由的一步。在人类历史的初期,发现了从机械运动到热的转化,即摩擦生火;在到目前为止的发展的末期,发现了从热到机械运动的转化,即蒸汽机。而尽管蒸汽机在社会领域中实现了巨大的解放性的变革——这一变革还没有完成一

---

① 马克思,恩格斯.马克思恩格斯全集:第3卷[M].北京:人民出版社,1960:507.

半，——但是毫无疑问，就世界性的解放作用而言，摩擦生火还是超过了蒸汽机，因为摩擦生火第一次使人支配了一种自然力。"①与此同时，"随着新生产力的获得，人们改变自己的生产方式，随着生产方式即谋生的方式的改变，人们也就会改变自己的一切社会关系"②。自然空间的征服与改造，也在生成和改变一切人类的社会关系，因为这种征服的过程必定是在社会关系活动中展开的。生产力的巨大发展，推动着人从固化既定的自然空间中，能够获得更多的物质资源与社会认知，能够在更大程度上摆脱自然对人的约束，以及自然力带给人们的统摄。人能够在多大程度上认知自然、开拓空间，都是来源于在社会性活动中获得对自然认知的力量。生产力既是人与自然开展对象性活动的中介与工具，也是人与自然相互作用形成的成果。在马克思唯物史观看来，社会生产力的发展水平决定着人类在当时水平下对世界掌握的自由程度，决定着人类社会活动的空间范围。对地理空间的认知及开拓范围代表着历史时期的社会生产力发展水平。

在这种唯物史观的认知带领下，我们就可以理解，生产力发展水平直接影响与决定着地理空间的认知与开拓，决定着物质生产在空间范围内再扩大的能力，意味着人对自然空间征服的力量与征服的速度。由此，我们可以看到，当人类社会发展到资本主义阶段时，社会生产力得到空前的发展，同时也意味着对地理空间的征服与开拓，乃至利用改造空间的力量与速度是极为迅猛的，这超越了人类历史上的任何时期。

"资产阶级在它的不到一百年的阶级统治中所创造的生产力，比过去一切世代创造的全部生产力还要多，还要大。自然力的征服，机器的采用，化学在工业和农业中的应用，轮船的行驶，铁路的通行，电报的使用，整个大陆的开垦，河川的通航，仿佛用法术从地下呼唤出来的大量人口，——过去哪一个世纪料想到在社会劳动里蕴藏有这样的生产力呢？"①

在资本主义之前的传统社会中，受传统时空观念的束缚，以及生产力水平的限制，人们对地理空间的征服、利用、改造都受到各方面条件的制约。地理空间仍是一个承托人类物质文明生产的载体与基质，人们依赖于空间母体而生存与发展。到了资本主义现代社会，地理空间不仅是客观的地域性概念，更是被纳入资本主义生产中来，从而成为重要的生产要素。现代性把时空中能够利于自身发展的理性要素从自然观念中抽离出来，将其投入资本主义的社会化大生产体系中。空间不仅被资本所利用与改造，更是遭到传统的瓦解与现代性的重构。传统的地理空间，在资本的审视与观照下，成为资本积极改造的对象与客体。人与自然的二元对立，社会与自然的分化过程，资本与空间的对立，只有在资本主义生产方式下，才表现得最为明显与对立。资本主义生产的内在需求，可以无限激化并放大这些矛盾与对立，就在于资本主义自认为有无限的对自然、对地理空间的改造与利用的力量。它要从这种改造和利用的对象过程中，使资本主义的生产不断获得增长的空间。马克思在《1844年经济学—哲学手稿》中，就曾犀利地指出：

"工业是自然界同人之间，因而也是自然科学同人之间的现实的历史关系。因此，如果把工业看成人的本质力量的公开的展示，那么，自然界的人的本质，或者人的自然的本质，也就可以理解了……在人类历史中即在人类社会的产生过程中形成的自然界是人的现实的自然界；因此，通过工业——尽管以异化的形式——形成的自然界，是真正的、人类学的自然界。"②

资本主义生产是社会生产力发展到高阶段水平的历史体现。在人与自然的感性活动关联的基础上，现代的工业文明破坏了这种感性关系。与人类社会活动相关联的人化自然不复存在，代之而起的是现代工业文

① 马克思，恩格斯.马克思恩格斯选集：第1卷[M].北京：人民出版社，1995:277.
② 马克思，恩格斯.马克思恩格斯全集：第42卷[M].北京：人民出版社，1979:128.

明。工业是横亘在人与自然之间的阻隔,它放大了人化自然的征服力量,并把空间不断纳入自己的生产版图。工业化生产的机制更是长于利用自然、破坏自然的生产增长方式,来作为自身生存发展的先决条件。资本更是以空前的力量,加大对自然、对空间的掠夺。通过工业化的进程,不断把地理的自然属性转换为资本属性、生产属性。当然,在资本开展对自然和空间征服的背后,充斥着政治、暴力、冲突的交织。人对自然、地理、空间的争夺与占有,从来都是人与人之间现实对抗关系的展开。人与自然的关系,同时也是人与人、人与资本在资本社会关系的展开。这在马克思的观点中一直占据本位。资本主义生产方式与生产机制的内在要求,本质上要求对时空加以利用与盘剥,需要对时空进行现代性的规制,从而满足现代性在历史当下及未来的叙事要求并建立起合理性根基。

现代性力图在时空观念上与传统社会做出划分与区别,以表明自身在历史阶段中不同以往的存在。现代性不再满足传统时空中对宏大历史叙事的要求,而是加强并注重对时空的当下化及世俗化的理解与利用,并且依据自身的需要与尺度实现对传统时空观念的解构与重构,从而定制出属于现代性的时空话语。因此,相较于传统而言,现代性统领下的时空观念,更多的是一种组织化与结构化的意味。在资本主义方式下,空间的每一次被有意识地组织化、利用化的过程,都是一套话语体系的表达,向人们表达与传递社会的管理规则、交往规则。通过这种人人都可观可感的空间化"客观"范式,从而表达一种话语权的正当与合理性。资本主义的生产范式,对此深谙其道。并且在现代化的推进中,不断强化人们对此空间话语的接受与认同。即使在艺术和建筑领域,每一种线条、意象、色彩的运用,都成为表达时代话语的代码与符号。它们通过空间结构的构建,表达着权威、震撼、庄严、现代性的强大气势,以此形成世俗下人们对其无力反抗的观感,以及与之相应的社会心理的形成。空间成为一种符号、话语、要素、体验、价值收割融合的场景。任何包含政治的、经济的、文化的想象、指征、意味与企图,都可以通过空间化的话语,或明或暗地向人们渗透一种社会存在与社会规则。空间建构成为现代性饱含主观意识与意图的话语表达体系。

因此，在现代性社会中，空间的生产与空间的组织化就变得至关重要。在资本生产领域，空间成为资本生产与积累的必要手段，在社会结构中，空间成为资本原则通行于世的表达。资本打开了空间的社会维度，扩张了空间的政治维度，穷尽着空间的经济维度，从而用来保持并扩张资本在世界范围内、在全球化之中的流向与速度。可以说，资本改造的空间成了现代性发展的动力。现代性"力求获得作为它们动力之组成部分的某些空间与时间的表达方式，以巩固和加强它们对社会的支撑。"①空间是社会组织与社会意识的表达载体。

必须用一种理论化的方式对空间的属性加以描述与界定，这就需要对社会进行总体观察，以及在思想上做出与之相应的总结与回应。空间现象进入理论家的视野，并形成理论的发展并非偶然，而是时代发展积累的蓄谋已久以及在思想上对其的观察，从而表达着思想家理论家们对现代性的时代回应。

这种空间理论化的过程，作为社会反思的对象，在社会批判理论家看来，其思考起点是什么呢？它不是对空间合理化过程的描述，不是对其进行定量的基于实证主义的算法，而是对其产生社会影响与效果的批判与反思。只有充分运用马克思主义的政治经济学批判立场，充分地把这一观察与反思的过程用理论化的方式稳固下来，才能形成与自然科学研究内涵不同的分水岭，才能对人类社会产生反思的力量。因此，进入社会批判与反思的空间理论需要将社会科学与自然科学区分开来。

自然科学研究注重理性思维的逻辑架构，这是自启蒙时代以来科学能够蓬勃发展的根本理据和根基所在。没有经过理性观察与客观分析的对象，是不能够进入科学研究的理论视野的。只有经过科学冷静审慎的观察与实验，只有科学数据表达的事实，才能够形成科学研究的基石与材料。因此，进入科学研究范围的门槛是严苛与规范的。在此基础上形成

---

① ［美］戴维·哈维. 后现代的状况［M］. 阎嘉译. 北京：商务印书馆，2003：272.

的研究结果也是行之有效的,并认为是确切与可靠的客观存在,并且能够在行动和社会应用上得到证实。这就是自启蒙时代以来,科学的理性规范精神。科学并不否认人类官能的有限,而人在分析与演绎方面出色的思维表现能力,可以弥补这一不足。人的理性能力是自然给予人的思维拐杖。凭借这种理性思维的能力,就能帮助人类在大自然中、在人类社会中发现规律,延伸自己的官能体验与认知,去观察、理解、洞悉万事万物的本质存在,这其中包括人类自身。当这种理性的引导力量拓至对整个世界的观察时,人们相信,根据这种理性的力量,不仅能够认知世界,更能建构一个符合人类认知与生存环境的模式世界,它将是一个真正经过理性思维把握的整体。

如此一来,当运用这种理性思维方式来观察并审视地理学的研究客体与研究规范时,就会发现,对地理学研究对象的界定的不同,导致研究内容与社会功用是完全不同的。早在 20 世纪 60 年代,受到理性科学研究规范的要求与约束,地理学科"在一批所谓的先锋人士",以科学计算的精神,通过相关系数和复杂概念之间的关联作为地理学科的研究范式和内容。在一般地理学观点看来,"地理学着重描述和解释地球表面的地区差异"[①]。在此界定下,地理学的研究对象是对特殊客体和独特区位的空间研究。"价值无涉"这种自然学科奉为圭臬的信条被用来描述所谓的纯粹客体。主体之于客体的外部观察,要求不涉及人的主观价值判断,从而保持客体的纯粹性和客观性。地理学科也不例外,对外部空间出于定量、举证、系数、统计、模型等客观做法,将科学理性方法论的合法性牢牢树立在对于空间客体的研究中。对于地理的客观性描述,使得地理空间充满客观的意味和知识的指向。而这一切对于社会事实的再现,尤其对于 20世纪 60 年代欧洲资本主义急剧变化的社会形态、巨大的社会动荡与分裂来说,这样的客观研究和实验室数据,又能在多大程度上再现空间对于政治社会的意味呢?这种符合科学规范的客观"描述",在多大程度上能够

---

　　① [英]大卫·哈维. 地理学中的解释[M]. 高泳源,刘立华,蔡运龙译. 北京:商务印书馆,1996:9.

切中社会发展的现实需要呢?

如果按照这种科学的思维方法,无论如何也推导不出空间在现代性已跃至"主体性",成为与人的社会存在本质相背离的时代结论。地理学可以被科学方法所观察,但是绝对不能受其结论所误导。面对社会急剧变化的时代需要,一些有社会责任感与改革理想的地理学家意识到传统地理学科研究内容与研究导向带来的问题性。空间不仅仅是实验室结构化的模型,不仅仅是相关系数与研究维度的维持,不应是计量革命大潮中被定量化研究的一员。实证主义在科学理性的原则面前,同样禁锢了思想的发展,限制了人们对地理空间再度进行社会价值发现的想象与需求。数据的精确化、模型的建构化、思维的定量化,在很大程度上抹煞了地理空间在社会中的意识。学科的理性化,反而冲淡了与社会的关联度,使得研究结果应用于社会观察与社会行为规范的距离越来越远。地理学是实证主义学科,但它又不完全与社会发展无关。方法论上的研究意义无法企及空间在社会本体论层面上的思考。这些显然是研究地球表面地区差异的学科,偏安一隅的自我想法与自我实现。事实上,脱离社会观察与理解的地理空间学,都会丧失对社会关联的敏感性。这是无法从知识化、精准化的研究规范中获得的社会体验。地理空间关系着人类发展的向度,关系着资本社会在当代的发展与回旋,必须通过某种视角,以相应的功能与回应来切中对社会现实的分析,从而在整体之中把握空间在社会中的地位以及与人类的社会关系。

马克思主义空间理论的先行者,大卫·哈维对此做出了积极的思考与热切的理论回应。他开始着手进行传统地理学科在描述和解释方面的思维规范,从而通过合理的思维起点,来构建理论的整体性与合理性。他为地理学的发展构建了一个规范化的方法论理论框架,破除了以往地理学研究中"长于事实而短于理论"的弊端,[①]在奠定了方法论的基础上,又尝试把地理学引向社会本体论层面的思考。

---

①　[英]R.J.约翰斯顿.哲学与人文地理学[M].蔡运龙译.北京:商务印书馆,2000:50.

　　通常而言,科学研究中的方法论往往会褫夺研究对象在本体论上的合法性和思想高度性。方法论不能代替本体论的主体地位以及代替本体论做出思考及事实判断。方法论的程式化思维与手段,不能替代学科自身存在的合法性。面对这种分裂与理论困境,哈维决心改变自己在地理学中的社会研究方向,而将实证主义学科引向一种本体论的哲学思考。"我也发觉我常常错误地阐述许多假定,它们必定奠定于统计方法之上,一旦去掉了错误阐述,则我的地理哲学和新的方法论之间的冲突也就烟消云散。当我设法把传统的地理学思想的积极方面和计量化所蕴含的哲学汇合在一起时,我惊奇地观察到地理学的全部哲学变得多么生气勃勃和至关重要。"①

　　哈维的这种地理学思想的转向,既是理论方法上的思想革新,也是对所处时代面临社会困境的思想回应。现代性复杂的时代景观,在经历了原始资本积累、工业化发展、战争的洗礼之后,人们的思想创伤、时代挤压、空间的压抑,以及社会呈现出来的物化风潮,都使得资本主义发展在现代性发展阶段中呈现出巨大的社会分裂与思想断裂。人们一时难以接受时代机制带来的剧变,难以从思想上与现代性的当下及过往中汲取营养和有益的连接。空间带来的一系列社会问题成为社会突出的现象,更是时空流转之下时代面临的难题与困境。在资本主义形态下,资本的急剧扩张和生产力的极速发展,都带来了不同以往任何历史时期的现代生产、生活空间的大迁徙。工业化直接催生了众多新兴城市的形成与发展。城市空间的急剧变化、人口的流动与增长,在空间形态下聚集着城市发展中各种突出矛盾与问题。城市空间面临的社会问题不再是实验室里单纯数量经济、方法测量就能解决的。在列斐伏尔看来,空间在现代社会越来越具有政治意味。这种政治意味在于空间越来越具有组织性与意味性。空间不再是传统社会中、传统时空观念下受动的载体,现代社会能够跳脱空间带给人们的限制,能够根据自己的设想与需要,将空间作为生产对象

　　① [英]大卫·哈维.地理学中的解释[M].高泳源,刘立华,蔡运龙译.北京:商务印书馆,1996:2.

来对待,即"空间中的生产"(production in space)转化为"空间的生产"
(production of space),空间成为生产的对象,生产空间的实质在于打造
一个适宜资本生产的空间。这是具有严格资本属性的社会空间,资本主
义的社会生产正是借助于对空间自身的生产,再生产空间关系和社会关
系,从而不断摆脱各种危机。

　　社会批判理论的空间转向,将空间从传统的理论视角中释放出来,从
而绽放新的思想活力,这既得益于理论发展的需要,同时也与社会长期的
历史实践有着密不可分的关联。得益于早期社会主义思想的法国马克思
主义历史传统,空间意识在 20 世纪法国的知识传统中有着举足轻重的地
位,对社会空间批判的形成有着直接的助推作用。"从圣西蒙、傅立叶和
蒲鲁东到无政府主义地理学家克鲁泡特金和勒克吕,敏感而执着地强调
空间政治学和区域性地方自治主义",他们的政策主张就是"从扩张性的
资本主义以及具有同样扩张性和工具主义的资本主义国家的角度出发,
收复对空间生产的社会控制。"①

　　这种良好的思想传统带动了空间理论的形成与发展。无论是列斐伏
尔有关"空间生产"的理论,还是福柯对权力的空间的分析,以及苏贾的
"后现代地理学",他们积极有效的空间意识,以及出于对社会发展的高度
责任感而形成的对社会空间的敏感性,都使得他们能够对社会空间形态
的变化做到探微知著,这些对当代空间的社会批判理论形成起到了极大
的理论积淀作用。以社会空间维度的释放来培育空间理论形成并非一日
之功,理论体系的建构也绝非简单的空间范式插入,而是有着长期的理论
积累与严格的理论自觉。

　　在对历史的观察中,空间是一个被时间压抑的维度。但是,把空间置
于社会历史观察的情境之下,则会发现它在释义历史、还原社会政治关系
及社会形态中的重要作用。任何事件、问题、社会矛盾的发生,都离不开
对当时的空间情境的分析与理解。空间是连接历史与未来的桥梁和意义

---

① ［美］爱德华·W.苏贾.后现代地理学［M］.王文斌译.北京:商务印书馆,2004:71.

场,这对于发现社会历史意义具有重要的作用。在传统理论中,空间问题一直不是作为时空理论研究中的优先级。而在现代性当下,当社会生产力有足够的能力去发现和认知空间这个一直置身其中的对象物时,则发现空间在当代社会发展中的优先级。当代社会理论的空间转向,更是从这场历史变革与社会动力发展场域之中,发现了空间在社会发展中的重要性。空间不再仅仅是一种策略性的存在,而是生成了现代性的根基。只有给予空间以足够的理论视野和研究宽度,我们才能在现代性话语中找到反思与批判的力量。"空间问题重要性的突显,不只是一个学术发现,而且缘于我们经验之内在空间维度在构造当代日常生活中的地位与日俱增。这本身就是一种历史过程(现代资本积累及其引发的阶级斗争)的产物。正如马克思在现代生产方式革命中识别出来的那种'以时间消灭空间'运动以及福柯在现代科学构造中识别出来的那种空间化策略所表明的,空间化本身恰恰是现代生产方式运动及其相应的知识构造早已采纳的策略。因此,在直接的意义上,社会批判理论的空间转向表明,如果存在着空间维度的缺失,恰恰是在批判理论内部。"①

空间理论的发展,必须要在理论建构上树立起空间化的思维,使之能够作为我们看待历史、社会发展的有效要素。能够透过长久以来以时间为线性观察的历史面貌与社会发展轨迹,看到空间在其中起到的革命性力量与作用。从而,空间理论或曰空间思维纳入对历史和社会观察之中时,它能够帮助我们以立体化历史观察的视角,使原来的一维平面观察变成二维甚至多维的立体式解读。哈维在《正义、自然和差异地理学》导言中明确表示,"我的目标是重构理论,使空间(以及'与自然的关系')作为基本要素整合其中"②。

空间视角是一个历史观察的立体式窗口,它能够帮助我们看清社会

---

① 胡大平. 社会批判理论之空间转向与历史唯物主义的空间化[J]. 江海学刊,2007,(2):35.

② [美]戴维·哈维. 正义、自然和差异地理学[M]. 胡大平译. 上海:上海人民出版社,2010:11.

历史中,各种人类实践及社会关系是如何暗含在空间和时间的实践之中。人类社会发展史,尤其是资本主义发展史,不是历时性的流转,而是更多地可以从中看出空间组织化以及暗含的可实施的解放力量。这是在以往的理论研究中,时间优先性带来的空间理论压抑问题。空间理论不是单独的研究向度,而是结合着历史、文化、政治、经济的因素,向历史纵深性研究与呈现的有力维度。社会观察的空间维度,必须还要与马克思的唯物史观结合起来,将资本主义的空间生产以及空间架构作为一个积极的理论触角,融入历史唯物主义的再发现之中。唯物史观是对历史形态发展最根本的总体性分析与总结。没有马克思的唯物史观作为理论的底蕴,对历史的观察就会失去根本的根基。

在对资本主义生产方式逻辑变迁的观察中,空间维度的提出,是对马克思历史唯物史观的进一步深化与完善,使得历史唯物主义在新的时空条件下重获新的历史制高点。马克思的唯物史观并非忽视空间维度的存在,资本逻辑的纵深化都是在对空间的充分利用。空间理论的兴起,使得空间维度在现代性的立场下,线索变得更加清晰起来,使我们在观察现代性时有了更加立体、直观的透视。哈维认为,过多地纠缠于空间的比喻性特征无益于空间理论的发展,反而会进一步削弱空间在社会批判理论中元理论的地位。空间作为理解社会实践的维度,必然要同社会批判理论紧密结合起来,才能形成真正的社会批判力量。哈维在当代众多的空间理论研究中,将新的理论生长点紧紧地根植于马克思历史唯物主义土壤中,并且始终捍卫马克思的政治经济学批判立场,这是他得出空间的本质和资本的本质具有同一性的思想源泉。

在对马克思的唯物史观进行空间探微思考时,哈维认为,"对我特别感兴趣的主题进行调查,提出思考价值理论、危机理论的新方法。我没有期望写出一部广泛意义上马克思主义理论的教条,而是对既有环境中的资本循环、信贷体系以及空间配置生产投入特别关注。"[1]在他看来,马克

---

① D. Harvey, *The Limits of Capital*, Basil Blackwell, 1982, p. XIII.

思理论包含着一定的空间维度,虽然这些空间思想是零碎的、不系统的,但是只要经过仔细的探究,就可以发现:马克思的理论中承认资本积累与地理环境之间的关联的。他甚至认为,马克思有自己的区位理论(location theory),它表明可以在理论上把经济增长的一般过程与空间关系连接起来。哈维进一步认为,由此可以发现马克思的积累理论与马克思主义的政治经济学批判理论之间至关重要的关联。实际上,哈维对马克思空间思想的挖掘是试图重构马克思历史唯物主义理论,把空间关系与资本积累,最终把地理与历史整合为一个整体。哈维并非反对历史决定论,而是认为在理解历史的时候,时间、空间等各种要素都要考虑进去,由此才是真正的历史生成论。

资本主义生产方式的空间转向,其本质是在空间拓展中使资本的回旋发展得以可能,从而延伸自己纵深发展的历史。空间转向表明资本主义在生产机制中出现的结构性问题与矛盾进一步激化。只有在不断的资本空间置转中,资本主义的发展才可能得到延续。"如果没有自己的'空间修整',资本主义就不可能发展。它一次又一次地致力于地理重组(既有扩张又有强化),这是部分解决其危机和困境的一种方法。资本主义由此按照它自己的面貌建立和重建地理。它创建了独特的地理景观,一个由交通和通信、基础设施和领土组织构成的人造空间,这促进了它在一个历史阶段期间的资本积累,但结果仅仅是必须被摧毁并被重塑,从而为下一阶段更进一步的积累让步。所以,如果说'全球化'这个词表示任何有关近期历史地理的东西,那它则最有可能是资本主义空间生产这一完全相同的基本过程的一个新的阶段。"①

植根于马克思历史唯物主义的空间理论,就使得空间理论在深入到当代政治经济学批判之中时,变得游刃有余和从容不迫。它能在唯物史观的基质中,深入到社会批判那一层重要的历史之维中。从历史生成的角度来看,资本主义在当代的发展既是一个历史叙事的片断,也是空间化

---

① [美]大卫·哈维. 希望的空间[M]. 胡大平译. 南京:南京大学出版社,2006:53.

模式在当代的留存与印记。它不会先天存在,更不会永续长存。历史每一个发展阶段,都是生产力发展和与之相适应的社会形态的空间化定格。资本主义历史也不例外,它不过是当下生产力发展水平的空间化定格。无数的生产场景与空间场景共同构成了这一历史片断。历史时间裹挟着空间片断,与此同时,空间片断的串联和回转又影响并改变着历史的生成,这就是历史与地理在社会发展史上不可分割的有机关联。资本主义是生产力发展到极大水平阶段,运用空间的置转来延伸自我历史生命周期的一个历史当下。因此,空间理论的发现,无意于更改历史发展中不可逆转的时空相互裹挟的发展方向。但是这种空间化的慢格方式,能够透过空间视角将马克思唯物史观笔下的资本主义历史变迁过程释义给我们。在空间理论的转向及形成过程中,作为历史地理唯物主义重要的一员,哈维的空间理论观察方法与历史唯物主义的融合,形成了他对资本主义观察的理论武器与思想利器,进而对资本主义进行历史现象级还原,这种历史还原的本质要求就是要回到资本主义的生产方式中去观察。

哈维的空间理论并不是片面与孤立的,是运用马克思唯物史观对资本主义发展形态所做出的整体理论观察与理论判断。在他的空间理论中,既有空间生产的批判与反思,同时也体现着空间生产与空间解放具有同一性的辩证张力,他以一种"强调关系和总体性的辩证方法,来反对那些孤立的因果链以及无数孤立的且有时矛盾的假设,这些假设只是在微不足道的统计学意义上才具有正确性。"[1]这和马克思人类解放的唯物史观辩证法有着一脉相承的一致观念。空间,不仅是生产的空间、政治的空间、组织的空间、话语的空间,同时更要释放出空间的能动性,从对空间批判之中看到空间解放的理想与现实可能性。哈维要用历史—地理的经验空间把马克思从宏大历史叙事的误解中拯救出来,把历史唯物主义包含的远大人类理想与空间具体的现实斗争结合起来,从而使得历史唯物主义更具辩证性以及可实现性。在他看来,作为社会理论与社会目标,我们

---

① [美]戴维·哈维. 正义、自然和差异地理学[M]. 胡大平译. 上海:上海人民出版社,2010:7.

一方面需要宏大叙事作为历史的指引,另一方面又要用实践经验细细填补现实与目标之间可操作的空间。

空间在哈维的理论运用中,既有方法论的意味,同时更多的具有马克思哲学本体论的指向。一个社会的构成,必然是地理、社会、政治、空间几个要素的统合发展。哈维在访谈中指出,"空间、位置、时间和环境,并说明它们是任何历史唯物主义者了解世界的核心",①历史地看待唯物主义,或者唯物主义历史的构成要素就在于此。哈维以实证地理学的学养基础实现与马克思政治经济学批判的理论对接,这两种路径的汇合既不冲突,也不突兀,而是相得益彰。

马克思在唯物史观中体现的历史辩证法,始终是资本主义批判的理论指引。"辩证法,在其合理形态上,引起资产阶级及其空论主义的代言人的恼怒和恐怖,因为辩证法在对现存事物的肯定的理解中同时包含对现存事物的否定的理解,即对现存事物的必然灭亡的理解;辩证法对每一种既成的形式都是从不断的运动中,因而也是从它的暂时性方面去理解;辩证法不崇拜任何东西,按其本质来说,它是批判的和革命的。"②辩证法是人类看待事物与发展的整体视角,在肯定与否定的平衡中走向事物发展的更高阶段。可以看出,空间批判与空间理想在哈维的理论视野中具有同一性。哈维试图通过辩证法在看起来似乎令人绝望的时代状况当中挖掘出解放政治的潜在资源以及联合行动的可能路径。我们看到,在每一个议题上,无论是"全球化"还是"身体",或者其他方面,哈维都能在绝望的处境当中开辟出希望的道路。并且,辩证法的思维方法也一直延伸到他对乌托邦理想的分析批判及其整合过程当中。而哈维的创新之处无疑就在于,在肯定历史辩证法的同时,又增添了空间的辩证法。在他那里,辩证法实际上是一体化的、关于时间—空间—社会存在的辩证法。

哈维在理论的建构上,始终坚持政治经济学批判的话语模式。当代各种热衷于马克思主义理论的研究,大多热衷于文化研究,马克思主义本

① 吴敏.英国著名左翼学者大卫·哈维论资本主义[J].国外理论动态,2001,(3):6.
② 马克思,恩格斯.马克思恩格斯全集:第44卷[M].北京:人民出版社,2001:22.

真性的政治规划在他们那里被转变为一种知识规划。但是，哈维是一个例外。自从开始转向马克思主义以来，他始终坚持把政治经济学与资本批判、资本主义批判紧密结合起来，充分肯定了马克思政治经济学批判的理论意义和实践效果，这一点包含在哈维的所有著作当中。他对固定资本、人工环境、资本主义的城市化过程、空间的生产、空间修整、资本主义的危机和存在、后福特主义、"时空压缩"以及后现代主义文化思潮等方面的分析，都体现了这一点。政治经济学的特征如此显著，以至于有的学者把哈维的城市社会学称为"城市空间政治经济学"。①

正是借助马克思政治经济学的方法，空间理论才不至于回归到理论的模糊与抽象性之中，由此我们才能够还原社会空间的事实真相：资本逻辑对社会生活的各个方面进行着全面的渗透和控制，从商品、城市景观、消费文化一直到全球化的整个过程和所有环节。也正是如此，我们才能破除所谓的阶级消失论、新自由主义道路"别无选择"论、历史终结论等时髦的意识形态的干扰，并对它们进行有力的驳斥。唯有如此，我们才能矢志不移地要求超越资本主义，尝试着以新型的人类命运共同体的形式去建构关于未来社会生活的想象。

在现今信息化时代条件下，空间的形态已发生改变，空间的层化现象更加严重，空间理论要对抗的维度更加多元，并且这些维度都是以乱箭散射的方式戳向现代性的漩涡。如果没有强大的理论内核，是无法面对日益复杂的空间环境与空间问题的。空间理论的进一步深化，必定建构在对时代的观察与有力的反思基础之上。它不是实验室精于分析的计算，不是信息化编织的程序拆解，不是方法论上有益或无益地对量化思维的进一步加深与巩固，而是在本体论上要能对空间的形态变化、本质做出理论上的界定与回应。空间理论应当有进一步升华这些问题的勇气与能力，为时代问题的批判与反思做出积极的回应。

①　蔡禾.城市社会学：理论与视野[M].广州：中山大学出版社，2003：175－190.

第二章　资本形态下的城市空间

城市是现代性思考与改造的对象。齐美尔在《大都市与精神生活》(*Metropolis and Mental Life*, 1903)一文中,通过现代性与过去及乡村生活的对比,探索城市的形态变化以及人们应对城市结构变化带来的生活经验的重新塑造。城市是一种社会感官,还是由各种物质形态建构起来的一种存在? 城市的真实感能触及人们的内心深处吗?"让城市成其为城市的,不仅仅是摩天大厦,也不仅仅是商场或通信网络,而且也包括居住在这些地方的人们在行为举止上不得不去遵守的城市的规矩。在某些人看来,这里面涉及众多问题:涉及一种不断加快的生活节奏,涉及设法屏蔽城市里所发生的大部分事件干扰的必要性,并且也涉及一种基于计算、理性和抽象思维的精神态度。"①城市的真实可以具象到建筑物、基础设施、学校、公共住宅、医院等这些社会格局有形之物,更可以体现在劳动过程、生产、消费、货币、交易等这些社会关系网当中。城市的物质性与情感性,都是随着社会生产方式的转变而不断被打造与呈现。现代性正是城市物质与思想形态前后进行割裂的历史分水岭。在进入现代性之前,城市还是自由和散漫的商贸流通之地,没有规模化的生产与刻意的强制,甚至保留着些许诗意与浪漫。而当封建制度瓦解,自由劳动力不断涌入城市,成为工业化生产的主力军时,城市便卷入了现代性建设的大潮。从资本打造的主场角度来说,城市成为劳动力与资本共同打造的社会生产过程空间场。资本主义现代化生产,使城市变成了由资本进行物化的现代性样式。

---

① [英]斯蒂夫·派尔. 真实城市:现代性、空间与城市生活的魅像[M]. 孙民乐译. 南京:凤凰出版传媒股份有限公司,2014:2.

工业化生产是开启当代城市建设与发展的前奏者。任何一个城市的现代化发展,首先是一部工业发展史。机器取代人工,生产秩序成为社会秩序的基础与前提,分工细化了城市的各种竞争赛道,商品化成为城市应有的气质,交换则是城市练就的发达本领。有流动的人口、物品的生产、商品的交换、细化的分工,这些都成为城市发展的先决条件。一切被商品化,则是对城市交换本质的最好定义。只有努力使一切(包括人类自身)成为有用的且可用来交换的商品,才能获得在城市的生存条件。这些无疑契合了资本主义生产的方式,满足现代性对被资本定义的社会结构和生活方式、思维方式、行为方式等的全部想象。资本生产需要这样的社会结构与之相应,城市的外形与气质已经接受了资本生产过程的打磨与定制。

城市仿佛一个巨大的机器,不停地生产着商品关系,以及与之相应的人际关系、社会关系。为了推动城市这个巨型有机体的发展,资本必须积极投入城市大规模的基础设施建设之中。而这个大规模的城市建设,又是和人口、土地、金融、信用密不可分、相互交织的过程。资本是城市发展的生态链,每个领域、每个环节都在表达着对城市的观感。各种利益与权力、权利的交织,每个层面对资本的吸附与依赖,都推动着城市这个巨量有机体在现代性的轨道上疾驰而行。可以说,资本定义了城市的发展,模塑了城市的空间,渗透了城市的脉搏。城市的发展就是资本力量铺陈在城市空间的结构化体现。

一、资本运动与城市

城市是马克思政治经济学关系批判中隐而不述的历史背景与社会结构。无论是俾斯麦对巴黎大规模的城市改造,还是19世纪英国工业化的迅猛发展,都隐约透露出这样一种社会意识。工业化和城市化齐头并进的历史进程,是马克思在工业革命与城市化结构中发现无产阶级,进而展开阶级批判的重要社会背景。城市的格局是马克思政治经济学关系批判的社会立体呈像。"人们都知道,工业革命创造了无产阶级,马克思和恩格斯则进一步指出,是资本主义城市化创造了工人阶级。"①工业化造就了城市,阶级的分化更新了城市的社会结构,以阶级属性来说明社会属性,指出了资本主义不同以往的全新社会结构。

城市结构是资本积累展开资本运动过程的空间场,是资本形成与积累不可或缺和必需的社会结构。没有对城市的资本化改造,没有对城市的资本塑造,现代性羽翼下展开的资本积累无从谈起。"贯穿整个资本主义历史,城市化从来都是吸收剩余资本和剩余劳动力的关键手段。由于城市化的周期很长,以及建筑环境中的大多数投资都有很长的使用寿命,所以城市化在资本积累的过程中具有特殊作用。城市化还具有地理上的特殊属性,如空间生产和空间垄断是积累过程不可缺少的部分——不仅仅是简单地凭借改变商品在空间上的流动而推动积累,而且还凭借不断创造和生产出的空间场所来推动积累。"②资本积累与城市大规模建设阶段,是城市和资本发展的"蜜月期"。这个阶段城市的发展亟须资本的进入与扩张,大量城市基础设施建设,空间的改造,人们实现基本现代化所需的各种物质基础,都需要资本的投入。

在这样的过程中,同样是资本形成的重要初始阶段,这其中包含着城乡结构大量的剪刀差和对资源强力的占有。大量社会结构以及社会资源的对立出现,是保持城乡差异并推动城市结构化发展的原始动力。对此,斯大林说道:"关于消灭城市和乡村之间、工业和农业之间的对立的问题,是马克思和恩格斯早已提出的大家知道的问题。产生这种对立的经济基础,是城市对乡村的剥削,是资本主义制度下工业、商业、信用系统的整个发展进程所造成的对农民的剥夺和大多数农村居民的破产。因此,资本主义制度下的城市和乡村之间的对立,应该看作是利益上的对立。在这个基础上产生了农村对城市、对一般'城里人'的敌对态度。"③

①　[英]约翰·伦尼·肖特.城市秩序:城市、文化与权力导论[M].郑娟,梁捷译.上海:上海人民出版社,2011:29.

②　[美]戴维·哈维.叛逆的城市:从城市权利到城市革命[M].叶齐茂,倪晓晖译.北京:商务印书馆,2014:43.

③　斯大林.斯大林文集[M].北京:人民出版社,1985:616.

　　现代资产阶级社会以前所未有的速度和巨大的生产力创造了一个全新的物质世界,以一种横扫旧时代的气势,"按照自己的面貌为自己创造出一个世界"。资本实现了现代性对城市的想象性建构。商业的繁荣,大量带有时代特色与标志性的商业地标、文化场所的出现在丰富城市空间的同时,也表达了资本与城市之间的共生关系。空间形态代表新的社会生产方式,它调拨了城市发展的速度与效率,加速了人们行走城市的步伐,营建了不同以往的社会关系与空间感知。"资本流动会给社会空间造成一定的影响。资本本身就是一种社会关系,存在于不同社会群体之间的技术、法律和经济安排之中,这些群体具有不同立场、策略和资源。"①城市空间作为一个可支配、可占有、可分解的整体,被纳入资本主义的生产模式与生产体系之中,从而用来生产剩余价值。城市每寸空间的资本化渗透、每个社会结构的呈现,都是资本生产力强有力的表达。

　　当代城市的形成与发展就是一部活生生的政治经济学呈现,在城市与政治经济学关系的问题上,其内在的勾连乃是城市与资本之间的共生关系——城市是资本吸收与释放的对象与空间。在城市的发展史中,资本的力量直接促成城市现代性内在机制与外部形态的建立。资本可以按照它所需的面目再造一个新的空间。因此,资本流动与城市的形成与发展有着直接的关联。我们可以看到工业城、卫星城的建立,无不与资本的流动有直接的关系。"资本流动会给社会空间造成一定的影响。资本本身就是一种社会关系,存在于不同社会群体之间的技术、法律和经济安排之中,这些群体具有不同立场、策略和资源。戈登等人将这种地理分布称作积累的社会结构(social structure of accumulation,SSA)。在积累的社会结构和投资/撤资的循环之间,存在着复杂关系。前者被连续不断的资本流动所塑造,其不平衡发展会造成不同的结果,而后者会对这些结果做出空间层面上的反应。在时间层面上,资本流动的规模和方向既是塑造

---

　　①　[英]约翰·伦尼·肖特.城市秩序:城市、文化与权力导论[M].郑娟,梁捷译.上海:上海人民出版社,2011:107.

出积累的社会结构的动因，又是其结果。"①

伴随着资本主义及其新生产体系依托对象——工厂的出现，城市产生了两种"新的"社会群体：工业资本家和不熟练工人。这两种群体分别形成资本精英和无产阶级的基础，从而取代了旧的封建等级制。传统的人身依附关系转化为现代化的生产关系，并且这种关系是城市社会结构与社会生活所独有的。"城市是阶级和阶级关系生产和再生产的场所。关注阶级结构和居住空间分异问题是马克思主义学者的第二条研究线索。在最广义的历史观下，城市化可谓最根本的历史进程。马克思和恩格斯认为正是城市孕育了社会主义……在城市化进程中，确实包含着人们的行动模式向社会激进主义的转化，它构成了对现存秩序的突破。"②

在资本积累过程中，一个从资本建立之初就存在，并且一直无法消解的历史问题再次明确化，这就是阶级与贫困。一边是高楼大厦，一边是贫民窟，在创建财富的同时，也不断加剧分化。

"以马克思主义为出发点的城市研究的主要目标之一，是揭示出资本积累的动态过程与建筑环境的生产之间的关系。它是一个更为宏大的研究目标的一部分，后者指的是将空间的社会生产过程和社会的空间再生产过程视作相关进程。为此，最主要的切入点乃是在区位策略、就业模式的变化和资本积累的发展之间建立起联系。资本被视作一种创造性的、或者说毁灭性的力量，在追逐利润的过程中不断地创造和再创造着新的地理形态、新的劳动分工和新的社会关系。这一类文献所做的研究，主要目的就是将具体某地的社会变化、经济建设过程和资本的律动联系起来。"③

阶级关系是马克思政治经济学批判的着眼点，但是阶级关系并不是

① ［英］约翰·伦尼·肖特. 城市秩序：城市、文化与权力导论［M］. 郑娟，梁捷译. 上海：上海人民出版社，2011：107.
② ［英］约翰·伦尼·肖特. 城市秩序：城市、文化与权力导论［M］. 郑娟，梁捷译. 上海：上海人民出版社，2011：109.
③ ［英］约翰·伦尼·肖特. 城市秩序：城市、文化与权力导论［M］. 郑娟，梁捷译. 上海：上海人民出版社，2011：106－107.

变动不居的,它的生成与变化也是随着社会历史性条件的变化而变化的,而城市就是其生成与变化的重要要件。因为就资本运动的过程与要求而言,资本的吸收与效度并不完全集结在阶级关系与阶级生产上,生产领域不能解决资本过度积累的问题,那么就要把它放到更大的结构中去解决。在一个更大的空间上,资本的积累与释放要投入一个依附性的结构中,这就是城市。城市空间通常成为解决资本积累问题的手段。伴随着新自由主义的发展,打破原来僵化的社会结构与传统的福利做法,空间的资本能量必然要被释放出来。城市空间问题不是马克思政治经济学叙述的重点,但城市的当代运行与发展却以社会性的形式与结构直指政治经济学的核心。大卫·哈维为什么把马克思的资本积累理论集中到城市空间角度上去解析,原因就在于此。

资本赋予空间以商品的价值,使空间货币化与资本化,即空间具有使用价值与交换价值的双重维度,空间不仅具有使用价值,更具有交换价值,空间作为商品属性的价值进入人们的视线。人们开始意识到,围绕在身边这个长期居住与依存的空间,原来具有交换价值,可以像商品一样进行买卖和交换。商品意识通过这种空间的货币化及置转方式,传达到人们的思想意识之中。开设店铺,临街设店,在商品意识不断浓烈的社会氛围与不断形成的机制下,人们纷纷把长期以来只用来居住的房屋、公改房拿出来变成店铺,空间的利用与价值呈现成了城市资本发展最活跃的要素。空间作为商品价值属性的释放为资本的流动与积累打开了通路。空间货币化成为空间资本化的前提与基础,它促成了资本的积累过程,没有资本化便谈不上空间的资本积累。这个货币化与资本化的过程把人们的生产方式、生活观念、商业、土地等多重要素都融合到了一起,在物质形态与观念形态都契合了资本市场形成和现代化的进程。

在空间被货币化与资本化的指引下,以土地为依附的空间成为与资本相连、与城市发展相连的竞争性要素。空间的生产离不开大规模固定资本的投资,土地成为资本竞相争夺的对象。不同于资本主义社会的是,我国土地所有制是在保障土地国有的前提下,在释放使用权的尺度里成为资本化的对象与空间。因此,我国没有土地私有制。这是我国城市空间发展与资本主义制度本质的区别,是我国社会主义制度优越性的充分体现,是社会主义制度的根本保障,是社会主义制度公有制的坚定基础。

土地在城市空间下有了特殊意义。土地成为城市空间首先定义与规划的对象,而这种使用与规划围绕着社会生产而不断展开。工厂和商业用地的开发与利用,使得围绕着这些工厂和商业网点出现大范围的居住地,以容纳工厂的工人和他们的家属。城市结构围绕着社会生产过程而日益展开与不断完善。

土地、空间价值的形成,又与社会生产方式相连,它既是社会生产过程中的产物,同时也是这种生产方式导致的社会分配结果。城市人口都服从于这种社会生产过程,并且人群的流动与居住都是受这种过程制约与导致的结果。财富集中在拥有资本的人群手中,同时他们也拥有空间价值的决定权与支配权。城市空间的区位有了价值意义,同时也有了社会阻碍与阶层分化的意义,而这一切无不与土地、空间的资本化有关。资本投注于土地,使土地、空间有了撬动社会财富形成、社会关系分化的价值与能力。

城市是一种差序性社会格局,而近代工业化时代的城市结构变迁表明,随着工业化重心的转移以及空间重置,不仅城市内的大部分老建筑物总是随着城市空间结构的变迁而被替代,而且表现城市主要特征的一些相关区位都在很大程度上被改变了。城市的中心化空间格局在价值、财富、资本的号召力与表达中有了越来越重要的空间话语权。中心化的空间格局,表达着城市中的权力和地位。价值观的体现不再由传统标准所决定,而是由中心化的空间格局所带来的价值利益来决定的。区位在城市空间下有了重要的意味。区位在整个城市的空间下所处的位列而决定其价值。区位因中心化、商业化、聚集的人口群体而决定其价值。由此而展开的空间的规划与格局,以及围绕中心而做的交通设施的联动发展,都有了资本价值的意味。职业聚居区依据地位、家庭结构、种族和生活方式不同而产生了居住分化。土地所有权与使用权分离,工作地与居住场地逐渐分化,家庭结构也随之发生了转变。越是大的都市越容易形成大的资本力量,并且往往这种力量是超乎一般的压倒性力量,是一种带有资源掠夺与资本剥削的资本力量形式,因为它侵犯着城市的弱势群体。这种带有资本属性的区位划分与定义,本就是以牺牲社会中占据大多数、维持基本生活的劳动群体的利益为前提的。广大工人劳动者和弱势群体,根本无力反抗这种空间格局。

住宅是城市满足社会生产中,人们居住需求的首要因素。当代城市问题研究的落脚点落在住房问题上,住房问题反过来集约着固定资本投资与金融问题。城市就是一部生动展现的政治经济学,正如哈维所说,"我的目标是寻找能够帮助我理解城市问题的理论,而不解决固定资本问题就无法理解城市问题。正如我从巴尔的摩所了解到的,住房市场的根本问题是金融资本问题。"[1]住房问题,这个问题更是折射资本过度积累的多棱镜。一方面,住房成为吸附资本最具成效的容器,另一方面,也反映出过量资本在寻求增殖过程中出路的窄化。当社会投资与回报的机会变少时,资本就会把注意力集中在房地产上,尤其是私人住宅市场的火热,越反映出经济发展的不平衡,是资本危机发展的一个高危与瓶颈阶段。流动资本储备量的增长则明显地体现在诸如银行、养老基金和保险公司等金融机构的快速增长上。但资本要求更高回报率,自然会投给商业地产,其原因在于,它能吸收大量的资本,需求旺盛,投资麻烦少,由于空间具有绝对性,其产品的稀缺价值可以得到保证,在许多地方政府的规划控制下更是强化了这一点。作为商业地产的有效载体,城市的发展无疑稳固与强化了这种观点。商业资本、货币资本和土地上的地租,这些分离的、独立的、有力的资本形式被整合到资本循环过程中,这个循环过程是由剩余价值的生产主导的。"在《共产党宣言》中,马克思和恩格斯指出,'工人领到了用现钱支付的工资时,马上就有资产阶级中的另一部分人——房东、小店主、当铺老板等向他们扑来'。……这里我要说的是,资

---

① 吴敏. 英国著名左翼学者大卫·哈维论资本主义[J]. 国外理论动态,2001,(3):5.

产阶级中的这一部分人至少在发达资本主义经济上已构成一个依靠剥夺而实现积累的巨大利益集团,通过剥夺,货币被吸收进入虚拟资本的流通中,以支撑金融体系中所制造的巨大财富。"①当这种资本的累进与吸收,是以更高程度的通过住房、土地的资本吸附形式和虚拟资本面目出现而展开的对人们的利益剥削时,它的影响程度更是无法估量的。

空间的社会生产过程在区位策略、就业模式的变化和资本积累的发展之间建立起联系。资本在追逐利润的过程中不断地创造和再创造着新的地理形态、新的劳动分工和新的社会关系,这就是城市空间生产的核心与本质。空间过程把握着城市资本的流动方向,无论这种流动是对社会生产还是对人口而言。资本的空间化生产过程意味着劳动的集结,意味着劳动力的吸收,而这种集结与吸收又决定着城市的结构与规模。城市空间的规模与形态,始终与人口、生产过程相连。资本的空间化运作,以多种途径实现对城市全方位资本定制的目标。这就意味着以资本运动的操纵者与投机家为代表的西方资产阶级不仅要凌驾于国家机器之上,还要凌驾于整个国民之上,国民所需要的生活方式、文化价值、政治价值以及他们的世界观,仿佛都需要接受他们的定制。而产生这种定制与控制的主战场与过程,正是通过城市这个政治、社会、社会关系展开的空间化过程体现出来的。

随着城市现代化进程的不断推进与发展,空间化意识形态的不断产出,结构化的空间已经成为表达其社会意向的合理化渠道。结构化、组织化意味着在现代社会里,空间不再是传统社会物质生产中依托的介质与媒介,而是能按照自己的设想,创造性地将空间本身作为生产对象来对待,即"空间中的生产"(production in space)转化为"空间的生产"(production of space),就是对空间的生产,以及对空间的打造。空间的生产,在于社会不断模塑新的空间形式,通过空间形式借以表达它的政治以及社会诉求。对空间的生产,在某种意义上,也是对社会关系的再生产。城

---

① [美]戴维·哈维.叛逆的城市:从城市权利到城市革命[M].叶齐茂,倪晓晖译.北京:商务印书馆,2014:55.

市的大规模建造、功能性区域规划,在空间有意识的分割与建构中,人的社会关系、政治关系、经济关系都被镌刻在空间关系之上。新的空间生产,也是新的空间分化与阻隔。"新的宽阔大道、百货公司、咖啡馆、餐馆、剧院、公园,以及一些标志性的纪念建筑,它们一旦生产出来,就立即重新塑造了新的阶层区分,塑造了新的社会关系,阶级的区分不得不铭刻在空间的区分之上。"①被隔离开的空间形成的界限阻隔,使得空间关系组织下的人们不得不置身于重新安顿的社会秩序当中。每个空间都穿插在对人的社会行为塑造中,对人的生存范围界定中,空间的存在就展示出一种控制力,就在暗示着秩序的合法性。"不仅如此,每个空间也是权力和财富的景观展示,它们怀抱着实用之外的象征目的。在重新塑造一种新的共同体的同时,也是对旧共同体的摧毁,一个新的政治经济关系被塑造出来了。"②在这样的城市空间景观下,空间的铺陈就是各种价值观的横陈与冲撞,由此也愈发表现出资产阶级价值观的贫乏与空洞。资本的力量可以把人们安置在各种空间层级与层面上,而如何能够从这些空间束缚中解放出来,就需要在由社会关系、政治关系、经济关系结织的空间关系中寻求出路。

资本的运动是一个动态化的宏观概念。从资本的形成、积累、危机这种全链条的观察中,我们可以发现资本在每个环节中的作用及表现以及与城市之间的关系。工业化对城市的定制与打造是势不可挡的,工业化之于城市而言,具有绝对的主动与优先地位。工业化的布局、规模决定了城市空间的定位、规模、格局乃至级别。各种生产要素、生产力要素、资金要素被凝聚在工业发展的条块框架中。现代化意味着进一步的工业解放,意味着不同以往的生产方式与生存基质,预示着向某种后工业社会的转移。没有资本的增量就没有明显的城市化进程。资本概念的释放正是

---

① 汪民安.巴黎城记译序[M]//大卫·哈维.巴黎城记.桂林:广西师范大学出版社,2010:Ⅺ.
② 汪民安.巴黎城记译序[M]//大卫·哈维.巴黎城记.桂林:广西师范大学出版社,2010:Ⅺ.

通过生产方式转移来实现的,通过生产方式的不断转化逐渐激活空间这个最具潜力和能动的要素。

城市是资本流动的载体。城市的社会结构必然服务于资本的流动,反映在经济、文化等层面的社会关系建构也服从于这一逻辑。在城市建立之初,城市的建立促进资本力量的发展,是资本发展的有效结构。但是随着资本主义生产方式在新的时空与社会条件下的不断发展,资本的力量会反过来审视城市既有结构,会形成对城市重构的力量。于是,空间与资本关系发生置转。当资本积累到一定程度时,它将反过来重构空间。这就是由列斐伏尔提出来的,被学界反复讨论的空间生产理论。空间生产,即空间由主体性转为对象性,成为资本建构与打造的对象。简言之,如果既有结构阻碍或减缓了资本的流动与进一步拓展的空间,那么资本对城市会形成一种反作用力,会打破这种既有的结构,成为新的破坏性增长力量。城市逐渐成为资本改造的对象,是与资本主义生产方式变迁分不开的,并且是与时空要素紧密结合在一起的。"在这个领域中,巴兰和斯威齐(Baran and Sweezy,1966)的研究堪称典范,他们试图阐明,在美国,城市建设的投资为资本提供了出口,从而延缓了经济长期停滞的趋势。他们指出,国家的一系列措施对支撑经济发展起到了至关重要的作用,其中包括:鼓励郊区化,修建高速公路和相应的基础设施,鼓励业主自住以及刺激新的住房建设。"①新的城市社会结构必然要服务于资本的流动,反映在经济、文化等层面的社会关系建构也服从于这一逻辑。资本可以按照它所需的面目再造一个新的空间。

资本主义发展的历史说明城市及其空间正是资本主义加速其流动性的据点,是资本主义生存必需的社会结构。与此同时,城市建成环境的不可移动性,城市作为高素质劳动力再生产的场所,城市同时作为消费的空间构成了城市在资本主义再生产过程中的特殊性。在资本运动与城市发展的关联中,我们可以看到,城市以空间的形式表达着资本运动的过程。城市,完

---

① [英]约翰·伦尼·肖特.城市秩序:城市、文化与权力导论[M].郑娟,梁捷译.上海:上海人民出版社,2011:108.

成了资本对其在经济、文化等各种意义上的想象,是资本流动的意识空间,在其中充斥着资本流、意识流,以及资本的想象带给人的生存幻象。

为什么马克思在其理论中不多述城市呢?在资本主义蓬勃发展的初期,资本主义正以前所未有的生产方式建构一个物象世界,由"物"的合理性晋升的合法性成为理解世界的基础,物的存在遮蔽着真实的人与人、人与自然的关系存在。马克思正是要破解这种物象对人的迷误,因此要透过"物"揭示在一种物象中关系的呈现,正是透过物象寻求本质的存在,发现隐藏在物背后的社会性关系的存在。正是隐藏在资本背后的关系性存在推动着社会结构的变革,也据此发现社会与此展开博弈的不是技术力量,而是在技术变革下人与人的社会关系。因而在一种关系性呈现中,马克思并没有着重城市这个既有结构的叙述,因为对于历史叙述而言这些是隐背景。另一方面,在资本主义工业化成长的初期,城市的意识与边界还只是随着工业化发展规模而呈现,只是包容工业化发展的容器与载体,工业化对城市的定制与打造是势不可挡的,工业化之于城市而言,具有绝对的主动与优先地位。相较而言,城市只是沉寂的、受动的,只是作为工业化的过程和载体,作为工业化发展的固定要件,是资本吸收与集中的框架与主体,是阶级关系初步呈现的社会结构。在资本积累的初始阶段,城市还只是处于帮助资本形成的"在空间中生产"的初级载体阶段,还不足以反过来形成铁制关系发展的力量,还没有到达空间生产的历史阶段。

城市空间是由人创造的,而承载人的物质、精神等多重需求的城市空间,是否又能满足人们对其的期盼与要求呢?在人与城市空间的双向流动、双向互动的空间辩证关系中,人们在创造和改变城市空间的同时又成为他们所居住和工作的空间塑造的客体。因此,在资本的运动过程中,被定义、被打造的城市空间不应该从社会历史、文化和精神的文脉中分离出来。在这种疏离过程中,城市必须寻求新的空间文化与主体精神。

二、信用与金融体系

如果把信用制度作为在资本运动过程中统一的用于周转的整体机制

来看的话,它应当被看作一种中枢神经系统,全部的资本积累通过这个资本系统而被协调。信用制度能够将分散在人们日常各种生产和经营活动中的,以及从工厂、部门、地区和国家那里收拢过来的货币资本再分配到它们的使用和流动过程当中去。信用同样是资本流通的一个过程,但它显然不是一般意义上的商品流通过程和领域,而是脱离于一般商品流通,只是限于资本自身横跨于生产、消费、分配等领域的纯粹的资本流动过程,是脱离具体的物、商品等具体实物存在形式的纯粹资本的运动过程。信用制度促进了各种活动之间的相互衔接、劳动分工的发展以及周转时间的减少。它推动了社会利润率的平均化,从而形成了平均利润率,并且仲裁与平衡着资本的集中化力量与去集中化力量。它帮助协调固定资本流动与流动资本流动之间的关系。利息率以未来的需求贴现当下的使用,而虚拟资本的各种表现形式则把目前的货币资本与对未来劳动成果价值的预期联结起来。

在这里,我们不是要寻找一些范畴,用它们去描述那些贯穿于资本主义的整个历史、在不同的国家中出现的、似乎是无限的各种制度安排。正如马克思所指出的那样,没有必要作过度的分析,因为我们这里只是要找到一个牢靠的理论基础,以此来理解信用制度中的工具和机构是如何影响了资本主义的运动规律。

信用是随着资本主义生产过程而不断进化的资本积累发展的较高阶段,同时也作为一种新的平衡系统在现代资本积累中发挥着首要与重要的作用。在信用制度建立之前,历经中世纪都没有生产性的信用来给生产融资。一方面,那时人们认为出现腐蚀性的、非生产性的债务的前景是多么的不太可能。另一方面,社会没有发展到大规模的社会分工与机器大生产阶段,整个社会的生产不需要用集中的资本力量去推动,甚至那时社会上还没有资本这个概念。但随着资本主义迅猛地发展,在固定资本上的不断投入,大规模工程项目的兴建,在固定资本的投资上使用者支出了巨额的货币,需要通过较长的时间周期,例如 30 年或者更长时间的生产经营周期来收回货币,这类问题的出现,爆发出对资本增量的集中需求。"影响深远的金融改革的逻辑是带着福音书的狂热制定的,其中法国的例子最突出。圣西门的《实业制度》一书激发了一种意识形态,它以下述理解为基础:成功的工业化要求从生息债务转向股权融资,这样银行就会被组织得非常像共同基金。"①无疑,如此大规模的、耐久性很高的固定资本,它的兴办或者使用都离不开信用制度。

圣西门主义者②将银行家美化为未来的工业组织者,认为工业革命带来了资本劳动者,这批人以金融工程师的形式出现,可以决定将信贷用于哪些方面是最佳的。马克思认为,从具有寄生性质的生息资本发展到产业资本,这是工业社会的进步。马克思曾在《资本论》中批评生息资本的寄生与吮脂性,但对于建基于工业生产基础上的现代信用,马克思则认为理性组织起来的金融资本是大大优越于高利贷的生息资本的,这表明工业生产下社会的一种进步,可以对投资进行社会化的管理,认为社会化的管理是优越于个人高利贷的寄生性质的。马克思乐观地写到产业资本如何使银行和金融系统现代化。工业资本主义的伟大成就是使生息资本从属于资本主义生产方式的条件和要求,而不是成为高利贷资本和纯粹寄生的资本。

现代信用在促进产业资本的集成方面有着不可或缺的重要作用。在社会扩大再生产中,其结果是着眼于大规模或对未来项目的投资。假如社会中的其他阶级没有进行个人储蓄的习惯,那么社会财富就不会有储蓄,但信用制度的出现则可以解决这种个体问题。通过社会的储蓄、投资和利用,能使社会财富在全社会进行流通。信用制度把单个资本家从储备巨额的货币以购买固定资本这个负担中解救出来,以时间的延展分割使资本的支付从一次性支付的困境中解脱出来,而转化为年度性的支付。

---

① 迈克尔·赫德森. 从马克思到高盛:虚拟资本的幻想和产业的金融化[J]. 国外理论动态,2010,(10):40.

② 杰出的圣西门主义者中包括社会理论家奥古斯特·孔德(Auguste Comte)、经济学家米歇尔·舍伐利埃(Michel Chevalier)、社会主义者皮埃尔·勒鲁(Pierre Leroux)、工程师斐迪南·莱塞普斯子爵(Ferd inand Lesseps)。这些人的影响越出了法国,影响到了马克思、约翰·斯图亚特·密尔以及很多国家的基督教社会主义者。

按照这种方式,哪怕在大规模的、周转时间很长的固定资本项目上,资本也会被充分地利用。因此,在某种程度上,信用制度的作用实际上相当于是一个控制着资本运动的中枢神经系统,它可以调拨资本的来源,决定资本的流向,促进资本增殖的产生。因此,在某种程度上来说,金融阶层占据了俯视经济的制高点,居高临下地面对着代表社会总资本的产业资本家和商业资本家。

在社会资本循环与交换过程中,信用制度起到了平均利润率,从而规范与完善竞争机制的作用。金融机制遵循调节资本的流通与收入的流通的一般原则。所有金融活动的基础,始终是拥有剩余价值的经济主体与出于某些目的、试图利用那些剩余价值的经济主体之间的基本交易。信用制度的建立引入了平均利润率这个杠杆。市场中并不存在一个整齐划一的利息率,但信用制度的存在却起到了这样一种作用,它正是因为时间—信用机制的建立,把社会必要周转时间纳入对各种利润诉求的平衡之中。它在当下生产与未来收益之间平衡到一个均值收益的预期,从而能对当下的生产值做出一个评估,对未来收益做出预估和调整。利息率与平均利润率之间有着直接的关联,两者共同作为整个社会经济的晴雨表。合理的信用配置可以确保生产与消费之间的数量平衡,从而确保积累的平衡。信用可以被用来同时加速生产和消费。借助于似乎很简单的信用制度的调整,固定资本与流动资本之间的流动也可以在一段时间里被协调。

信用在加速技术变革、扩大固定资本投资上起了举足轻重的作用。信用增强了而不是打击资本家们通过技术变革获得相对剩余价值的意图。技术变革以及固定资本投资都是资本主义方式下扩大资本投资空间的重要举措。它是一个巨大的资本吸纳空间,同时也是一个巨大的资本投入空间,建构这样一个庞大的物质结构,势必需要各种融资。信用恰好提供了这样一种机制,金融机构根据收集的市场需求,找到聚集和集中剩余价值的有效方法,并且判读是否有必要把这些剩余价值转变为货币形式,然后把这些货币作为生息资本投入流通当中。圣西门主义者盛赞的金融工程师,其大抵的职责与作用便表现于此。

信用制度的引入在理性设计上是有利于社会扩大再生产的,因为它本来的出发点是力求生产与消费系统资本的平衡化发展,是克服固定资本与流动资本之间的矛盾的合适手段。但是现实世界中,随着资本主义的发展,信用不但没有朝向这条理性的康庄大道上行走,反而进一步把资本主义的矛盾内在化,向矛盾纵深化方向推进了。信用机制的不断演化,催生了越来越多的虚拟资本的增生。

虚拟资本是商业和银行信用过度膨胀,或者信用被使用到惊人的程度的结果。同时,虚拟资本是伴随货币资本化的过程而出现的,是生息资本的派生形式。生息资本的产生导致资本所有权与使用权的分离,造成了法律上的所有者与经济上的所有者的分离,并创造出一种特定的市场(即金融市场),创造出一种特殊形式的资本,造成一种"资本化"的假象:一方面每一个确定的有规则的货币收入都表现为一定资本的利息,而不管这种收入是否由资本主义产生;另一方面有了生息资本,每一个价值额只要不是当作收入花费掉,都会表现为资本。马克思指出:"人们把虚拟资本的形成叫作资本化。人们把每一个有规则的会反复取得的收入按平均利息率来计算,把它算作是按这个利息率贷出的一个资本会提供的收益,这样就把这个收入资本化了。"①从形式上看,虚拟资本是由钱生钱带来的资本收益,这仿佛是不需要任何劳动就可以实现的事情。然而,虚拟资本并没有脱离资本运动的过程而独立出现,因此其收益就是由资本运动带来的收益。资本只要停止运动,或者说资本运动在现实中受阻(这在经济下滑和衰退时期是非常常见的情形),那么这个增殖的收益则无从谈起。这就表明,无论是虚拟资本本身,还是其带来的收益,其实都是现实中由实体经济产生的剩余价值的收割。其真正来源还是社会创造的剩余价值,而不能脱离这个事实与基础。脱离资本运动过程,否认劳动产生的价值,都是抹煞与掩盖虚拟资本及其收益的真正来源。生产中创造的大

---

① 马克思,恩格斯.马克思恩格斯全集:第46卷[M].北京:人民出版社,2003:528.

部分劳动价值和剩余价值,在这种虚拟经济的复杂通道中被抽取一空,其对现实经济的影响是不言而喻的。

在资本积累过程中,金融资本"并不创造生产方式,但是从外部攻击之",作为对财富的法律索取权,即债权人对于债务人的收入和财产的索取权,以银行贷款、股票和债券为主体的金融资本并不直接创造剩余价值,却能够集中货币的社会权力。这与实物生产资料形式的产业资本不同,金融建立债权人所有制——债权人对于债务人的收入和财产的索取权,而当债务人不能偿付时就剥夺它的财产的收入。"资本的增殖不是用劳动力的被剥削来说明,相反,劳动力的生产性质却用劳动力本身是这样一种神秘的东西即生息资本来说明。"①金融资本紧紧依附于资本主义生产,但却反过来褫夺资本形成的劳动价值基础。"信用制度加速了生产力的物质上的发展和世界市场的形成;使这两者作为新生产形式的物质基础发展到一定的高度,是资本主义生产方式的历史使命。同时,信用加速了这种矛盾的暴力的爆发,即危机,因而促进了旧生产方式解体的各要素。"②金融财富在促进工业资本的形成、扩大改善公共设施建设、周转社会开支或者提高人们生活水平方面,一旦脱离它最初的理性原则与轨道,成为脱离实体生产的虚拟资本时,它就变得十分危险与有害。它就会通过使工业企业、房地产、劳动以及政府负债,从而以利息、其他的金融收费以及"资本"收益的形式来吮吸经济剩余。

信用可以融资,而信用的保证又是以相应的固定资本作保证的。在进入固定资本的理论探讨之前,我们首先对固定资本作一个界定,即在何种意义上理解的固定资本才是我们所要探讨的。在马克思的资本理论中,固定资本一般在下列两种意义上理解:

其一,在马克思对固定资本的界定中,有一个特征是十分明显的,那就是,只有用来作为剩余价值生产过程而被使用的资本才是固定资本。

不是所有的劳动资料都是固定资本,例如手工业者的工具不是用来

---

① 马克思,恩格斯.马克思恩格斯全集:第46卷[M].北京:人民出版社,2003:528.
② 马克思,恩格斯.马克思恩格斯全集:第46卷[M].北京:人民出版社,2003:500.

生产剩余价值的,所以不是固定资本。那些用于最终消费而不是生产性消费的东西,比如刀、叉和房屋,也不是固定资本。固定资本只是指社会财富总量、物质资产总量当中用来生产剩余价值的那部分资本。在这里,马克思举了一个十分简明的例子:一个国家的牛的存栏总量当中,只有那些在资本主义农业生产当中被用作驮畜的牛才会被看作是固定资本。因此,只需要把更多的牛当作驮畜来使唤就可以增加固定资本了。这个例子还表明:在某种程度上,牛既可以被用作驮畜,又可以被用作奶牛或肉牛,那么这有什么区别呢?马克思列举说明,"房屋可以用于生产,也可以用于消费,一切交通工具也是如此:船舶和车辆既可以用于旅游,也可以用作运输工具;道路既可以用作本来意义的生产的交通工具,也可以用来散步"。① 可见同一个东西有不同的用途,那些物质客体之所以被定义为固定资本,"不是由于它们存在的特定方式,而是由于它们的使用。它们一旦进入生产过程,就成为固定资本。它们一旦成为资本生产过程的要素,就是固定资本"。② 因此,事物的用途以及生产目的指向不同,决定着是否能成为固定资本。只有被资本家用来资本增殖的、需要在资本运动过程中实现其目且脱离劳动者劳动的那部分资本,才是作为固定资本而存在。

马克思把资本定义为"运动着的价值",那么固定资本也不是一个物体,而是一个通过物质客体(比如机器)的使用,从而使资本得以流通的过程。由此亦可知,固定资本的流通不能被认为是独立于生产过程中机器或其他劳动资料的具体效用的。对固定资本所下的定义不能脱离物质客体的使用状况。只有那些实际地被用来促进剩余价值生产的劳动资料才可以被划归为固定资本。

这种看法在马克思的价值理论中是一以贯之的。马克思从对商品属性的剖析开始,就表明使用价值与价值是构成商品的二重属性。只有用来交换的、具有某种有用性的物品才是商品。同样,对固定资本而言,仅

---

① 马克思,恩格斯. 马克思恩格斯全集:第31卷[M]. 北京:人民出版社,1998:84－85.
② 马克思,恩格斯. 马克思恩格斯全集:第31卷[M]. 北京:人民出版社,1998:76.

就其在资本主义生产中所处位置而言,只有进入商品生产、参与价值构成的资本才可以称为固定资本。个体使用,并不用来交换或者参与价值构成的资本,即使它具有相对于流动资本而言的特性,也不能称之为固定资本。因此,对同一形态的物而言,不同的使用方式,它具有的意义与属性是不同的。

其二,固定资本具有相对独立的资本形式。

"固定资本不单纯表现为生产过程中的生产工具,而且还表现为独立的资本形式,如铁路、运河、公路、灌溉渠道等形式",①这里就出现了固定资本新的情况,即"独立的"固定资本形式。所谓的独立形式,是指这种形式表现出来的固定资本并没有直接进入生产过程,是独立于生产过程而单独存在的。这种固定资本虽然不直接参与个体商品的价值构成,但是它却在整个社会生活中充当着"生产的一般条件",在国民经济的促进与调节中起着愈来愈重要的作用,并且在资本的循环与社会危机管理中,它已经具有吸收资本与集结劳动力的巨大空间力量。

在对资本积累观察的过程中,固定资本一直是被传统的观念所隐没的概念。这是因为在资本主义生产过程中,它的体现方式只有一种——通过商品生产。不变资本和可变资本的概念反映了"隐蔽的生产场所"中资本与劳动之间的阶级关系。因此,它们能够帮助我们理解使用价值的生产、利润的来源和剥削的本质。但是,通过生产进行的资本运动或资本运行也遇到了某些可能会抑制,甚至有时候会毁灭整个资本流通的障碍。"固定资本"与"流动资本"的二分法就是帮助我们理解这些问题的。当各种劳动资料被作为商品生产出来,被作为商品进行交换,在劳动过程中被生产性地消费、被用于剩余价值生产,并且,一旦它们的用处被耗尽就会被新的商品取而代之。在这种情况下,按照马克思的说法,它们就成为固定资本。从资本的运动形式而言,它只是资本无添加的转移过程,从剩余价值的生产而言,它与投到工人工资上的资本也不相同,并不直接参与剩

---

① 马克思,恩格斯.马克思恩格斯全集:第 31 卷[M].北京:人民出版社,1998:84.

余价值的构成。固定资本的等量价值(value equivalent)的流通，"并且这种流通是逐步地、一部分一部分进行的，和从它那里转移到作为商品进行流通的产品中去的价值相一致。"①所有的生产和消费都是在某种标准的时间周期里进行的，而在通常情况下，假定从一个时间周期流转到另一个时间周期的固定资本不存在。因此，它被认为是资本无增加的过程，从而在资本积累的过程中受到冷落。

固定资本不作为独立的资本增殖过程，这是十分正确与有道理的，并且作为正常的生产过程，它的基础作用应当如此。马克思十分冷静地观察资本的这一结构。在马克思看来，我们不能认为"这种使用价值，这种机器体系本身就是资本，或者说它作为机器体系的存在同它作为资本的存在是一回事。"②如果那样的话，就会把使用价值等同于价值，就会陷入拜物教，这种拜物教"把物在社会生产过程中像被打上烙印一样获得的社会的经济的性质，变为一种自然的、由这些物的物质本性产生的性质"③，就会认为，机器成为劳动过程中的能动要素，能够生产出剩余价值，从而抹煞劳动者在劳动中的主体性。

在流动资本与固定资本的划分上，流动资本最终是作为商品被消费个体所接收，而固定资本在其价值被一点点转移到新的商品价值形式之前是绝不会再回到流通领域的。也就是说，作为价值产生的基质，固定资本不会作为商品的形式出现在流通领域的。然而，随着资本危机的不断加深，作为资本吸附的空间，固定资本偏离传统的既有轨道，转而将自身的生产转化为一种商品呈现出来。对固定资本本身进行生产，这就为新的资本增长拓展打开了渠道。

固定资本自身的生产也是随着资本主义生产方式的转变而出现的，马克思对此也有确切的解释，"生产固定资本的那部分生产既不生产直接的消费品，也不生产直接的交换价值，至少不生产可以直接实现的交换价

---

① 马克思，恩格斯. 马克思恩格斯全集：第45卷[M]. 北京：人民出版社，2003：177.
② 马克思，恩格斯. 马克思恩格斯全集：第31卷[M]. 北京：人民出版社，1998：94.
③ 马克思，恩格斯. 马克思恩格斯全集：第45卷[M]. 北京：人民出版社，2003：251.

值。因此,越来越大的一部分生产时间耗费在生产资料的生产上,这种情况取决于已经达到的生产率水平,取决于用一部分生产时间就足以满足直接生产的需要。这就要求社会能够等待;能够把相当大一部分已经创造出来的财富从直接的享受中,也从以直接享受为目的的生产中抽出来,以便(在物质生产过程本身内部)把这一部分财富用到非直接生产的劳动上去。"①

马克思接着规定了固定资本得以形成的一些条件:"这就要求已经达到的生产率和相对的富裕程度都有高度水平,而且这种高度水平是同流动资本转变为固定资本成正比的。……过剩人口(从这个观点来看),以及过剩生产,是达到这种情况的条件。"②

那么,固定资本的生产与积累是如何实现的呢? 在这里,我们要理解到,改变固定资本的属性是社会行为。

首先,只需要通过改变现有物品的用途就可以创造出固定资本。"资本并不是使世界从头开始,而是在资本使生产和产品从属于资本的过程以前,生产和产品早已存在。"③资本并不创造新的物,而只是实现对既有物品的"改造",赋予其商品价值,即通过资本化把一切都变为可供交换的商品。生产资料和劳动资料可以从手工业者和工人那里占有(appropriation),获得的生活资料可以用于生产性使用。例如,就像房屋不是居住的,而是用作商业用途,开始发挥固定资本的功能。当越来越多的事物改变其用途与属性被用于生产活动时,同样的效果就发生了。它和社会福利不同,而是逐利的空间。

其次,占有、转化(conversion)和原始积累提供了固定资本,但这些固定资本不是从流动资本转化而来的。在整个资本主义历史上,这些特征始终具有某种重要的意义。占有是历史条件下形成的物质财富。世代形成的继承与沿袭会保留大量的个体私人财富。这些财富并不直接是资

---

①　马克思,恩格斯.马克思恩格斯全集:第 31 卷[M].北京:人民出版社,1998:102.
②　马克思,恩格斯.马克思恩格斯全集:第 31 卷[M].北京:人民出版社,1998:103.
③　马克思,恩格斯.马克思恩格斯全集:第 31 卷[M].北京:人民出版社,1998:70.

本,而仅仅是作为个体拥有的物质财富。只要没有把它们转化为用于资本产生的生产性前提,没有纳入资本生产运行的轨道,它们的属性就不会改变。转化在改变物质财富属性方面起到至关重要的作用。对于先前继承或社会历史条件下获得的财富,例如老旧的房屋,只要转变它们的属性用于生产,那将成为获得最小成本的固定资本投入。这些使用价值只需要以很小的成本或者不需要成本就能够转化为固定资本。早期的工业家把一些老旧的建筑物(磨坊、谷仓、房屋、交通系统等)转变为新的生产性用途,这样就获得了一些固定资本。因为它引领了未来持续的资本积累的道路,为可以预见的资本生成以及资本增殖提供了有利的基础。

最后,资本主义危机本身为固定资本的形成制造了必要的前提和条件,并且提供了这样的机制。我们已经看到,过度积累在资本主义条件下必然会周期性地产生,它涉及"一极是闲置的资本,另一极是失业的工人人口"这种情形的产生。劳动力、商品、生产能力和货币资本的过剩潜在地可能被转化为固定资本。在这种条件下,相对过剩人口首先是造成失业现象的技术变革的产物。但是,技术变革通常需要固定资本的形成。并且,后者需要产业后备军的预先形成。劳动力的供应与需求的节奏以及通过固定资本形成来吸纳过剩劳动力的能力,似乎在一种看似矛盾的循环中被调节。制造了产业后备军的过程同时恰恰也是吸纳产业后备军的过程。广泛的失业和固定资本的停滞,以及与固定资本的形成和过剩劳动力的吸纳,这些前后相继的阶段,典型地成为资本运动过程中既矛盾又可以在现实中实现的现象——过剩产品的出现和再吸纳是同一个过程。

马克思认为,"危机总是大规模新投资的起点",它"或多或少地是下一个周转周期的新的物质基础"。①如果这些转变能够瞬间、没有成本地发生,那么,流动资本的过度积累和贬值问题就可以通过固定资本形成而完全地得到解决。这种转变的界限将会只取决于实现固定资本投资的价

① 马克思,恩格斯.马克思恩格斯全集:第45卷[M].北京:人民出版社,2003:207.

值的能力。既然固定资本的运用意味着劳动生产力的提高,那么,从流动资本到固定资本的转变最终只能加剧过度积累问题。一部分固定资本将会基于过度积累而被迫处于闲置状态,与此同时,固定资本自身将会遭受贬值。短期的过度积累问题的解决最终加剧了困难,并且把周期性的贬值这个总体性的包袱部分地加之于固定资本的身上。唯一的不同就在于,危机形成及其解决的时机与节奏现在将会深刻地受到固定资本本身的周转过程的影响。

也许可以通过把越来越多的资本无限地转变为固定资本形成从而延缓固定资本的贬值。假如固定资本的投资按照正确的比例增长,那么积累可以永久地持续下去。这里暗指这样一种经济,在其中,机器被用来生产可以制造机器的机器。从人类需求的角度来看,这种情形很荒谬,但在现实中,资本主义是能够这么做的,因为资本家只对剩余价值感兴趣,一点也不在乎他们所生产出来的使用价值。只有当流动资本的运动不能充分地支撑固定资本的持续性使用,或者只有到那时,这种疯狂的经济才能达到其极限。这有助于解释资本主义为什么会频繁地对高科技的生产进行过度投资,并且乐此不疲,且不顾及既有的过剩劳动力或者人民大众的需求。技术催生出经济的增长,经济的增长又不断地需要技术的换代升级,以此来促逼着社会的整体前进。这也是为什么现代时空压缩后,人的生存处境反而越来越受挤压的原因。社会生产与人类的实际需求,变得越来越脱节与超前。过度使用以及生产与消费的超前引领,实际都是资本运动下对人们需求的过度支取和消耗。因此,从短期上看,资本可以通过把自身转变为固定资本形成而对过度积累做出反应,并且固定资本的规模越大越好、使用寿命越长越好(例如,大规模的公用事业、大坝、铁路等)。但出于资本积累的本性,与此同时,这种矛盾也表现为希望这些固定资本能被更大规模、更快速度、更新技术所替代。因此,过度积累问题最终注定要再次浮现出来,也许会以更宏大的固定资本本身的贬值这种形式表现出来。

在局部的或者总体性的危机当中,各种固定资本的要素或多或少地遭受了贬值。这是一种"为资本主义生产方式所固有的、阻碍利润率下降并通过新资本的形成来加速资本价值的积累的手段"①。简言之,在面对迅猛的技术变革时,通过一部分固定的不变资本的强制性贬值,资本的总的价值构成就被稳定了。所以说,过度积累和贬值的概念对固定资本的流通具有特别的作用。马克思得出结论:"这种由一些互相连结的周转组成的长达若干年的周期(资本被它的固定组成部分束缚在这种周期之内),为周期性的危机造成了物质基础。在周期性的危机中,营业要依次通过松弛、中等活跃、急剧上升和危机这几个时期。虽然资本投入的那段期间是极不相同和极不一致的,但危机总是大规模新投资的起点。因此,就整个社会考察,危机又或多或少地是下一个周转周期的新的物质基础。"②

因此,集结着固定资本投资的信用与资本主义危机有着本质而直接的关联。资本主义的生产方式、流通方式以及分配方式都被信用所具有的复杂机制所整合,由此信用成为牵一而动百的关键。在哈维看来,"把金融资本看作是一个过程,而不是一系列特定的制度安排或者一份关于资产阶级内部谁对谁进行统治的目录,因此,金融资本理论将大量地揭示积累的矛盾的动力学——要不然的话,它会始终被遮蔽。"③

信用制度在被创立和启动的时候,似乎是表达资本家阶级集体利益的英明设计,似乎是克服"固有的生产障碍和束缚"的手段,似乎因此能够把资本主义的"物质基础"提高到更完美的水平,如果说"信用制度表现为生产过剩和商业过度投机的主要杠杆"④,那么我们同时应当铭记,"肯尼思·博尔丁(Kenneth Boulding)指出,在研究银行业的时候,你应该把自己当成一个人类学家,而非经济学家。……对于个人来说是理性的东西,

① 马克思,恩格斯. 马克思恩格斯全集:第 46 卷[M]. 北京:人民出版社,2003:278.
② 马克思,恩格斯. 马克思恩格斯全集:第 45 卷[M]. 北京:人民出版社,2003:207.
③ D. Harvey, *The Limits of Capital*, Basil Blackwell, 1982, p. 287.
④ 马克思,恩格斯. 马克思恩格斯全集:第 46 卷[M]. 北京:人民出版社,2003:499.

对于群体来说却可能是一场灾难。"①虚拟资本的"错乱的(insane)形式"
迎面而来,并且使"登峰造极的扭曲"在信用制度的内部爆发。信用制度
一开始似乎是解决资本主义矛盾的一种最终方案,反而成为有待清理的
问题丛生之地。

在理论上,信用可能平衡那些生产日常必需品、不变的流动资本
(constant circulating capital)或不变的固定资本(constant fixed capital)
等部门之间的货币交换,尽管商品交换不会直接被调整。但是,如果要实
现货币交换的"和谐",储蓄总量必须与投资需求保持平衡。这样,我们立
即需要追问:在资本主义社会关系下,这种平衡是如何被建立的? 通过信
用制度而被积聚起来的货币资本,只要被合理地组织和管理,就有可能通
过复杂的关于经济投资决策的协作,对积累的结构进行微调。但是,信用
并未如原则设计那样理性,它的投资并非按经济规律执行。

信用制度促进了生产或者企业的规模急剧地扩大,使单个资本家被
资本的"社会的"和"联合的"形式(股份公司等)所取代,使管理与所有权
分离,使"新的金融寡头"崛起了。这在互联网标志的信息化时代尤其如
此。单个的资本家、弱小的个体经营者越来越难以对抗风投资金对每个
行业领域的碾压。无论是资金规模,还是透过空间经济发展起来的量级
规模效应,资本的疯狂投入使整个社会格局发生了重大变革。规模经济
的马太效应显现了,只有大资本才可以在互联网时代下能够存活以及活
得更好。但是与此同时,大量信用风险资本在加速生产规模的同时,也在
制造新的资本贬值。当生产的更新速度赶不上信贷偿还的速度时,它必
然发生内爆。

通过信用制度而被凝聚起来的货币权力具有一种特别广阔的社会基
础。它集合了社会中所有阶级的储蓄。这些储蓄能量都被聚集在一块,
以至于每个人都表现为拥有财产,而不管他或者她的实际社会地位怎么

① [英]约翰·伦尼·肖特. 城市秩序:城市、文化与权力导论[M]. 郑娟,梁捷译. 上海:
上海人民出版社,2011:138.

样。工人的储蓄与货币资本家的储蓄混合在一起,因此常常形成一种资本美化的遮蔽,仿佛工人也拥有财富。但本质上来说,信用的资本来源与收益就变得极不对称,它的收益是食利者的,它的风险却是社会全体的,这就在于食利者的资本是进入资本运动并掠夺价值的,而工人的储蓄财富是用来维持生计的。

　　由于银行家以及其他"金融贵族"占据了有利的地位,所以他们因此能够利用信用制度自肥,"全部信用,都被他们当作自己的私有资本来利用"①,并且因此可能以损害产业资本为代价,篡夺大量的现实资本。借助于信用制度,"巨大的集中"可能给予"并且它给予这个寄生者阶级一种神话般的权力,使他们不仅能周期地消灭一部分产业资本家,而且能用一种非常危险的方法来干涉现实生产——而这伙匪帮既不懂生产,又同生产没有关系"②,向社会生产发出信息不对称的错误信号,从而加剧了比例失调和过度积累的趋势。货币外在的社会权力集中在金融寡头的手中显然并非一件好事。对于货币资本来讲,它很典型地是要占有收入,而不管这种收入是哪一种。这就使生息资本的流通与政府、消费者和生产者的债务、股票和股份的投机、商品期货以及地租结合在一起,甚至规训它们,成为凌驾于这些之上的独特力量。生息资本甚至脱离于这些收入的实际来源与实际可获得的收益,而能够独立主张其增殖要求。例如,它可以不顾实体经济的困难与死活,而要求每年固定的收益,因此无法阻止对收入占有的投机。生息资本之所以能够担当这些角色,是因为货币代表了一般的社会权力。因此,"在生息资本上,这个自动的物神,自行增殖的价值,会生出货币的货币,纯粹地表现出来了,并且在这个形式上再也看不到它的起源的任何痕迹了。社会关系最终成为一种物即货币同它自身的关系。"③

　　更糟的是,索取权的积累看起来像是货币资本的积累,并且,索取权

---

① 马克思,恩格斯. 马克思恩格斯全集:第46卷[M]. 北京:人民出版社,2003:541.
② 马克思,恩格斯. 马克思恩格斯全集:第46卷[M]. 北京:人民出版社,2003:618.
③ 马克思,恩格斯. 马克思恩格斯全集:第46卷[M]. 北京:人民出版社,2003:441.

可以持续地流通,尽管它们也许不具备实际的生产这个基础。例如,对完全是非生产性土地的权证进行投机,如果这些权证可以被用作其他买卖的附属担保,那么可能会激发虚拟资本的积累过程。哈维举了一个发生在 19 世纪 30 年代的美国的投机案例,在那时,个人和银行持有的土地权证有效地充当货币,当杰克逊总统坚持以同样的方式支付对联邦土地的购买时,票证的繁荣就戛然而止。所以常常出现这样的情形:"一切资本好像都会增加一倍,有时甚至增加两倍,因为有各种方式使同一资本,甚至同一债权在各种不同的人手里以各种不同的形式出现。"[1]

由此,信用的繁荣与资本主义的危机潜伏是同一个过程,在表面繁荣的背后,潜伏着更大的危机。"信用制度固有的二重性质是:一方面,把资本主义生产的动力——用剥削他人劳动的办法来发财致富——发展成为最纯粹最巨大的赌博欺诈制度,并且使剥削社会财富的少数人的人数越来越减少;另一方面,造成转到一种新生产方式的过渡形式。"[2]在资本建制下,信用既是资本主义的生产方式,也是其特有的社会形态,既是危机的先导,又是化解危机的方式,其实质反映为资本主义内生矛盾不可调和的结果。

三、土地的资本化

土地被资本对象化,成为资本化的商品,这在资本积累与资本运动的分析链中,处于重要的位置。在资本主义生产方式之前,土地只有所有权的概念,而无资本化的概念,它并不是一个独立的资本形式。对土地的所有权是在封建关系中建立起来的,通过分封、世袭、买卖等形式获得对土地的所有权。在传统封建社会中,在封建等级制度中,土地是和封建等级特权、人身依附关系连接在一起的,土地的象征意义、等级序列在封建社会有着严格的身份标识。与此相对应,土地的社会财富象征意义、等级特权意义,都是与土地所有权紧紧依附在一起的。在进入现代性之后,城市

---

① 马克思,恩格斯. 马克思恩格斯全集:第46卷[M]. 北京:人民出版社,2003:533.
② 马克思,恩格斯. 马克思恩格斯全集:第46卷[M]. 北京:人民出版社,2003:500.

现代化最重要的一个步骤就是对土地进行资本化的空间生产。空间的价值及城市空间的量化与形塑都离不开以土地资本化作为前提与基础。城市的空间化过程,在很长一段时期内,都是以土地作为资本运动的前置和重要基础的。

资产阶级革命带来的最大的历史成果是封建等级特权的瓦解。资产阶级用资本的力量粉碎一切等级特权与等级对立,从而以资本力量消融一切封建等级关系,破除所有等级序列,以资本的面貌为自己重塑一个适于资本发展的开放世界。在这种破旧迎新的全新历史阶段下,封建传统中所有财产关系、人身依附关系、物权关系重新得以改写。资产阶级取得社会统治地位,它必须打碎在它看来一切与其不相融的地方。每个人重获人身自由,这种自由抽离了其他一切封建的传承关系,无论是身份继承还是劳动关系。每个人除了自由出卖自己的劳动力之外,其余一无所有。自由民的意味也就是成为除了出卖自身劳动力之外别无所有的劳动者,这为资本主义生产提供了先天的历史条件,否则资本主义无法进行大规模的社会生产。资本主义把一切都整齐划一化了,包括对人身关系自身的消除与界定。曾经象征着等级尊贵、出身地位的一切外在形式都被资本世界打破和取消。在资本面前,似乎人人平等,不论出身,每个人都可以成为资本的拥趸。与此同时,人与人之间的依附关系也演变为人与物之间的关系。社会历史遭遇资本世界的重新书写。人对物的依赖与崇拜成为资本世界新的关系定义。只有通过物的获得,人们可以不断摆脱传统以来对人的依附关系与依赖程度,从而抽离了对人的依赖关系。人在现代性世界里,变得越来越独立、“自由”,甚至可以“孤立”到以个体方式存在,这也为资本主义原子式个体社会埋下了历史伏笔。

在这种机制下,土地制度也不例外。土地由封建社会的土地所有制而历史升迁为土地资本制,即土地是资本化的对象与空间,成为受资本推动可以自由买卖并能够带来增殖的对象。不仅可以买卖,更重要的是进入资本运动过程,能够为资本带来增殖。“使土地占有者能以地租名义——不管这土地是用于农业、建筑、铁路还是用于其他生产目的——取得这剩余价值的一部分。另一方面,拥有劳动资料,使经营资本家能生产剩余价值,即窃取一定量的无偿劳动,这就使拥有劳动资料并把它们全部或部分地贷给经营资本家的人,简言之,即放债的资本家,能以利息的名义,要求取得这剩余价值的另一部分。"①马克思强调,所有这些资本的形式——商业资本、货币资本和土地上的地租,都有一个历史性的转化过程。在这个过程中,这些分离的、独立的、有力的资本形式被整合进纯粹的资本主义生产方式当中。这些不同的资本形式必然被描绘成从属于资本循环的过程,而这个循环过程是以雇佣劳动为基础的剩余价值的生产所支配。所以说,这个历史过程的形成和方式是资本主义不同以往传统社会的基因所在。

土地在资本主义社会下价值的体现方式有两种,这两种方式如同对固定资本的理解一样。这是因为,在资本主义方式下,土地是被纳入固定资本的体系中理解的。但与此同时,我们又试图重新理解,这种理解框架是否妥当。一般而言,土地构成商品生产过程中的一般生产条件。如果同机器等固定资本一样,固定资本价值的转移是通过商品周转而一点点转移到商品中去的,那么这个价值转移的过程中,土地是不会发生价值增殖的,它的目标在于转移价值而不是使价值增殖。事实上,我们可以看到,在现实的资本主义生产中,由于作为资源的土地稀缺性,它的价值是在不断上升的,不仅不会像机器那样贬值,反而在不断地上升。那么,即使作为构成商品生产的一般条件,土地的地租上升部分也会通过价值转移的形式而转移到最终商品中去。作为固定资本的机器是通过自身的贬值将价值的贬损与消耗转移到商品中,而土地是通过自身的增殖将增殖部分转移到商品中。这是土地不同于一般机器这样的固定资本之处。

那么它是如何改变自己的属性而进入流通领域的呢?资本主义方式下的土地机制瓦解了传统的权属关系、土地依附关系,而变为一种资本所有关系,是依附于资本的。将土地资本化,那么就将土地变为像其他物品

---

① 马克思,恩格斯.马克思恩格斯全集:第 21 卷[M].北京:人民出版社,2003:195.

一样的商品。如果将土地视为商品,那么人们自然会发问,它的价值何来?因为所谓价值一定是凝结人的社会劳动在里面的,而土地却是脱离人的劳动的天然品,是无需凝结人的社会劳动在其中的。

对这一问题作出回答,我们仍要回到马克思对固定资本的观点中去。套用马克思对机器这一固定资本形式的观点,不能认为"这种使用价值,这种机器体系本身就是资本,或者说它作为机器体系的存在同它作为资本的存在是一回事"[①]。同样,我们不能认为土地本身的使用价值就是价值,如果那样的话,仍会陷入对土地的拜物教中。

我们知道,土地价值的形成与实现使用的是一种信用机制,它实行的是对土地收取地租的形式,而地租是剩余价值的一种形式,大宗土地的买卖也是如此。要不是因为土地一般而言是生产的必需条件这个事实,这种特权所赋予的权力将什么也不是。也就是说,它不直接生产与形成价值,但是都参与剩余价值的分配,它的价值形成不是在生产领域实现,但是在剩余价值的分配领域中劫掠,它直接使用的是剩余价值部分,是对剩余价值的直接占有。这就是土地价值的秘密所在。因此,土地不会有独立于人之外,独立于资本社会生产之外的所谓价值存在,它不是人类商品的拜物教,它的属性则是人类社会的社会属性,两者是直接相关与统一的。

如同哈维所说,"以地租的形式挪占一部分剩余价值的权力自始至终存在着,它无疑是社会关系模式的必然反映,而这种社会关系已不可阻挡地渗透到生产过程的核心,并调节着它的组织和形式。"[②]作为挤占剩余价值的土地价值,它同样隐藏了剩余价值的真正起源,它的价值实现虽然不参与生产过程,但却依赖于生产过程。因为它的价值来源与剩余价值的实现息息相关。不仅如此,它在实际过程中还影响与干预着生产过程。这是因为土地牵动的信用机制引发的必然。

土地、人口参与空间的生产与资本积累的过程,并且是最重要的要

---

① 马克思,恩格斯.马克思恩格斯全集:第31卷[M].北京:人民出版社,1998:94.

② D. Harvey, *The Limits of Capital*, Basil Blackwell, 1982, p. 73.

素。作为不可再生的稀缺性资源,土地无论是参与商业经营,基础设施建设,还是作为不动产开发,一旦被整合进资本循环过程之中,那么它便有了不同以往的价值体现:一是自身有了交换价值,二是将自身的增殖部分转移到商品中去。因此,土地作为不可再生资源成为空间生产中最大宗的交易对象。房地产开发蓬勃兴起,商业流通也大量依附于实体空间中,空间促进了生产力的解放与发展。此时以住宅、商业地产为推动力量的城市化完成对以土地为代表的地理空间的改造。在土地基础上形成的不动产与固定资本投资,同样牵涉金融的大量参与。

在全球一体化实施的金融扩张中,以金融形态流动的剩余资本对一国经济的发展有着至关重要的影响。在基础设施以及固定资本上的大量投资,使得剩余资本不断转化为预期的信贷收入,但与此同时也增加了信用投资带来的风险。

土地的资本化不仅使空间形式发生了改变,还促使了经济、法律权属等新空间关系的诞生。由于不动产的特性,土地成为最大宗的商品交易行为,土地价格的高低实质是具有操纵性的社会行为。土地交易的大宗买卖使信用制度成为支付的常态,由此带来金融成为全面私有化的助推器与系统化操控的方式。

在重农主义向现代工业进展的过程中,土地曾是产业资本置转的阻碍。马克思在《哲学的贫困》中指出,"地租由国家掌握以替代捐税"的要求,"这不过是产业资本家仇视土地所有者的一种公开表现而已,因为在他们的眼里,土地所有者在整个资产阶级生产中是一个无用的累赘"[①]。然而,在资本主义历经资本积累各阶段后,尽管传统的土地贵族不再支配着政治系统,但房地产作为最大财产的地位岿然不动,土地仍然是社会财富代表中最大的组成部分。

作为最大宗的不动产,土地的财富象征以及交易不可避免地与信用绑在了一起。与此同时,作为一种对财富的法律索取权,银行贷款、债券

---

① 马克思,恩格斯.马克思恩格斯选集:第 1 卷[M].北京:人民出版社,1995:184.

等金融服务由此而蓬勃生长,使得社会财富越来越多地经由土地从实体经济转为金融资本,以及随之而来的社会权力也越来越集中在金融资本当中。于是,土地、金融资本、国家权力无可厚非地交织在一起。让资本进入对土地的转让与买卖当中,使土地具有人格化权属关系,从而释放出资本的渗透与吸收空间。如哈维所言,"新空间关系(外部和内部)乃是从国家、金融资本和土地利益的结盟中创造出来的,在都市转型的过程中,每个部分都必须痛苦地进行调整以配合其他部分。"①资本市场已经十分谙熟地把土地集中、并置、切割并经由资本反复咀嚼后重新置换出它的空间价值,不断释放出新的空间容力。

土地价值的实现离不开信用作为支撑,无论是地租还是大宗的土地买卖。一旦仰赖于信用价值,那么,社会价值实现的风险也一并承担。土地的命运不可避免地与金融信用机制绑定在一起。它的收益完全依靠货币资本的利息与收益。所以,分配关系本质上是社会的,不管资产阶级经济学家如何卖力地试图从拜物教的观念——金钱和土地神奇地生产出利息和地租——这个角度来掩盖它们。马克思强调,"资本利润(企业主收入加上利息)和地租不过是剩余价值的两个特殊组成部分,不过是剩余价值因属于资本或属于土地所有权而区别开来的两个范畴,两个项目。它们丝毫不会改变剩余价值的本质。它们加起来,就形成社会剩余价值的总和。资本直接从工人身上吸取体现为剩余价值和剩余产品的剩余劳动。因此,在这个意义上,资本可以被看作剩余价值的生产者。土地所有权却和现实的生产过程无关。它的作用只限于把已经生产出来的剩余价值的一部分,从资本的口袋里转移到它自己的口袋里"。②我们再一次认识到,尽管这些分配关系以某些重要的方式介入和调节了生产,但是,正是对生产过程本身的研究揭示了分配的秘密。否则,对其观察只能牺牲在现象世界中,而无法洞悉隐藏在现象世界背后的本质。

---

① ［美］大卫·哈维.巴黎城记:现代性之都的诞生［M］.黄煜文译.桂林:广西师范大学出版社,2010:113.

② 马克思,恩格斯.马克思恩格斯全集:第46卷［M］.北京:人民出版社,2003:929-930.

　　由此,土地又和信贷紧紧地联系在一起。无论是地租实现还是大宗土地交割买卖,信用机制发挥着重要的作用。现代信用在促进产业资本的集成方面有着不可或缺的重要作用。在社会扩大再生产中,其结果是着眼于大规模或对未来项目的投资。信贷制度恰能在当下经济流动、物态完成与未来价值实现之间起到一个中介与平衡的作用。这种机制能够帮助大宗土地投资在当下的实现,以及未来取得收益,并且最重要的是保持对它价值预判、预估以及未来的收益回报。它把生产与收益做了一个来自时间单位的隔离,当然这个过程是否能完成进展、实现预期的收益,仍需当下经济的推进与累积。因此,这同样是一个充满投资风险的过程。

　　正是因为土地的交易与开发需要巨量的资金,而这又能进一步转化为可增殖的资本。因此,金融机构自然会投给房地产和城市基础设施建设,其原因在于,它能吸收大量的资本并且需求旺盛。由于土地空间具有绝对性和唯一性,其产品的稀缺价值可以得到保证,大量的投资策略都集中在这一土地规划之中。

　　经济的推动在很长一段时间内,都依赖于私人手中的土地地租的重新崛起,对房地产的财政优惠从来没有这样强过,而这种优惠却是以金融系统的系统化的支撑方式得以实现的。他们通过抵押贷款把房屋资产全部买下。房屋所有权和财产所有权从而转化为大众消费品。这种转化越活跃,越利于市场的繁荣。这依靠的是信用机制,当然这种信用的偿还吸收占用了劳动收入的最大部分。房地产信贷在英国和美国占据了大约70％的银行贷款,使得它成为银行贷款最主要的市场,而不是传统意义上所认为的应当投资于工业或者国际贸易。

　　房地产绑定着城市社会结构中重量级的产业。所有与之相关的金融行业都深深地被城市房地产所套住,更易使人们陷入债务危机。房屋所被赋予的可普遍拥有的产权意识,使得房地产也被赋予随着国民经济一起稳增不跌,保持价值增长的神话。这里的内在矛盾在于,银行将房屋贷款利息转化为新的贷款以及房屋拥有者将租金提升至社会平均利润率的位置上时,这种以信用为基质所带来的对未来价值的期许,就会转嫁到对个人劳务收入和其他领域的税收上来，这些税收最终会落到社会中所有人的头上。这会使经济规模萎缩，偿还抵押贷款的能力变弱，从而最终导致危机。为了将房地产税转移到劳动和工业上，银行不惜作出了巨大的游说努力。这已经成了一场反对政府的运动。实际上"自由市场"意识形态的目标是计划将国民财富从国家和地方政府的手中转移出去，集中到美国的华尔街、英国的伦敦金融城、法国巴黎的交易所、德国法兰克福、中国香港、日本东京以及世界上其他的金融中心的手中去。这是十分危险的社会行为。[①]

土地的资本化将作为不变资本的土地转变为可以流动的金融资本。金融资本以空间生产的方式系统地改变了资本主义生产方式，金融财富并不能促进工业资本的形成，以及改善公共设施投资，增加社会福利开支或者提高人们生活水平，它本身就是通过使工业企业、房地产、劳动以及政府负债来达成自身的目的，这样它就能以利息、其他的金融收费以及资本收益的形式来吮吸经济中的剩余价值。"货币资本的积累，大部分不外是对生产的这种索取权的积累，是这种索取权的市场价格即幻想的资本价值的积累。"[②]金融资本的虚拟性表现为它不过是对预期信用的索取权，当一个社会实体经济的增长远不及指数增长的债务时，偿付链条断裂，资本就会大量贬值，从而引起经济崩溃。由此引发这些贷款已经变成坏账，留给社会的只是在每次梦醒后仍挥之不去的负资产的梦魇。因此，新自由主义的自由市场计划的顶点是经济上的匮乏和资产拆卖，而不是其承诺过的资本形成和提高生活水平。

工业资本主义反对食利者无偿占有剩余价值体现在土地租金、商业垄断价格、银行业利息以及类似的收费中。由于在金融部门和其他寻租者之间存在着致命的共生关系，这些寻租者已成为金融部门的主要客户。这并不是进步时代的产业资本所设想的样子。就市场估值而言土地仍然是经济体中最大的资产，金融和保险就与房地产形成了一种共生的、相互

---

① 参见大卫·哈维的《新自由主义简史》（上海译文出版社2010年版）中有关说法。
② 马克思，恩格斯. 马克思恩格斯全集：第46卷[M]. 北京：人民出版社，2003：531.

支持的约定,几者的利益无可厚非地结成起来。

当历史推进至当今现代性高速发展最蓬勃阶段时,我们在这里要继续发问的是,为什么金融已经倒退到马克思称为具有高利贷性质的资本,并且其政治盟友已变为房地产和其他吸取租金的垄断部门而不是制造业。为什么金融会与土地联结在一起? 金融世界出现的相当复杂的局面越来越表明,金融并非一种自洽的理性经济规律,不是什么先天必然的制度,所谓的制度都是随着人与人的对抗关系而发生现实演化的,现如今的金融世界恰是以一种非理性的方式发展的。金融资本的非理性化发展是对产业资本的洗劫。马克思把"原始积累"定义为通过暴力来夺取土地以及随后的在土地上收取租金,或者对公共领域实行类似的私有化。"使土地占有者能以地租名义——不管这土地是用于农业、建筑、铁路还是用于其他生产目的——取得这剩余价值的一部分。"[1]今天在金融方面发生着与之相似的事情,经济的金融化在实践中意味着资产拆卖。这是原始积累在后工业时代的再现,是进步时代的改革家和经济理性秉持者们要求的土地改革、财产所有制改革以及税收制度改革的反面,是公共理念的对立面。因此,这种模式的金融化在资产负债表的负债项上采取的是反财富的形式。其动力机制就是马克思归纳为高利贷资本的东西,其行为与产业资本的机制是对立的。而且像上面提到的那样,马克思的分析表明,要相信这种形式的资本可以带来价值的话是如何的荒诞。它如何采取资产拆卖的形式来偿付债权人,也就怎样来挤压社会的资本形成和腐蚀劳动生产率。在大量的金融资本用一种自我膨胀的、以几何级数速度来积累利息的同时,它降低了实体经济的增长速度,从而也削弱了实体经济生产剩余价值的能力。因此资本金融化的最终道路是走向自我毁灭。

在全球私有化的浪潮中,作为吸附大量资本的土地,异国土地的私有化是首要的执行对象。帝国主义通常的做法就是迫使欠发达国家开放土地市场和金融市场,这样就会将一个国家的社会财富集中绑架在以房地

---

[1]　马克思,恩格斯.马克思恩格斯全集:第 21 卷[M].北京:人民出版社,2003:195.

产为主的虚拟经济上,从而架空一个国家的经济。在帝国主义框架内,我们可以看到,为什么土地问题会成为当今帝国主义新自由主义殖民政策中的突出问题。土地是不可流动的实体,但是资本的力量却可以将异国土地资本化,当土地进入资本化,当作一种有价交易物时,它就可以被灵活炒作和运转。因为作为个体最大的固定资产、消费品,它是资本吸附最多的空间。私有化是进行资本化的第一步,是在资本操纵下平均主义的假象,仿佛人人都可以拥有一份个人权属的财产。只有这样,以固定不变资本自居的土地才可以成为商品,成为可以用资本进行自由买卖与流动的对象。哈维指出,"以新自由主义信条之名来追求的最恶劣劫夺政策之一,就是将历经多年艰苦阶级斗争才赢得的公共财产权利(享有国家退休金、社会福利和国家健康照护)逆转回到私人领域。"①帝国主义的力量就是要使地球上最后一块土地也变成资本收买的对象②。因此,国外资本在这些国家的流入与退出对于经济市场价格的起伏就具有战略意义,通过金融形态的资本流动,使得对一个国家总资本以及经济命脉的掌控变得可具操控性。这便说明了为什么一切世界资本主义中心在经历了其霸权的重大危机后,都享受到了一个虽短暂、却是非常重要的财富和权力再膨胀的美好时期。资本主义的美好时期都只是短暂的现象,这是因为它们都总是在加深而不是从根本上解决过度积累危机。由此,它侵害了国民经济中实体产业资本的生产,引导积累体系走向金融扩张,使得社会资本都趋向于"以钱生钱"的高冒进食利渠道中,为金融系统创造了可获得高额利润的市场。

以土地为首的私有化浪潮在全球激起了广泛的反抗力量与社会化运动。这些运动或者包含社会改良的方式,或者采取社会激进的方式,本身蕴含着大量有关替代性出路的想法③。本质看来,反对新自由主义私有

---

①　大卫·哈维. 新自由主义化的空间:通向不均衡发展理论[M]. 王志弘译. 中国台北:群学出版有限公司,2008:39.

②　参见卢森堡的说法。

③　这些说法参见大卫·哈维的《新自由主义化的空间:通向不均衡发展理论》一书相关章节。

化与反对资本的力量实乃是同一历史天命,新自由主义私有化只不过是资本主义的生存危机在当代社会条件下寻求的解药,但也无可厚非地表明其是危机纵深化发展的表现形式。资本逻辑的力量在生产它未来的同时,也生产出潜藏于现有条件中的相反力量,否则社会秩序就无法改变,社会就不会发展。历史的任务就在于在当下条件中寻找替代性的未来。在哈维看来,我们可以在既往大量的反新自由主义运动检视中过滤出基础广阔的反抗纲领精粹,以一种系统的观点来梳理与分析这些纷繁多样的社会运动,并尝试界定出它们的共通之处,以及建立一种组织性力量来对付新自由主义和新保守主义的各种变形。

至此,我们可以看到,城市的空间如何通过货币化的资本释放,并最终和土地、信用、金融结合在一起的逻辑过程。伴随着城市发展、资本积累过程而一步步更新,不断形塑新的城市空间。在以土地为重点的空间建造上,既是资本对城市空间的外部形塑,更是对社会关系与观念的更新。在城市建设中,城市空间的差序化发展,生产结构的战略转移,空间的置换转移都面临着更大的时代挑战。

相比于其他经济因素,人口及其相对结构是一个慢变量,但其对资产的影响却是意义深远的,人口结构中蕴含着的经济增长、风险、债务等宏观经济力量往往会在人口转折期突然释放,引起资产价格的波动放大效应。作为大类资产的重要类别,地产的特殊属性和地位源于其与金融系统的密切联系,从地产的分析视角出发,虽然流动性、土地供应等因素会在一定期间内掩盖长期趋势,但人口变迁是难以改变的趋势性力量,地产的周期变化本身就与人口密切相关。毫无疑问,人口的增长会带来一系列相关产业的发展,包含长期的固定资产投资、大额耐用品的消费、不动产的增长等。人口要素会触发经济的增长,带来社会总供给的周期性波动。对于最大的房地产消费品而言,它的适用人群是处于劳动年龄的人口群体,也就是自我生产和消费补偿能力最强的中青年群体。这部分人口在总人口数量中的比重最为重要。这个要素对于房地产市场而言,是最直接的经济发展晴雨表。

在现代社会结构中，人口要素也在不断为了适应经济分层的对接，而在做精细化梳理。在社会生产结构中，生产者之于被抚养者（消费者）的比值越高，意味人口红利越丰富，社会生产力劳动水平越高，社会抚养负担越小。与此相反，当社会的人口结构中生产者占比少，则意味着人口在社会总消费中的收支不平衡。因此，人口因素是影响一个国家经济发展最重要的要素。人口生产、人口消费、人口红利，这些都是相互作用的结果。

经济发展与循环放在较长周期来看，人口总量对于经济的发展起着至关重要的作用。与此同时，人口结构对房地产更加重要，不同年龄组人群对应着不同水平的地产需求，不同社会人口结构中的抚养比也不尽相同。从世界范围来看，随着现代化水平的提高，现代性发展的速度趋向缓和，人均寿命在不断延长，老龄化、低生育化人口社会正面临重重困难。劳动年龄人口是经济生产的主力，也是房地产购买、时尚消费品需求的主力。这部分人口结构在总人口中占比的多少，对于经济发展有着直接的影响。相应的，人口结构中非劳动人口的占比多寡，则会影响劳动生产率、资本积累速度和储蓄率水平。在人口红利丰富时期，劳动力供给充足，相应的带动社会消费能力的提升。在人口黄金年龄时期，人们的投资意愿也更高，这些都为经济增长提供了发展的动力和源泉，从而能够对社会总消费形成支撑。

人口对国家经济，对于资本生产与循环来说，其作用不言而喻。但同时，我们也应看到，人口因素作为一个带有自然属性与社会属性双重属性的现象来说，其人口总数的控制，意欲对其提高或减少，都不是国家意志能控制的事情。影响人口因素的原因很多，现代社会对人的生存形成多重重压，城市空间被资本打造后，形成对人生存状态的挤压。现代意识的开放程度、人们的受教育程度、社会关系调节程度等，都会影响人们的婚恋观和生育观。资本的生产布局，意图在人口问题上做文章，希望能够通过现代信息技术手段，实现对空间的布局，对产业的布局，对城市发展均衡的布局，从而实现对人口因素的调控。我们乐见其成，希望这些举措能对人口因素产生影响。但与此同时,我们也应看到,人口因素无论从自然过程,还是社会过程而言,都是一个缓慢释放但长期影响经济的过程。人口因素对经济的影响,使得许多国家和社会开始未雨绸缪,注重对人口问题的引导。而我们在资本的生产布局中,在城市空间的布局中,看到这些都是与社会发展中的金融、土地、空间等众多因素结合在一起,是一个相互影响的过程。不在人口增长的前提条件上做文章,引发的只能是越来越多的人口红利的消失。

第三章　信息重构的城市空间

从土地入手，通过资本力量实现对城市空间大规模的改造，使城市基于土地实体空间结构建设而成的空间形态与外观，在现代性有了翻天覆地的变化。在城市空间形态中，资本完成了工业化时代对城市空间的改造。在这样的观察与体会过程中，当城市空间理论还奠定在资本逻辑建构的实体空间上时，信息时代已悄然而至。"万物皆比特"，信息技术成了时代的追捧。信息不仅改变了城市的空间，更是改变了我们对空间的理解，以及看待与思考城市的方式。信息技术的发展，使得对空间的解构、重构变得比任何时期更加迅猛。网络构筑着线上、线下社会生活与社会情境的双重逻辑。空间可以在信息打造的"内外"、虚实、无限层级间自由来回穿梭以及实现无缝连接，这都使得空间更加具有叠魅的效应。在现代主义的观察者看来，城市是最不可能找到原始社会中魔法符号与印记的地方，它由冰冷的钢筋混凝土、有形似无形的无线信号、现代的交通设施组成与相连。然而，正是这些元素编织所呈现出来的城市物性、抽象性、隔离性，正在打造另一种魔幻的人类环境。空间形态的复杂性、庞大性、无边性，使得社会管理更具繁复性，现代性不仅没有因为信息时代的发展而祛魅，反而将自己变得更加魅影重重。

信息技术是受资本追捧的技术新手段与经济新引擎，它力图证明自己改变了世界的经济格局，但是仍然没有摆脱资本生产的逻辑，没有改变资本的本质与命运，反而是资本逻辑的纵深化发展。土地、消费、人口问题依然是困扰资本和城市发展绕不过的问题。城市空间在信息技术的加持下，使得这几个要素之间变得更加具有博弈性。信息改变了人们对事物的认知，同时也重新定义了对事物的认知。信息的初衷是加强人们对未知世界,以及不确定空间的可知性与可控性,但是现在社会空间却被信息所反制,成为信息管控的对象。人们从来没有像现在一样渴求获得信息,但与此同时也发现,人的认知是可以被信息所定制的。信息可以通过信息技术来制造信息茧房,信息同样可以用信息自身来设置空间壁垒,不论这个空间是现实的,还是虚拟的,莫不如此。

信息被用来进行数字化城市建设,参与到城市空间的规划与决策中来。空间的管理成为可被数据定义的技术性问题。社会事实倾向于数据描绘的事实,空间管理不仅是对物的管理,而更多的是对人产生的由数字时代带来的社会关系的管理。人的现实处境、社会关系受到数字化空间关系的统摄。如此一来,人在城市空间的主张与权利变成了由空间序列关系投向现实的映射。所谓的公平正义,仿佛瞬间变成了可计算的技术公式。数字化建设的空间要呈现出公平正义,易言之,公平正义都需要被技术语言带来的程式化表达。数字化建设抢占了公平正义的话语权并使之在现实中有了通行权。

城市空间在建构过程中越来越成为与人相对,甚至相背离的力量。空间权力、空间主体对人来说,越来越是虚幻缥缈的事情。人们在数字化城市空间下,还能有自己的权利与主张吗?这是信息化时代我们需要做出的思考与回应。

一、信息与空间

每个词语形成的背后都有着悠久的进化史,"信息"一词也不例外。"信息"一词的原形在现实世界里随处可见。无论是原始形成的信件和口信、声音和指令,还是存在于传统媒体的影像、新闻,抑或是数字、图表、信号和标识,还是人们肉眼无法观测到的无线电与电磁波,它们都在以各自不同的方式存在着。尽管可以被称之为信息的现象随处可见,可是进入人们对其进行理性思考的理论视域,还需要一个缓慢的过程。因此,在20世纪前,还没有一个词能够概括所有这些被视为现象存在的东西。

在《信息简史》,詹姆斯·格雷克仔细调研了"信息"一词的详细来历,并进行了卓有成效的充满哲思的阐释。据他研究,早在 16 世纪,托马斯·埃利奥特认为:"现在 intelligence 作为一个文雅的说法,用来表示通过相互交换信件或口信达成协议或约定。""香农在 1939 年写给麻省理工学院的万内瓦尔·布什的一封信中写道:时断时续地,我一直在研究传递信息(intelligence)的一般系统的某些基本属性。""intelligence"一词在形成的过程中有着悠久的词源历史,语意丰富,语境过于宽泛,是一个人人都可以用但没有特指的日常语言。当自然科学在想要对一种现象进行描述的概括,赋予其技术特征并从日常词汇中脱离出来时,人们必须要对其进行技术指征的概括。当贝尔电话实验室的工程师们开始使用"information"一词时,这个词便有了被技术性概念指征的意味,如信息可以作为数量、测量等方式的存在进入科学的视野。在众多的可以用于描述该现象的词汇中,香农采纳了这个词来表示对信息的界定和理解。

"为了能应用于科学领域,必须给'信息'一词赋予某些特定含义。回首三个世纪前,当时物理学的发展已经到了难以突破的地步,但随着艾萨克·牛顿将一些古老但意义模糊的词(力、质量、运动,甚至时间)赋予新的含义,物理学的新时代开始了。牛顿把这些术语加以量化,以便能够放在数学方程中使用。而在此之前,'motion'(运动)一词的含义就与信息一样含混不清。对于当时遵循亚里士多德学说的人们而言,运动可以指代极其广泛的现象:桃子成熟、石头落地、孩童成长、尸体腐烂……但这样,它的含义就太过丰富了。只有将其中绝大多数的运动类型扬弃,牛顿运动定律才能适用,科学革命也才能继续推进。到了 19 世纪,'energy'(能)一词也开始经历相似的转变过程:自然哲学家选取这个原本用来表示生动有力或强度的词,使之数学化,从而赋予了它在物理学家自然观中的基础地位。'信息'这个词也不例外,它也需要一次提炼。"①

对"信息"一词的技术特征加以精炼,去除多余的干扰词义,并且最重要的是对其进行比特度量后,人们发现信息在现实世界中几乎无处不在。

① [美]詹姆斯·格雷克.信息简史[M].高博译.北京:人民邮电出版社,2013:5.

"香农的理论在信息与不确定性、信息与熵,以及信息与混沌之间架起了桥梁"①,信息在探寻有限与无限、已知与未知之间架起了一座桥梁。它为世界提供了一个测量的基本尺度,提供了一种界定,把丰富多彩的物理现象统一抽象并还原为一种技术尺度,并且这种技术尺度是便于计算与再演绎的。信息并非物质,但却是方便对事物进行定义与计量的物质基础。"它的出现最终引发了光盘和传真机、电脑和网络、摩尔定律以及世界各地的硅巷。"②这些都加大了人们之间的联系及交流的便捷性,能实现不同空间下人们时间的同在与共在。技术的突破打破了空间带来的隔阂,使囿于各地域空间的人们有了可以远程即时通信的、被信息技术打造的共域在场。信息生成了人与人之间联系与交往的新的物理空间。而这种人与人之间、人与物之间、物与物之间交换信息频率的大幅提升,明显改变了世界交换与代谢的速度。时间的迫切性是人们对现代性时空观的进一步要求与强制。信息带来的快速达成性进一步加强了人们对地域空间的掌控。处在任何一个位置,都可以实现对另一端空间的探寻。

如今,我们可以透过信息这个时代狂奔的列车,强烈感受到信息俨然成为我们这个时代所仰赖的"血液、食物和生命力"。信息处理、信息存储以及信息检索等技术的应运而生,使得世界变得可量化、可复制、可追踪。信息时代呼之欲出,它是继人类工业革命之后的又一时代欢呼。"人类曾经以采食食物为生,而如今他们重新要以采集信息为生,尽管这看上去有点不和谐。马歇尔·麦克卢汉在 1964 年如此评论道。"③

信息已经实现了对物质世界的技术还原,从而在某种层面上已经实现了物质本身的建构。信息具有强大的拆解能力及重构能力,能够创造出为我们所不常了解的新事物,不断刷新人们的新认知。信息渗透到各个科学领域,改变着每个学科的传统认知与面貌。信息改变了许多学科在认知与思考时的底层思维。在信息理论的认知下,所有学科的研究方

① [美]詹姆斯·格雷克. 信息简史[M]. 高博译. 北京:人民邮电出版社,2013:5.
② [美]詹姆斯·格雷克. 信息简史[M]. 高博译. 北京:人民邮电出版社,2013:5.
③ [美]詹姆斯·格雷克. 信息简史[M]. 高博译. 北京:人民邮电出版社,2013:5.

法都变得殊途同归。

信息科学很大程度上就是计算科学,数学的理论是其建构的底层知识架构。信息把计算能力拓展至各个学科,然后延伸到各个领域。计算能力是对信息能力的考验或者说是一种度量,信息本身就是计算科学。它将所有学科都还原为一种共识:每个学科的科学任务与目标不过是解析研究对象所包含的各种信息,而这种信息又是可以通过人类认知代码去还原与重构的。科学发现过程由此就变成了一项对研究对象开展信息解码的过程。在信息科学的视角看来,各种研究对象、客体不过是由成千上万难以计量的信息编码组成,研究客体封存了无数有待破解的代码,是有待科学技术认知的对象。信息交换本身代表着世界万物生命能量的产生、发生、交换、更迭与运转。

因此,信息带来的变革力量在于改变了对学科研究内容的全新认知及理解方式的变革,它们不过是可量化的载量信息。每个学科在信息技术还原下,都有了全新的由方法论带来的对研究对象本体论认知的颠覆。在信息论视角下,生物学成为一门研究指令和编码及交换的信息科学。人体本身是一台信息处理器,基因封装信息,记忆不仅存储在大脑里,也存储在每一个细胞中,如此等等。DNA 技术是信息化标识生物特征的典型代表,是信息标识个体生命存在的典型意义。DNA 是世界上独特存在的编码,人们以信息化来标识它,完成了对生命体的界定。进化生物学家理查德·道金斯认为:"处于所有生物核心的不是火,不是热气,也不是所谓的生命火花,而是信息、字词以及指令……如果你想了解生命,就别去研究那些生机勃勃、动来动去的原生质了,从信息技术的角度想想吧。"①生物体中的所有细胞作为一个错综复杂的生命体交换网络中的节点,它们在不停地进行编码和解码,信息就表明为一种代码间交换的过程。从这个角度而言,世界万物进化的含义就是生物体在各种系统与体系之中或内部进行的持续不断的信息交换。

----

① [美]詹姆斯·格雷克. 信息简史[M]. 高博译. 北京:人民邮电出版社,2013:5.

　　生命体进化的过程在信息的视角下尚且如此,那么物理世界的物质存在更是莫不如此。货币逐渐从实体转化为用信息表达的量化标识,货币本身代表着一种信息,而货币在交换的过程中更是在不断传递各种信息。货币容易被人直观为一种物质财富,但无论是贝壳,还是纸币,抑或是信用卡,更或者是取消货币形式的各类支付码,它们都只不过是用于交换信息的介质,传递着谁曾经拥有什么样的信息。将货币缩略为计算机上可储存的信息时,这就使世界金融的运转可以在全球网络上畅通无阻运行自如。如此一来,经济学也可以看作是表明计算和量化的信息科学。

　　渐渐地,物理世界和信息世界有了叠合与统一的基础。比特是另一种类型的基本粒子,不仅微小,而且似乎具有不可再分的特性。信息是表示物质本身,还是代表物质的度量单位呢? 信息通过它自身的发展过程来对此做出深度回应。它通过技术上的度量方式,还原现实中的存在,尽可能把自然语言变换成可技术处理的机器语言,用于人与世界之间的对话与连接。它抽象地存在于,在每个是或否的判断里实现着对世界的编码。它看不见摸不着,但当科学家最终开始理解信息时,他们好奇信息是否才是真正基本的东西,甚至比物质本身更基本。万事万物,不过是各种未知信息的集合,而我们的认知不过是探寻与破解这些信息被封存的过程。信息使我们看待世界本身时,角度进一步微观化,科学技术需要这种探寻精神,能够还原事物的本质及微观结构。科学发现物质结构的最终目的,还是用于物质结构的重组与再造,创造出新的物质结构,即新的物质。信息加速这种微观结构探索的节奏,变化出新的发现视角。在信息看来,它们发现事物的本质,其实就是发现事物结构之间交换的符号密码。比特便是我们认知世界的最小单位与符号。这与中国古代的《易经》中“爻”的概念是一样的,回归到利用最小符号还原复杂世界的工具思维方式。并且这种最小符号呈现的物性结构,又是便于演绎与计算的。因此,在信息科学看来,比特是认知世界不可再分的最小符号单位,而信息则是表达与呈现万事万物存在的结构化本质。信息是一种思维方式,它变换了另一种方式来看待事物的本质与属性。一切事物在抽象其表现形式、介质与中间环节后,最终不过表明谁拥有什么样的信息。我们拥有的不是物质本身,而只是作为标示存在的符号。我们人类的认知任务就是观察这些符号在不同生命体之间是如何交换与运作的。

对此,物理学家约翰·阿奇博尔德·惠勒就用了一句颇具神谕意味的句子加以概括:"万物源自比特。""任何事物——任何粒子、任何力场,甚至时空连续本身"[①]都源于信息。我们与世界的关联,不过是各类信息场之间的交换,包括人类自身在内的各类生命体每时每刻都在处理与交换各类信息。当我们能接收、处理、发射各类信息,并且能够自由游走在各类信息之间打通它们的关联时,整个愈发清晰的知识图谱、世界图谱便呈现在我们面前。世界万事万物本就是一个整体,其之间的关联性与贯通性就是人类探索的过程。当能够打通每个事物存在的壁垒,建立起它们之间的关联时,就意味着人类认识能力与水平的提高。事物自身包含着组织有序的信息排列,长期以来我们称其为规律。如此看来,整个宇宙都可以看作一台巨大的信息处理器。

信息不仅改变了我们对事物认知的路线,更是改造建构世界的主力军,它极力描摹与还原现实中的一切,恨不得将现实世界中的一举一动都收入囊中。"信息"一词成为一个时代对事物的本质及认知路线、技术路线的统称。它既是本体论意义上的存在,又是包含了认识论当中技术与思维的技术路线,是一个哲学与技术双重意义上的语义与词汇。科学家揭示了信息的面纱,以及利用它揭示了世界的面纱,哲学家则在界定它的存在与身份,乃至限度,不断加大对它本质上的理解。信息是人类认知能力与水平进化到一个重要历史阶段的标志。它的出现是信息化与工业化时代的区分,是技术与生命智能世纪的拥抱。它是现代性发展高峰的显现,是数字话语时代的确立,是技术时代人类生存境遇的反转,是人类思维认知的颠覆。总之,"信息"一词具有时代标志性的意味,它包含的意义太多,尽管它在现时代被人认为是习以为常并且普遍而广泛的存在。

---

① [美]詹姆斯·格雷克.信息简史[M].高博译.北京:人民邮电出版社,2013:6.

　　信息技术带来数字化世界的建立。信息的技术驱动本能试图将一切事物的认知都还原为数字编码,并力图从数据海洋中找到一种统摄的力量与规律。信息在技术层面上,为世界建造了一个数字化体系。从各类原生数据的获得,到数据蓝海的形成,再到大数据进行计算与预判。信息革命带来的技术变革,使数字化计算成为对世界的控制力量。"大数据"既是对信息技术形象的描述,同时也是一个抽象的概念,意味着数据规模的庞大与繁杂。大数据的出现,表明我们的时代已经进入了一个数据的收集、处理、加工等规模大到人类已经无法在既定时间完成的历史阶段。数据产生的无穷尽,数据存在的无边际,使人无法控制由自身创造出来却反制其身的数据环境。

　　大数据建构起来的思维模式与方法,是信息化时代树立起来的思维图景和现实景观,彻底改变了人们的思维模式和知识形态。对于自然科学研究范式而言,曾经人们建立的科学方法,是通过对个体进行抽样试验来检验真理的模式,是以有限的样本去测试和推算现实中的无限存在,从有限之中演绎判断无限世界的科学方法论。这种方法论是在数据收集能力不发达阶段,科学研究者采取的一种基本研究方法。如今,信息革命的诞生使人类有广泛收集数据的能力,也建立起数据全景模式。通过数据化模式,能够帮助科学建立起一套新的科学方法论。科学研究可以通过数据全景模式建立起对事物认知的立体化维度,能够根据数据的直观建立起观察的理性世界。在这种全数据模式下,科学研究中的因果关系让位于相关关系。这促使人类科学研究放弃对事物线性因果链的考察,而是通过事物链式相关性建立起世界的关联。平行相关关系可以无限拓展某一个点,直到某个点的自中心地位消失。由此带来的大量平行相关事物间链接,也使得数据扑面而来,呈散射状爆炸性增长。

　　这种相关性就是空间关系的构成。平行性与相关性成了构建空间的逻辑基础,信息可以不依赖于现实的地域空间而建立起属于自己的空间。在这个虚拟空间中,重新编织人与人、人与社会之间的关系。这种空间的原则与规则往往就是改变现实生活与现实世界的力量。而这种规则是一种不动声色的、毫无察觉、不被所有人体察到的改变。在当下的元宇宙建构中，则是数字世界对现实世界的进一步仿生和模拟。可以在虚拟世界中完成对现实世界的模拟、赋人化、还原与再造。我们知道，空间的本质是关系，正因为关系的编织，才使得空间具有存在性，空间不是虚无。空间的量级，就在于关系编织的程度与复杂性。在信息技术的打造下，空间从未变得如此复杂，信息空间构成了我们现实的存在。

因此，我们在审视信息与空间的关系时，可以发现，空间与信息是一对表面看来相距甚远但本质相同的概念与范畴。空间最初是一个关于自然地理的载体概念，与时间—历史的流动性与绵延性相比，地理—空间更多是既定的、受动的，是人类赖以生存的既定环境与载体。地域空间的限定性固化着人们对时间观念感知与体验的差异。身处在大山与处于都市的人们来说，时间的感受与意味是完全不同的。在这个既定的空间与环境中，物理空间的阻碍、地理的差异、发展的不均衡都使空间充满未知性与神秘性。不断探索与打破对未知地域的可知与边界，成了人们自古以来孜孜不倦的精神追求。开疆拓土，就是为了实现对未知世界的把控，消减对未知领域（地域）的恐惧。

突破人们既定的空间，从而实现新的地理大发现，这种认知的力量来源于社会生产力的发展。从历史来看，每次新的大陆以及新的地理发现，都是以武力、战争等方式实现的，但这种方式的背后实际隐藏着社会生产力的巨大发展。在马克思唯物史观观点看来，人对社会地理空间认知的扩大首先取决于他们进行的物质生产活动，社会物质生产条件为人的自由实现提供着物质基础。也正是在这个意义上，我们看到，生产力的迅猛发展对人们传统受限的地理—空间认知提出了挑战，从而打破了人们对赖以生存的狭隘空间的认识，资本的力量全面推进并加速世界地理大发现。马克·莱文森在《集装箱改变世界》一书中，从一个集装箱的发明与发现的视角，揭示了一个小小的箱子发明给货物贸易带来全球化的滚滚大潮。按照书中的观点，如果没有集装箱，就不会有世界贸易的全球化。集装箱的出现，改变了货运的方式和面貌，带动了货运在体量与方式上的革命性的变革,给航运带来了新的运量标准化要求与规范,使物从一个空间点到达任一个空间点的流动有了物质载体与现实可能。这背后实际是资本带来的驱动力,努力打造全球化的世界道路。资本的全球化铺就了一体化的流动空间,资本造就的现代化塑造了新的时空一体化。资本以前所未有的速度与能量造就了新的空间感知。

随着时代的变化及信息技术的迅猛发展,人们对空间的观念及认知再次遭遇信息的改变。空间已从一种地理、物性概念转变为一种抽象、关系性存在的概念。信息突破传统的空间边界与实体样态,正在以自己的样式建构新的空间(信息通道),塑造新的空间感知。空间在传统社会中是一个地域性观念,在资本时代是一个全球性观念,在信息时代则是一种虚拟性观念。资本可以塑造并赋予空间的全球观念,在信息时代则将其变成时空共在的观念。在传统社会中,空间是一个整体性观念,资本则将空间变成具有连接性的观念。到了信息时代,信息将空间变得可剪裁,可定义。在传统社会中,空间的界限固化,资本则是打破空间界限,信息社会则可以实现在不同空间中任意穿梭与自由组合。空间的观念与形态及人们对其的感知,都在经历资本、信息时代的洗礼与变迁。

空间是一个无处不在的关系网,是现代性的意义场,是现代性不断改造的对象。资本打造的空间场,可以跨越地域、种族,整合资本链的发展,按生产要素将每个地域性的存在变为资本生产的节点所在。资本的流动带动了人口、物质、资产等方面在不同地域间的流动。

信息技术大大增强了人们获取信息的能力,逐渐消解空间的未知感与神秘感。在信息时代下,"万物皆比特",信息以更强的穿透力连接与贯穿着世界的各类、各层级空间层面。可以说,"空间皆信息,信息造空间"。关系的存在与编织,使得空间与信息的同源性与本质性呈现出高度的统一。

总结来看,近代以来空间形态经历两次时代浪潮的冲击或曰两种力量的改变:一是资本,二是信息技术。前者通过资本的世界范围内流动,推动政治、经济、文化等各种要素汇聚成全球化的空间布局,将一切满足特征的要素集约在一个巨大的空间网内。后者是通过数字化技术的力量，不断解构空间、建构空间，在虚拟与现实社会空间里塑造新的生产力与社会秩序，重新定义这个世界的表达方式。信息技术创造出越来越多的虚拟空间，统合了地理空间与虚拟空间，延展并丰富了空间的层次性。在资本作用下，空间由原来的主体性走向了对象性，由原来既定特质走向了现在的可变特质。而在信息时代，信息在不断利用空间，突破空间束缚的同时，将空间变得可剪裁、可定义、可表达。

在信息的打造下，空间俨然变成了更加复杂的关系性存在，并且是越来越复杂的关系层级。空间与信息两者关系变得愈加充满张力与博弈。一方面，空间接受信息对自身的形塑，信息以拆解空间的整体性来解密空间的未知性与神秘性。另一方面，信息能够编织各种类型的空间，能够将空间的各个未知点、散落点析解出来，并且按照自己的需要将各种各样的关系组织结合在一起，将各种已知与未知的要素结合在一起，拆解关系、组织关系，从而形成满足特定需要的网络化结构。信息虽然表现出技术的物性存在，但这种存在是为关系而存在，而空间的本质早已成为关系的构成。

因此，空间与信息的结合，是暗自契合了各自的需求与发展。空间包含着信息的汇聚，信息扩张了空间的维度，共同的目标是使空间的每个环节都被资本化。这对于资本积累而言是非常重要的。现代性社会的发展就在于对时间与空间的扩张与拓展，就在于能够充分调动对时间与空间的掌控。信息技术正是符合了现代性这种对时空扩张与掌控的需求。

城市的发展恰恰处于这种被信息改变的空间化过程之中。"文明—技术统一带来的矛盾后果及利用文明—技术实现统一，是正在进行的社会结构大转变的重要基础之一"①，通过对时空的进一步压缩，空间的替代性、置转性变得更快更强。被信息化重新梳理与定义的空间观念参与到城市社会结构的改革与变迁之中，又不断呈现出新的变化与意味。

---

① ［德］阿尔弗雷德·韦伯. 文化社会学视域中的文化史［M］. 姚燕译. 上海：上海世纪出版社集团，2006：372.

在信息技术下,城市的地域空间被进一步压缩与解构,信息打造的各类空间成为资本追逐的对象。以土地为依附的实体空间的地位、作用与价值在技术浪潮下遭遇了消解,实体空间的式微具有生产结构、商业模式变革的时代意义。曾经象征着城市空间主体与财富代表的土地、商铺如今在新的空间变革下变得颇具多重意味。一方面,信息技术的迅猛发展,使传统商业模式与结构受到冲击与撼动。产品在生产销售各环节有了不依赖于传统物理空间的网络空间建构,大大减少对传统实体空间的依赖与需求。另一方面,仍保持实体空间销售的商业结构中,地租成了产品销售运营中最大的成本。一边是网络空间的侵入,一边是地租的不断上涨,并且社会每个环节都要求保持社会平均利润率的获得与增长,从而保持自身的生存。经济的联动效应、生存发展的生态链波及众多,这使得资本运转变得更加复杂。大资本维系地租尚需很大的勇气,而对于依靠实体店铺的中小规模经营体来说,电子商务空间的挤压和地租成本不断上涨的挤压,多重之重的挤压无异于灭顶之灾。网络空间不断颠覆实体空间存在的作用与意义,而商铺、地租的不断提高又与商品的利润获得形成了尖锐的对立矛盾。单靠据守一方的实体经营已经很难维系商品的运营体系。实体对于空间而言,限制了资本的空间扩张与裂变的可能,使资本的增长局限于一个点上,而虚拟空间则可以放大规模效应,可以将销售在全网络铺张开来。当然,这是在理论上的可能,现实中则会受到各种因素的阻碍。信息打造的虚拟网络,空间消解了作为中介环节的传统商业模式,因此也消解了对实体空间的需求。新的消费体验、物流体验、时空体验,如今通过网络的相连成为城市空间新的感知方式。土地、实体空间的隐性退场表明一个传统商业模式的告别,昭示着新模式转换的来临。信息技术为资本空间的无限扩展打开了另一个通道,且不论是好事还是坏事。

信息空间的建构具有工程化的意义。现如今,信息工程是一个不见钢筋铁骨,却如同传统的建筑、基础设施工程建设一样重要,成为新的城市基础建设工程,而且比传统的基础工程更需要巨量资本投入的巨大工程。网购的概念、共享的概念、即时的概念、支付的概念、云的概念、物联的概念,它们的一一实现全部需要信息工程的投入与建设。城市的管理、数字化工程、各类平台的建设、政务的管理,无不需要通过信息技术建立起来的网络空间来面对与解决。个体手中的移动终端无时无刻不在与城市这个巨型空间发生联系、交换、指令与关联,连通着城市空间的每个角落。城市空间被信息技术无比地细化,像毛孔呼吸一样在人群社会中变得日常与自然。利用信息技术重新组建成的城市神经系统,把每个如细胞般存在的空间节点连接在一起,使彼此紧密关联变得愈加不可分割。在信息空间里抢占流量制高点,无疑成为资本最期待的目标。信息空间成为吸收资本的新场域,它可以为资本打造出无数的各类适宜资本扩张的场景。于是,一轮轮海量资本投向信息建构的空间里,通过资本催化追赶技术的不断提升,通过技术开创新的资本空间,以空间规模的不断扩张与抢占市场并获得利益作为对资本的回报。城市空间的形态有了空前的新模式与新突破。

无处不在的空间弥漫与空间渗透,使空间关系不仅变得愈加复杂,而且具有了日益叠加的层级性,人们对城市空间的感知从未如此清晰。空间意识、空间感知在信息技术的物化下变得愈加强烈,甚至越来越依赖这个信息打造的物联网空间。曾经,启蒙思想带来人们对时间与空间的理性筹划,将理性用于征服空间以及理性安排空间。"空间表达的客观性成了一项有价值的属性,因为航行的精确度、土地产权的确定(同具有封建主义特征的法权和义务的混乱体系相反)、政治边界、运输通道的权利等在经济上和政治上都是绝对必要的。"①现如今,信息技术对空间的精准控制,不仅实现对空间的描摹,更实现对空间复杂关系的判断与分析。我们论证过,空间的本质与资本的本质具有同一性,即隐藏在资本、空间背后的本质不是其他,而是关系的构成。现在,信息技术的出现,不仅进一步坐实了这种论断,而且证实了这种关系构成的层级性与复杂性。因为透过任何一个点(人、事、物),我们都可以分析并计算出它所处的关系层

① ［美］戴维·哈维. 后现代的状况［M］.阎嘉译. 北京:商务印书馆,2003:306.

级。过去地理的天然阻碍空间带给我们隔阂与神秘感,现在所有空间的构成正试图变得透明与可控。对空间实现多大程度和范围的控制,取决于能够在多大层级上实现控制的能力。破解空间(关系)的层级性,是大数据的逻辑起点与攻克目标。人处在由信息技术打造的城市空间网格之中,每次行为习惯、行动轨迹、各类行为等都变成可计算的数据,都是理性计算的对象,数据成为描述空间概念的更具价值性和产业潜力的对象。当然,这些技术的被期许,仍是为我们创造更美好的明天而设定的话语。

信息空间改变了社会生产结构、劳动力的构成,人口流动性问题同时成了城市间不得不面对的问题。人口成为城市间竞争的争夺对象。人口的流入与流出,受到产业结构调整的影响,受到城市生活成本的影响,并且与各种营商环境、宜居程度息息相关。而这些又与城市的空间成本与价值有关。空间成本带来的生产成本、劳动力成本直接带来产业成本与结构的调整与新的产业布局。产业带的形成与布局,直接影响的是城市人口的流动,而人口的稳流与增长,又是一个城市必不可少的生产与消费极,又能带动商业的发展。因此,在这一系列空间价值生产与转换过程中,人口是重要的生产要素和消费要素,是空间生产与消费的主体。在人口红利渐消的当下,脱离人口因素来谈空间生产与价值都是抽象与不切实际的。

信息生成与打造的城市空间改变了生产结构和劳动力的构成。人工智能的算法与深度学习能力更是替代了人作为中介环节的大量工作,使过去分散在各个层面互不相通的人员、劳动力有了结构性富余。许多职业、岗位在城市中面临消失的景象。无论是过去被奉为铁饭碗的政府公务员,还是被自动化系统取代的高速公路收费员,在面临不断提升的政府办事一网通、社会服务效率化的浪潮中,都不得不面对信息化时代的洗礼。信息化降低对劳动力需求的同时,也在不断压缩劳动力在社会产品与服务中的成本。然而劳动力成本的下降与社会消费水平的提高,这始终是悖论式发展。这在信息化社会中依然如此,并且在不断加剧这种分裂。

与此同时,成了社会结构性生产"剩余"的人口,却成了消费性生产争夺的对象。结构性消费市场需要人口红利、人口流动的支撑。据报道,城市的房价早已不是以当地居民平均收入水平为价格基础,而是以城市人口流动性作为市场价格风向标。只要城市有大量的人口流入,具有相应乃至高度的流动性,那么租售市场的房价就有超越当地居民收入定价的结构性基础。只有人口流入减少、人口流动性变弱、人口增速过慢时,才是城市房价的危急边缘。人口成为城市间竞争与争取的对象。因为高流动性人口意味着资金流、消费流的增长,意味着大宗消费品如房产市场的活跃。因此,我们看到城市间的差异化发展已由过去资源型竞争转化为人口竞争和不断升级的产业竞争和技术竞争。不管是仍在进行的城市基础设施建设,还是数字化城市的贯通,它们的撬动都需要人口的流入与集聚而变得可能和具有意义。人流、居住群、片区,仍是带来城市区域差异和地租差异的根本原因。过去,人口问题是生产力不足时的阻碍。如今,城市发展需要人口红利。人口成为城市地域空间发展中最不能忽略的因素。城市的规模、速度、发展、升级都需要人口红利的支撑,没有人口,一切社会空间都是虚空。而同样,城市的生存压力、技术导向的城市发展等复杂性因素也成为影响人口增长的原因。

信息技术建构的物性空间是城市空间不断进化与发展的必然,是资本竞逐的新型空间形式,同时也表明城市空间需要在更大层面、更多要素间寻找一种新的平衡机制。我国城市发展在历经几十年的改革开放和快速发展后,在新的时代发展条件下也面临更大的时代命题。当前,我国社会的主要矛盾是人民日益增长的美好生活需要和不平衡不充分发展之间的矛盾。不平衡发展的实质就是空间的不均衡发展。当下,空间的不均衡发展已经不仅仅是不同地区间经济增长快慢的矛盾,还有面对复杂因素时城市社会空间表现出来的结构性矛盾,例如技术、劳动力成本、人口、消费与资本这些要素集聚在一起表现出来的结构性矛盾。

我国几十年来改革开放的创新之路,表明中国特色社会主义道路走的是一条尊重国情,把全球化和国情民情结合在一起,不同于西方新自由主义私有化的发展道路。未来实践智慧的发挥将更多地体现在城市空间对资本的选择与优化,技术对人的存在的尊重,空间对人的权利的尊重与保障几个方面。这都是面对信息空间变革,我们需要深入思考和面对的问题。

二、空间层化与迭代

现代性之所以能与之前的历史时期做出时代的划分,一个明显的标志就是解放人的思想,使人从思想及行动的束缚中解放出来,而能够成为一个"自由"享有各种权利,独立主张个体的人。而与此同时,现代性也把人重新安置于现代化的大规模社会生产之中。人与社会的关系,人与自然的关系,在现代性社会中都演变为劳动与资本的对立。社会在生产大量物质财富的同时,也将人的劳动力价值通过社会化再生产的方式生产出来了。劳动力价值是社会生产的最基础保证。在资本生产积累过多与生产多余的同时,也是劳动力过剩的标志。面对资本生产带来的结构性危机,被生产机制不断压缩的时空,在全球范围内流通的金融与资本,流动的人口,产业结构的不断更新与替代,以及越来越拥挤的城市空间,被挤占的城市公共资源,资本的现代化机制必须不断去面对和解决这些现代性难题,寄希望于更广泛的空间形式与城市社会结构用于吸收和消耗过剩的资本与劳动力,希望能够通过资本的不断流动带动对这些问题的解决。这个声势浩大的城市空间重构工程,其实质是基于社会结构中既有的经济、政治、文化基础,动用政治和金融的力量去撬动空间关系的再造与重构的力量。解决由资本积累带来的过剩资本与劳动力的问题,这同样是资本主义多重手段的综合运用,其实质仍是用资本的方式来解决资本带来的问题。通过对时间与空间的不断压缩与置转,扩充空间吸附资本的能力。资本必须依靠自己的嗅觉去寻找这种撬动资本空间的力量,这使得资本表现为两个方向上的同时拓展,一是在继续加大对既有空间的资本化与组织化,二是在全球范围内寻找资本主义的空间扩张的撬动力量,这就是技术带来的革新力量。

随着资本积累的不断加深,剩余资本问题是一个非常棘手的问题,这正是现代性不断面临的资本发展难题。剩余资本面临着投资渠道变窄，资本处于闲置和静止的状态。一旦陷入这样的状态，资本则面临着不断贬值的危险。这些都是资产阶级不愿意看到的情况。面对大量的剩余资本，不断饱和的市场需求，以及在不断更新的资本布局中，人们不断被挤压的购买力，资本要不断开辟新的置转与腾挪空间，才能承接资本的剩余，带来新的资本增殖空间。这都是资本猎性所要具有的市场嗅觉。相应地，城市社会结构必须承载资本积累带来的问题，它必须为资本铺设开辟更多的空间。资本要面对与解决的，就是不断加速的时空转换问题，而这将带来社会各要素、环节的变革。易言之，社会发展的速度就是资本发展与扩张的速度。资本扩张用来消解资本积累的问题，资本问题的解决仍需用资本的力量。以资本推动资本，以资本的不断造血来解决资本运动中的停滞现象，这就是资本时代最明显的特征和最本性的手段。资本这个狂奔的列车能否解决社会领域中技术与消费提速升级的问题，并且能在安全状态下运行，这需要城市空间体系构筑的社会系统的保障运营。

在信息与空间的关系中，我们可以看到，信息通过技术手段，将城市空间进一步从土地等代表的实体空间中抽离出来，形成对社会空间的统摄力量，将虚拟空间和实体空间作比对与相互观照。空间的多重效应在信息技术路线下进行叠加进一步影响社会生活。技术是撬动生产力的一把钥匙，进而推动社会生产力与生产关系的全面变革，这一点无疑在马克思学说里已经得到历史的明证。信息技术同样不例外，并且比历史上任何时期都表现得更加深刻和淋漓尽致。事实上，信息技术的发展，从来没有逃过资本的路径和定义，信息仍然是助力资本积累的手段，而不是解决危机的方法与良药。

信息技术的出现并非偶然，实际上它是随着资本主义生产方式的不断置转以及应对危机时出现的变革。我们可以看到，美国在过去的一百年期间（1917—2017 年），排名前十名的公司，是不断变化的产业结构调整导致排名在不断发生变化，同时表明产业特征的时代变化，由工业化时代向电气化时代，直至互联网为王的信息化时代的转变。产业结构随着时代变迁与技术进步,不断发生置转。在这过往的一百年中,资本积累的过程与痕迹留下了长长的历史线索,时代特征十分明显。这种变化同时表明了每个时代中垄断产业占据经济高位的时代印记。在现代性发展中只有在时空大坐标下能够实现价值收割的产业才会形成垄断之势。不管是利用时间特性形成的资本积累,还是以空间特性为价值裂变的掠夺式资本增长。在美国过去一百年资本积累的时空坐标下,先是以时间为轴线带来的由时间—劳动积累形成的资本,其表现为对工人劳动时间的掠夺,资本积累的生产特征十分明显。尔后是空间扩大带来的垄断价值的形成,表现为以空间量级为单位的价值全面垄断式规模化效应。依传统工艺、时间发酵而成的产品显然无法适应资本膨胀与扩张的速度与要求。由此,必然带来由技术更替带动的产业时代的转换,以及资本生产在时空路径的转换与产业发展。

那么,在这样一个技术与时空生成的双重坐标里,我们可以看到,在美国每一轮 40~60 年经济发展的康波周期下,以及新一轮的康波转换中,以往传统以生产制造为主导、以时间积累为主的工业化生产,正逐步被以空间扩张为主的信息产业所取代。实体生产与实体经济的传统霸主地位正被信息化产业和虚拟经济吞噬。技术受资本的驱使,资本受时空的约束,因此资本必须借助技术打破时空阻碍,为自己的生存谋求出路。生产和市场服务于资本运动整个过程,始终都需要对时间和空间的充分运用与控制。

什么是创新?从某种程度上来讲,创新向来都是破坏性增长,即打破旧有格局,解决旧有生产过程与局面中存在的问题,以及原有衰减的经济模式,从而开拓出一条新的道路与方式。创新首先是产业内部革新,当然这种革新解决的问题面临的格局都有具体的针对性。当这种革新也无法带来新的经济增长时,就需要进行外部革新,甚至是全社会各维度的变革。单纯的技术变革不会有真正的革新,必须随着生产方式的置转而引起全社会的变革。局部的变革会引起产业链之间、不同产业之间的变革以相互调适,这会引发全社会的技术集成去共同解决产业升级与革新的困局。这也是过去美国在一百年来资本生产与资本积累不断进行置转的原因。

　　资本是社会化生产的过程,而不是独立于人类社会关系之外的抽象物。它在商品生产的同时也再生产了社会关系的每一次过程。每个身处现代性处境中的人都不可避免地卷入其中的每一次社会化变革过程之中。资本是内在化了的社会规则,尽管这种规则的最初形成是在资本生产过程的内部发展起来的,但这种资本带来的社会运作规则已经深深渗透到现代性的每个角落。资本带来的生产驱动无止境地在改变社会生产方式及社会结构。这就是为什么在每一次康波经济周期中,创新技术能够带来新一轮经济发展及产业模式的调整。我们可以看出资本逐利的空间在不断缩小与扩大。与此同时,这种变化的过程就是城市结构空间随之不断变化的过程。不断缩小的是传统的时间累积性生产,是消耗时间、消耗资源的传统的劳动密集型生产。尽管这是社会最基础的生产投入与需要,但这种生产极易饱和又很难实现资本的快速扩张,时空可腾挪与压缩的空间越来越少,因此不可能成为信息化时代下的垄断型产业,是被大资本不断抛弃或者是用互联网思维方式重新书写的生产版图。与之相反的,是不断扩大规模效应的空间性价值生产,是可吸附巨量资本的信息化空间产业。只要空间的量可以无限被打开,那么它就可以为资本积累带来增速提级。这个不断发展的过程被看作是可以无限发展并蕴藏着无限可能的。信息化手段建构的空间平台带来的是空间量级的生产与用户,资本喜欢信息所标称的能够带来空间量级裂变增长的叙事神话,尽管它不能自发解决市场与人的需求之间的矛盾。资本助推信息化产业发展,信息化热衷打造资本流动的空间,两者的结合再次成为创生社会化生产与生活的动力与手段。

　　信息技术暗自契合了城市对时间与空间的需要。时间与空间是资本生成与积累的必要架构,对时空的压缩正是对资本的加速生产与积累。对时间与空间的充分运用与调度,在资本社会上就变得十分具有意义。因此,信息技术的出现与应用,正是加速了对时间与空间的体验与利用,利用空间无限层级的生成,加速资本的渗透与成长。

在信息技术下,经济的发展也变为一种空间模式,或者说,对经济的理解,必须从空间层面理解。经济全球化已经把生产要素集合在一起,任何一种生产的进行、产业的发展,其实质都是一场空间布局。以往这个空间布局还是一种地理意义上带来的空间感,以及我们所熟悉的全球化及地域经济的分野。全球化体系的建构与稳定就在于掌控这种最核心的力量:处于支配性的中心以及为中心服务且被不断边陲化的差序层级。这种格局的建立与形成,最突出明显的特征是保持资本的中心化积累,以及边陲的劳动分工与生产。在时间维度中资本与劳动的对立,在空间形态下展示为资本中心化与边陲劳动之间的对立。在这样不平衡的格局下,边陲成为生产原材料和劳动的供应层,而中心则靠资本的强有力运作力量不断对边陲产生的生产价值进行吸吮,从而保持资本的高速规模化积累速度与效应。

工业时代的全球一体化产业布局中,人们可以在空间层面掌握哪个环节、哪个生产要素由某地方生产或提供。而在信息化时代条件下,这场新的空间布局则更是一场价值链的布局,价值链能够在层化式的空间生产中,不仅析出生产过程和生产要素,更是析出价值,从而对价值进行分层。价值链能够分离出劳动价值、生产价值、经营价值等,每种价值都独立成为一个层面,彼此相依,但绝对分离。它可以清楚地将每种价值化为价值链中的一个节点,每个节点都清楚自己在空间生产的层化经济中的位列与价值。这就是信息空间带来的层化经济。

由此,我们进一步发问,什么是层化经济?信息可以透过技术为空间分层,这种分层实质是结合社会生产与社会结构而来的。层化是空间垄断,是价值的层次性、排他性、等级性在空间经济体系中的体现。空间并不是统一的整体,而是充满竞争性。信息技术的加持,能使互联网经济时代的实体空间与虚拟空间的形成与经营变得丰富与多样。每个空间都可以吸附资本,但依据吸附资本能力的大小和多寡,这个空间价值链与价值层级也像金字塔形状一样,自动按价值等级序列排列起来。每种生产都有其相对应的价值序列。当各种层面各自形成后,却发现建立的层际间价值等级是难以逾越的。在这个空间化过程中,空间进一步分离出生产与价值这两者不同的要素与过程,生产与价值获取分属不同的空间层面。其实质就是在空间化生产中,不仅仅是优胜劣汰的同类竞争,还是生产与价值的进一步分离。劳动力、资源、技术要素结合成不同的价值。资本追捧的对象,自然是需要技术提振的空间,这往往会形成新的垄断,结果就是资本投向最能吸收资本的头部行业。这些头部行业所要做的,就是使自身处于价值链的顶部,而尽可能脱离具体的实际生产加工过程。例如,美国苹果公司在全球化的价值链布局中,处于头部的设计研发环节(产业),是整个产品价值链中获得利益最大化的部分,而生产加工的产业处于价值链的最底端。处于价值链顶端的不用去考虑其他价值链产业的获利情况,而只需要保持自我价值端的利益最大化。

研发企业与加工工厂、平台行业与生产厂家、信息服务行业与"血汗工厂",它们分别处于价值链的两端。这不仅是脑力与体力、劳动与价值之间的对立,还是价值掠夺性的对立。越能够产出高价值高回报的产业,越是能够摆脱时间积累框架下的生产劳动。从事时间积累性劳动的产业价值都非常低,能够获得高价值回报的都不是时间积累性劳动。这些时间积累性劳动,获利空间都非常低,在成本、生产资料一定的情况下,可以压缩的只有人力成本——这个被马克思重点指出的剩余价值可压榨的空间。但是每个行业都这样做时,带来的价值传导又是一定的,最终会被社会平均利润率拉平。空间的层化进一步缩减生产过程中产生的生产与劳动价值,人力成本成为不断压缩的对象。

在空间层级化体系下,细分行业越来越多,只有信息打造的空间才可以产生层化作用。这在以往传统的以时间为线性生产模式的资本积累过程中是无法实现的。被马克思劳动价值理论着重分析的劳动价值,在信息化时代下,再次呈现出马克思对它进行的阶级分析特征——被空间价值链踩到了最底端,遭受层化经济的多重打击与盘剥:一是在生产环节,空间价值链将研发与生产的过程和要素分离开来,生产资料生产型产业处于价值链的底部;二是在销售环节,遭遇平台产业链的掠夺,销售平台为产品的销售引流分层,其中的获利仍是来源于在马克思看来最重要的劳动价值的剩余价值的分配。种种商业新样态表明,传统的生产要素,如土地、普通劳动力、消耗型资源等在新的价值链中,处于价值链的末端,并且其地位很难改变。依靠技术、高端智力形成的新的知识垄断型生产要素,正在成为高端价值努力争夺抢占的制胜法宝。一个完整产品的形成,其设计到生产,到最终销售完成分属不同的价值链。在精细化分工形成的各自产业链下,原料、设计、加工、生产等价值分配分属不同的层级。这不是普通生产链的形成,而是价值链之中价值利益的分配与争夺。任何产业都希望从每个产品形成的价值链中,能够抢占价值金字塔中的制高点。

在这种层化经济模式下,生产型产业获利的比重与空间越来越低,各类衍生价值更高的数据、咨询等服务产业所提供的服务产品,反倒是作为生产环节的前置要素,纳入生产成本核算之中,因此生产成本变得更高。信息化时代催生的信息服务产业,使得数据、商业数据的提供也成为重要的决策生产支撑要素。大量的标准化形成和建设、指标性体系的建构都是依靠与依赖对各类数据的需求。这些数据的搜集、生产、加工及销售也成为信息化时代重要的产业,并且其获利也带有或多或少的垄断性特征。在美国的产业布局中,更多的 IT 信息化产业使得美国近些年来脱离了实体生产和加工产业,转而把附加价值更高的信息化产业放置在国家产业顶端,大量的低水平加工产业(如食品、服饰、资源消耗型产品等)大量依靠价格便宜且品质优良的进口产品。继而,以信息化主导的国家经济政策加剧了生产型企业在价值链底端的艰难的生存状况。

因此,在信息技术武装打造下的空间经济分离出研发产业、生产企业、居中生产服务产业,带来空间布局的巨大变化,使信息产业成为空间新经济布局下的垄断巨头。头部产业在社会经济价值链中横空而出。它不仅有沿袭了长期霸占头部的金融行业,还有裹挟着巨量金融资本的信息行业。层化经济可以实现对经济的精准分层。空间代表着一种秩序,既是生产秩序,也是社会秩序。层化首先是一种高速的聚集、分类、划分,所有的要素从未如此能够被高速聚集,迅速建立自己的平行层,同时依据空间规则进行经济价值的层化。在信息打造的空间形态下,经济层化的速度越来越快,可以看到很多行业与产业的发展周期、风口期变得越来越短,更新与迭代变得越来越加速。

信息空间形态下的层化经济,不仅把经济、价值、利益分配进行层化,它带来的迭代速度更快。如果说以往的生产都是以时间为中轴进行的线性积累,更迭速度受到时间维度的限制而缓慢,那么现在信息空间形态下的层化经济,就是以空间为场景的更迭速度的加速。

城市的空间极易被打造,因而空间容易被场景化,并且这种场景化是把一种新的方式植入人们的生活场景中,是利于资本发展的通道的。空间无疑是一种新的方式与手段,是一种新的集约化模式。它可以把生产、销售、消费等要素集中在一个个缩微场景下。当各种要素适配空间场景资本化的需要时,那么这种空间就会被用来吸收、发展资本,而如果各种要素与空间场景不利于资本发展的需求时,那么场景就会被迅速替代掉,像拆掉舞台幕布一样迅速。我们可以看到,各类融资场景,其实质就是拿着一个个在新时代需求下的叙事场景为自己寻找资本的投资。如果这种场景的设计能够被投资人判定为有资本增殖的前景与可能性,那么就会注入投资。如果场景设计不利于资本的增殖,则会思考新的融资场景与"剧本"。在现实实践中,我们看到当初被描绘、被设计的资本运用场景有多么辉煌,多么具有前景地吸引着资本的关注,但一旦在市场上得不到检验,就立刻被淘汰掉。所以我们看到,大量的资本投资的市场场景,尤其是各类互联网经济下的应用场景如雨后春笋般层出不穷,但又很快灰飞烟灭消失于市场之中。快速出品,快速闪现,尔后又快速消失,其都是受到资本鼓动的作用。因此场景化,就是现代化对时间与空间的另一种新的发掘与呈现。资本的量化,信息的可计算化,使得每种数据化模式都可以嵌入人们生活的每个角落。个体的消费模式、行为习惯等都成为计算的对象。场景化、娱乐化消费,被称为新的营销模式,为资本获利搭建场景化需求舞台。所有的场景化模式都是为资本服务。信息打造这样的空间，也利用这样的空间计算出虚拟空间和现实空间之间有多大程度能够达到一致和契合，利用虚拟空间推算出真实空间。在这个虚拟空间中，甚至要获取人的感知、情感、欲望的推算。这种模式化结构与模型越来越被认为是对真实世界的反映，是人类越来越倾向建造的工程，甚至被认为比水泥钢筋工程更为重要的工程。信息化时代对数据的依赖，对数据的渴求和算力达到了前所未有的高度。

信息网络建构被称为更烧钱的资本狂热之举。各种企业、各种新型营销模式层出不穷。营销模式的画饼与获得投融资成了信息化时代的标配行为。营销路线设计得好，就容易受到资本追捧。人们越来越倾向于商业模式的搭建、构造，而往往忽略产品本身。这些模式的搭建都是以空间层级模式架构的，设计的场景也是空间量级的消费群体。而在现实中，一旦这个场景失败，随之有更多的场景扑面而来，追逐不断的空间场景化，像换幕布一样迅速，迭代更快。大量网红经济、风口经济的诞生与灭亡，互联网企业每天都在上演资本竞技的生死速度。

这种模式在信息时代极易被放大与夸大，互联网模式极易被资本追捧，似乎成为一切产业的发展模式。在这种思维方式下，仿佛只要利用信息技术搭建出空间的模型与模式，获利就是巨量的。没有人想着长期的经济、产业的驻足发展，长期化思维在信息化时代也是极不现实的，甚至被认为是荒谬的。在风口经济的追赶下，人们往往盯着最能迅速获利的方式与风口。从资本本性来说，资本化的风口经济只顾眼前利益，只顾着获利与套现、圈钱，认为这就是信息时代该有的速度与方式，一夜暴富的神话被认为是这个时代该有的特征。资本擅长打造网红力量，以此来引导人们的现实消费。传统的挣钱模式与速度越来越跟不上信息时代的速度与眼光。

空间的迭代，同样代谢着人与社会的交换速度，人与空间、人与人之间的关系的形成，越来越多地存在于网络社群之中。人与空间之间变得越来越微妙，人们极易被这个由信息垄断掌控的空间之幕所遮蔽所抛弃。

虚拟空间搭建的各类社群并没有加强人与人之间的沟通与认同,反而是更为广泛的人际疏离。空间被资本无限利用与放大,人不再被视作独立完整的个体,而是被放到空间层级中作为空间布局中可消费与可利用的点而存在。人群不再是现实世界中分散在各地的地域性人群,而是跨域、跨空间的空间量级人群。只有在信息化空间形态下,人的社会关系、社会状态才可以做到如此这般。人的社会关系与交往关系已经在空间布局中预制了,相较以往传统的社会关系只是存在于现实交往中。

空间迭代还加剧了城际间的更替与迭代。大量优势资源因为虹吸效应而聚集在特大城市和大城市中。这使得这些特大城市在产业链、价值链布局中占得头筹,对人才的吸引越来越明显。与此同时,对人的淘汰速度也越来越快。互联网信息产业特征明显的城市,其竞争是对人才的竞争,更进一步说是对年轻人才的竞争。因此,在这样的迭代速度下,大量"35 现象"层出不穷。有的甚至宣称 35 岁之后的人才可以到二、三线城市就业。空间经济的迭代,同样迭代着就业人口的职业周期。知识、积累、经验不再是从业的重要因素。而可消耗的年龄、体力、智力,贴合产业发展周期的从业生命周期才是互联网企业最看重的,甚至产品迭代与人的从业周期是一致的。大量互联网企业需要大量的新鲜人才血液作为更迭的物料。

空间的层化与迭代对转移和吸收过度积累问题具有一种双重力量。大量的资本进入信息领域,用于对社会空间与基础设施的建设与改造,通过多域空间来吸附大量资本。当现实中的空间改造力量屡弱时,资本的力量又投向虚拟的元宇宙的建设中。这是信息技术时代下现代性对时空极致利用的深度表现。既然时间可压缩的空间在不断缩小,从时间维度上获得资本利益最大化的可能性越来越小,那么只有从空间维度入手。信息技术能够帮助资本打造多重的空间,缔造多重的空间关系。只要这种关系存在,这种空间网格存在,它就能帮助资本吸收更多的资本,从而使资本达到增殖目的。因此,资本不会过问这种空间从何而来,是现实的还是虚拟的,是真实的还是虚幻的,只要它可以被建造出来,它就是资本可吸附空间的真实存在。

信息技术参与的资本运动更容易形成垄断和泡沫。信息可以打造一个巨型无边的吸收资本的"空洞"，可以有大量的资本投入与吸附。在信息打造的资本空洞下，资本沉淀的方式变得更为单一。大量资本作为热钱，投向头部产业，而沉淀下来的静默资本则投向地产，留下的大量中空产业地带会造成社会中间生产层的上下层之间的断裂，而中间地带生产层的存在则是最真实的社会存在。因为缺少这样一个真实的社会生产层的存在，社会财富的真正形成来源无从谈起。这个层面是涉及社会最广泛人群的真实存在，脱离社会生产这个最重要的社会经济基础，整个经济则会陷入崩溃。资本打造了元宇宙的存在，现实空间与虚拟空间的经济真的实现和谐共生了吗？虚拟世界的消费却是需要现实世界真金白银的消费，它无法摆脱现实物质财富的真正来源。

新的区域不平衡是在信息产业为主导的布局下展开的。空间迭代对土地依赖较少，土地也参与到层化经济中，土地迭代不会那么快，但是共同参与到价值链分化之中。土地的价值链也出现集约性的马太效应。土地的价值取向导致土地的利用出现两极分化。土地并非一般意义上的普通商品。土地是一种价值源于对未来租金的预期的虚拟资本形式。土地价值的期望是一个长期效应，但在空间经济下也参与到经济的层卷热度中来，成为资本吸附与资本沉淀的重要工具。在城市空间区域价值不断突显的过程中，土地利益价值最大化的思想把低收入甚至中等收入的家庭赶出了中心城区，加剧了社会分化，并给城市弱势和边缘群体带来了灾难性的后果。由此带来市中心的地租越来越高，资本集中在高价值的市中心地租上。高位地租不会给实体经济带来任何好处，相反，它极易损害实体经济的生态化健康发展。与此相应的，能够进入高地租的，无论是商品还是资本，都是这个城市最广泛人群都无法企及的。优质地产都集中在高价值的繁华地段，这是资本沉淀和保存价值的最直接手段，而处于郊区的居住社群仍无法形成对城市空间的完整观感。区位价值低的土地资源带来的资源环境也是与之相应的。商业资本家和房地产商本可以在城市高档化、高端公寓建筑中,在城市里设定适当的空间,来解决针对大众的无家可归、缺少经济适用房以及城市环境恶化等问题。但资本流动考虑的从来不是人本身,而是可获利的空间。

资本明显倾向于投机的是资本而不是人民。它不会考虑城市空间的繁华与城市居民生活和环境状况却很差这样的对立。资本只会考虑城市空间在资本积累作用下的繁华与繁荣,而不会考虑具体的城市居民生活状况。在新自由主义鼓吹的城市政策里,把城市交给开发商和投机金融家,把土地交给资本。这是一件多么可怕的思想与不计后果的事情。值得庆幸的是,中国并没有把城市的土地交给自由市场。这是社会主义中国最英明的政治决策。

贯穿整个资本主义发展的历史,城市的空间化结构从来都是为了便于吸收剩余资本发展的。而对于这个空间能在多大程度上吸收和保留剩余劳动力,则不是城市空间化结构的优先考虑。长期以来,城市依赖城市化发展,吸收农村剩余劳动力作为支撑自己发展的基础与依托。但这个城市化建设的周期很长,依靠固定资产投资以及城市公共基础设施建设来吸收和解决剩余资本,以及剩余劳动力人口的做法,其边际递减效应也越来越明显。这就必须建立一种快速带动经济循环发展的新模式。信息技术可以帮助建立起这种快速的经济模式,空间的层化、经济的迭代、价值的分化,都能够在信息带来的社会结构变革中寻找到新的力量与新的空间。当资本增长的要求驱动信息技术的这种加速发展时,信息催化的经济发展过程越来越快。经济发展周期越来越短,其实质是可被替代与淘汰的商品越来越多,更为严重与可怕的是可被迅速替代的不仅是商品本身,还是依信息化模式建立起来的商业模式、商业场景,甚至是经济周期自身。在快速的迭代作用下,经济很难有长足的增长与发展,资本可吸附的空间如大浪淘沙,越来越难形成聚集的效应。这就是信息革命带来的空间层化效应与迭代现象所具有的双刃剑作用。如果不对此加以足够的重视,那么信息化消费场景、生产场景就会越来越难有长久的维持与生存。

三、信息逻辑及其强制

在社会发展过程中，始终有一种决定性的生产力在整合着社会结构的各个层面，并成为时代的突出特征。信息社会以信息化还原与重构空间结构与空间经济为目标，用技术处理着复杂、庞大的各类关系的编织与交换，从而成为管理社会的支配性力量。当这种支配性力量扩散弥漫至整个社会关系和社会结构之中时，传统的权力和经验就会被其穿透并修改。"技术文明通常是同控制、中介（mediation）、效率和合理性相联系的；它一方面是革命的，另一方面却缓和或疏离财富／贫穷和自由／奴役。"①信息技术所带来的改变社会的力量成为时代的象征性力量，并形成对社会管理与运行的规则与统摄力量。在当下时代，我们可以称其为信息逻辑对社会的强制。

信息技术改变了时空的内在尺度，成为现时代新的空间话语。传统的活动空间并非不重要，而以网络构建的新型空间关系，既改变了人类基本活动的方式，又改变了人类的思维方式，更易形成新的空间话语权。这种空间是一个流动的空间，流动的阻碍不再是地域中的物理阻隔，而是各种社会实践的意识、话语、权力等片断集结而成的信息逻辑。曼纽尔·卡斯特尔认为，网络改变了时间和空间在现实世界中存在的物质基础，从而建立起一个虚拟的充满各种"流"的空间。网络世界暗合于现实世界，使真实世界的各种信息可以在虚拟空间到处流动，从而形成各种"流"的空间。

信息的初衷是解决空间未知及非确定性。但随着互联网技术的发展，信息奉行的是把一切都数字化的物化思维。虚拟网络空间的建构成了我们社会空间新形态，成为社会结构中不可或缺的重要组成部分。由此而带来的网络化思维与虚拟空间逻辑的扩散，这些都改变了传统社会认知中对于生产、经验、权力与文化的观念。社会资源在传统社会的物理

---

① ［匈］阿格尼丝·赫勒. 现代性理论［M］.李瑞华译.北京：商务印书馆，2005：226.

连接,现在变为由虚拟空间代替人们行使交流与互动的权力。网络是现实世界与虚拟空间的连接器与黏合剂。数字化进入社会生活,加剧并异化空间格局的分裂,并且越来越主张数字话语权。而在数字化面前,个体是无力反驳的。人们越来越多的主体权利都必须让渡给网络世界中的各项技术协议。

所谓逻辑,在现代性叙事中,就表明为是一种强制与定制,是人们对社会规则与社会规范的无可辩驳。它表达与定义着知识、权力、经济规则在现代性当下的呈现方式,但并非它们自身。现代性奠定的核心逻辑就是资本逻辑。一切的时空转换、生产力的推动、人群社会的新陈代谢,都围绕着资本的运作而运作。资本是现代世界生产力的发动机,是社会组织交往规则、交换原则、价值定义的始作俑者,是现代性社会运行的源点和源动力,以及自许的美好生活的目标和期许。那么信息逻辑的出现又意味着什么呢?它更改了资本逻辑的定义了吗?不可否认,信息逻辑同样是一种社会强制,是话语权的霸权和社会强势力的表达。

信息并没有改变资本逻辑的本性,恰恰相反,信息是在强化资本逻辑的存在。信息技术的发展,其实质是为资本开拓出更多的腾挪空间,开辟更多的资本吸附空间,而信息不过是新的掩盖资本本性的新范式。它以看似客观公正的科学、自然的逻辑语言,向人们展示社会机制与秩序的规则合理性与公平性。通过技术向人们展示不掺杂人的主观性的全数据语言和评价,力图展示自身叙事的无可辩驳性。信息是代表资本逻辑的当代语言替身。它用技术的表象掩盖社会关系的复杂性,用技术的手段为复杂的社会结构作"简单"的算法切割与分类,用技术画像表明社会面貌,用技术面貌表达社会真实。信息技术背后是社会的强制,是资本的强制。信息逻辑与资本逻辑是同一事物的不同表达,是资本逻辑在当下的时代代言人,它并不代表资本逻辑本质与方向上的改变,而是为这种方向与本质披上了一件技术的外衣。

资本逻辑在信息技术的重新雕塑下,化身为信息逻辑对人们实行强制,从而帮助信息成为现时期社会规则逻辑强制的代言人。信息革命在变革人们思维方式和生活方式的同时，也在深刻地重塑我们的社会结构，其无所不及的信息化触角已经深入渗透到社会的各个阶层和领域。人们在接受信息技术定制的社会生活的同时，也在欢呼这个信息时代的技术胜利。它可以表现为智能化、智能工具、AI技术，是人类不可缺少的得力助手，但其实在不知不觉中已经在替代我们人类的存在。人们似乎对信息技术无比崇拜，全社会都在用信息技术作为各行各业发展的叙事神话，仿佛只要与信息技术拥抱，与人工智能拥抱，就得到了全世界深情的回馈。人们相信信息革命会给人带来无比美好的生活，自启蒙以来现代性的叙事神话已经被信息技术所接力，继续着神话的现代性传说。人们似乎都处于一种对数据迷信和崇拜的集体狂欢之中，欢呼着智能对世界的驾驭的同时，并没有清醒地看到信息技术对人的本质存在的替代与驾驭。在这种对技术膜拜的盛世狂欢中，处于价值链每个环节的产业都在跃跃欲试与信息技术的联姻，都希望在这个信息革命带来的风口上乘风破浪。这对于市场和资本投机的行业与人们来说，是个绝好的吸附资本、圈钱建领地的好机会。大量以收集、整理、储存和加工数据为名的产业，在不知不觉中已经实现垄断话语权之实。谁占据了数据的高地，谁就拥有了制动别人的法宝，谁就抢占了各类话语权，乃至对行业的垄断和霸权。信息技术帮助人类实现可供量化的维度，尽管这是人类不愿看到与面对的事实。人的主体性被工具性数据与思维方式所定制，在被信息化度量的同时，人有时甚至也可以成为可替代的对象。

曼纽尔·卡斯特（Manuel Castells）撰写了《网络社会的崛起》《认同的力量》《千年终结》，向人们传递了信息化时代的最明显信号。信息时代经济的信息化、社会的网络化以及文化的虚拟化，标志着一个全新信息时代的到来。信息化时代，技术手段不仅没有帮助社会结构与社会差距形成弥合，反而形成了加剧这些结构变迁与变异的助推力量。信息化带来的"数字鸿沟"，其背后实质就是社会各方不平衡力量与不均衡发展在信息化时代下的另一种表现与呈现而已。数字鸿沟表明它早已不是技术的障碍，而是深积社会结构之中各种关系阻碍、力量悬殊、话语强权在新技术形式下表现出来的技术表象。它诞生于社会结构之中,产生于社会不平等之中,技术再次激化了这些矛盾与冲突的对立。信息技术不是解决问题的良方与良药,甚至它本身的存在就不是为了解决问题而存在,不是作为社会良方而存在。信息技术有它自身的使命,尽管各种社会发展的过程会改变它最初的目的,但是一切的发展与围绕,都是为了资本扩张的目的而来。

信息建构了空间,并且是更具精准针对性的建构,也就是说,空间就是按某种意图与目的建构的,在某种意义上已经定制了信息化时代下人们的生存状况。人们无时无刻不处在一种被监控之中。伴随监控技术的进步,监控越来越隐蔽。各种直接安插在服务器上的黑客窃取软件、各类在 App 应用额外要求的用户权限、移动数据的获取、地图探测的路径隐私、个人行踪记录、行踪习惯、商业领域留存的客户信息、各类网站记录的用户购物习惯、网页浏览记录以及社交关系网等诸如此类,都会形成无数的数据流。任何在过去看来不经意的言行,如今都成为具有价值的信息。人的无意识行为,在信息技术看来都具有集体性和可操作性以及可重复性的探测价值。正是这些行为数据的产生、收集、获取,可以为人群画像,为社会关系画像,都会成为某类主体可以操控的对象。人最终成为技术世界的摹本,技术空间成为世界的原形。

我们身处一个技术统治的世界。在这个充满信息能量的活跃世界里,每个人似乎都是挑动技术的高手,但同时也在不经意间沦为技术的奴隶。人们在触屏手机上滑动手指,在键盘上输入信息的刹那间,便已然将自身交付于无边的网络之上,建立起与这个真实世界的虚拟化关联。人越想真实存在,越需要在这虚拟世界之中投入自身的存在,在虚拟世界中建立起自身的存在。这是时代发展的荒谬之处,也是信息时代人的生存悖论。在技术编织的牢笼中,没有人能够幸免,没有人能脱离这种信息世界的存在。信息技术愿意编织这种存在,更愿意在这虚拟的世界中建立起对真实世界的投射。

“在韦伯于 1904 年写的《新教伦理与资本主义精神》一书的核心思想

中，整个'现代经济秩序的庞大宇宙'被视为'一个铁笼'。那种铁的无情的秩序，那种资本主义的、墨守法规的、资产阶级的秩序，以'不可抗拒的力量决定着一切降生于这种机制中的个人的生活。'它必然'决定着人的命运，直到烧光最后一吨化石形态的煤炭'。其实，马克思和尼采——以及托克维尔和卡莱尔和穆勒和克尔恺郭尔和所有其他伟大的 19 世纪批判家们——也都理解现代技术和社会组织是怎样决定人的命运的。"①

　　技术推陈出新的力量成为统治的世界基础，成为世界图景的被模板化建构的无以逃脱的历史命运。人类的真实世界成为虚拟世界的镜像，而不是相反。个体把握世界的基本方式，已经从赖以生存的各类工具，转向无边、带有即时响应效应的网络世界。网络成为人们有力的、看似最可依赖的工具。正因为这种依赖性，网络就成为现实资本世界最得力的开发工具。它可以使人人都变得有需要，有需求，有对信息的渴望，有对信息带来的打发时间消遣的需要。这同时也是资本借助网络，实现无孔不入的最佳通道，并且这种通道就是直接面对的终端个体。网络这种特征，决定了它传递的内容能够立即被观看，同时也意味着能够立即被消费。信息时代网络的碎片化、分裂性、无逻辑、无主体、无深度的存在特征，正从各个维度撕裂人的存在。

　　人的自由选择最终逃脱不了被信息化定制的命运。看似自由的选择，实质上是由层层的设计和意向锁定的精准推销。无论情愿与否，人们都不得不接受这样的技术现实带给人的真实处境：被定制、被锚定、被监控、被推销。信息已然从技术手段跃升至实现了对人的隐秘与权利的侵占。

　　卢曼认为，现代社会是一个由现代性机制反复诱导并衍生复杂性的社会。这种社会简化的机制，只能通过主观世界中，人们相互间给予的信任、权力或爱等这些人类交往方式寻求复杂性的简化机制。而在现代性看来，复杂性问题的解决是依靠更为复杂与庞大的系统去解决。在信息

---

　　① ［美］马歇尔·伯曼. 一切坚固的东西都烟消云散了[M]. 徐大建，张辑译. 北京：商务印书馆，2003：32.

社会环境下,这种通过信息化方式不断建构各类系统的方式愈演愈烈,如通过各种计算去描述与解决在过去看来不可能被描述的主观问题,如信用问题、情感问题、动机问题、目标问题等。所有的人的主观维度都可以通过复杂公式计算并还原出来,以系统制约系统,以复杂制约复杂,以评估制约评估,无数的复杂性被衍生出更多的复杂性,而社会则在层层复杂递进中失去了以往的信任基础。

人的主观世界与情感性认同,在信息社会遭到瓦解。在信奉数据与可视化的年代,人的主观性是最不可靠的社会行动依据。人的主观世界的建构与保留在信息时代成了难题,也是技术不愿解决的问题。甚至在信息技术看来,这不应该成为问题本身。信息乐于见到每一个人在技术照射下都变成了赤裸裸的透明人。所有关于人的主体权利、个体主张以及私人领域的建立,在信息时代看来似乎都是多余。个体的私域不时被信息技术所侵占。个体在公域与私域的边界上徘徊,以至于很难界定自身的存在。公共性对于个体边界的承认与保护,似乎也成了一种难题。这些都是一种潜在的社会风险,对个人边界的界定不清,同时也模糊着人们对民主的认识。

哈贝马斯在其最新出版的《技术官僚统治的漩涡》中,担忧政治民主具有倒退的风险。在哈贝马斯看来,欧债危机发生的背后,实则是民主政治机制向市场的妥协。在这个时代,技术所代表的精英阶层已经接管了对国家权力的行使,并由此技术性地修改了民主统治的形式。技术可以通过削减或代替民主手段来进行政治上的决策。技术官僚的上升,恰是信息化时代必然出现的结果。技术独裁的形成离不开信息技术的支撑与发展。这种技术独裁所带来的民主影响则表明,为了达到某些特定的利益,最好的方式莫过于瓦解传统民主形式中商谈的机制,从而让人们在无形之中放弃对民主争论和商谈的期望,直接走向由技术数据所暗中决定的、带有倾向性的选择。哈贝马斯认为,这种放任技术行使权力的不担当与放任的任意性,恰是技术官僚统治的一个重要特征。

政治被技术所定制,权力被技术所包装,民主被技术所伪装,对民主的操控变为对技术的操纵。技术成为民主的代言人,民主的过程与形式交由数据技术来决策和主导,而这一切看起来又那么公平与公正。人们进行协商的主体被取消了,谈判的主体与对象被式微了。政治民主的协商对象是数据吗? 是技术的发明者或操纵者吗? 这种暗自形成的民主规则偷换了传统以来长期在历史实践中形成的民主概念,瓦解了民主协商的双方,让人们感觉一切都是那么自然而又浑然不觉。谁反对不公,就是反对由技术定义出来的无比精准的规则,这种铁律是经过大数据"民主"得来的,而民主的过程就是大数据人群搜集过来的。个体无法反抗这种搜集得来的"多数人"压倒性意见,大数据就是多数人平行意志的代表意见。整个世界的民主、规则都被无限扩张的数据所驱赶。

"当人们认为技术是一种内容广泛、有特色的生活方式,并且开始要求他们的技术特权时,这些物质上好转的变化终于发生了。更准确地说,当人们竭力想达到技术与自由民主制之混合时,这些变化便发生了;这种混合构成先进工业国家的公共秩序。有理由相信,没有技术,自由民主制度不能实现。现在看来,没有自由民主制度,技术也不能发展兴盛。在任何情况下,假如技术力量是良好有益的,现在能有什么理由传唤技术到道德法庭受审呢?"①但是长远来看,在享受技术带来的新鲜社会成果乐趣之后,人们不得不再次面对由技术带来的社会危机。

面对被技术官僚统治的去民主化的欧洲政治,哈贝马斯试图重新激发起批判理论的新潜能。作为重视社会主体间性的交往、试图打破与重建现代性主体间性的理论家,哈贝马斯敏锐地意识到主体性在数字化时代下陷入更深的社会危机。主体间的交往维度被技术彻底消解。无主体、无主体间性、无沟通主体的技术模式成为时代话语的主体特征。主体性被无情的技术话语还原为简单的机械性的、指令性的社会存在,从而代替人类主体的理性能力、反思批判能力、社会交往能力和民主协商的机会。信息时代逻辑霸权的掌控,表明现代性历史发展阶段陷入深度漩涡

---

① [美]艾尔伯特·鲍尔格曼. 跨越后现代的分界线[M]. 孟庆时译. 北京:商务印书馆,2013:97.

之中。信息逻辑的通行是现代性进程之中不可避免、不可调和的发展悖论。信息时代是对人之主体性实现技术替代与程序否定的时代,人越是希望通过现代性建立美好家园,越容易走向自我消解的悖论局面。信息逻辑重新编译着当代资本逻辑,成为信息技术时代悬于人之主体之上的形而上学。

信息逻辑成为时代的强制与控制,置身于信息时代之中的人们难以置身事外和抽离其中。面对不断深陷的时代漩涡,人的主体性、自由性如何得以在这个冰冷的数据时代面前重新回归,从而不再受数字时代的钳制,不再成为信息替代下的时代多余,这是每一个有社会责任与政治担当勇气的思考者都必须直面的问题。

第四章　信息化城市的空间格局

　　信息与公平本是技术与政治上两个平行的概念,一个代表技术上获取信息与知识的能力,一个代表政治制度的建设水平。公平是一个机制与过程,是追求正义这个理念的社会保障机制与手段。因此,公平是可以具体建构的机制、过程、手段与方法。它可以与社会发展水平相连,同时也具有超越社会的至上性。正义既是一种价值更是一种美德,对公平的认知是对正义理念的不断追求与时代理解,对公平的实现是社会方法的运用。在信息化高度发达的社会里,信息技术可以做到对公平在方法、手段上的控制与操控。在一个可以通过方式方法将公平具象化的时代环境下,对公平的认知很大程度上取决于人们对方法过程这些可视部分的认可。这个方式方法的设计、选择与呈现,则使信息化方式获得了重要的工具意义的体现。它不仅影响了政治与民主的进程,更为深刻之处在于信息可以定义着对民主的理解。公平涉及人群对事物的观点与看法,而来源于不同渠道的对事件的组织加工,对事件的不同表达,对事件的组织与加工,都会影响人们的观点形成。在这一点上,不同的组织方式会产生不同的态度和观念,影响对公平的理解。在社会信息与社会认知来源上,透过大数据不仅可以使人们知道哪些信息,还可以封闭哪些信息。从信息的获取渠道及组织限度上,影响人们对事物的认知,进而改变人们对事物的评价与观念。身处现代性的人们,看似可以遨游在信息的海洋,平等享受信息带来的自由与便利,实际上被一个个信息茧房所包围与操控。
　　信息技术可以编织技术话语,大数据掌控多数人的行为习惯,这些都被用来形成制定决策的依据。社会事件通过数据采集被技术用以呈现,从而形成技术还原的社会事实。面对这种通过数据全景采集获得的社会图景,它的事实如何呈现,社会价值与意义如何判断,这个过程似乎交给了信息技术。技术决策带来的社会秩序能否表达人的真实愿望,数据能否表达人的权利呼声与诉求? 技术在多大程度上还原社会现实,这不得而知。又能在多大程度上帮助人们形成决策,以及是否可信,这同样未知。人的权利与主张在很大程度上被技术之幕所掩盖。在城市空间下,人的主体性被进一步褫夺。空间所表达的秩序,是否真是与人相关并是所期望的权利。或者说,在技术构建的新空间关系下,人们寻求的公平与正义本身又是什么呢? 当我们追求是否有公平与正义时,其实这个问题已经倒至或追溯至其背后更深层次的问题,即什么是空间的权利。

在信息化格局下,技术编织着对权利的理解,用技术去分解对过程的呈现,用看似最中立、最价值无涉的技术方式向人们表达与传递公平的意味与指向。公平与正义变成了程式化机器语言的表达。这本是时代的进步。与此同时,权利本是人与人之间的沟通,但是现在技术充当了这样一个沟通的中介,分解与稀释了权利的目标,而使交流、沟通、协商的主体双方变得虚无,缺少了民主对话的前提与机制,这已经被视作当代的社会民主机制的机器范式。偏离人的主体、人的主观意志的民主,会沦为机器所表达的集体无意识代码。并且,社会关系越是被独立、自由这样原子式个体主义所粉饰和冲淡,越是容易被机器所表达的"代议"所牵制和认同。在这样的信息化时代处下,城市空间能否担当起这种权利的组织与表达的重担呢?

一、空间主体与权利

在现代性的复杂图景中,城市空间既是各类多重空间的集合体,又是这些空间的居中体,是人与空间、技术、社会关系的中介,是多重关系的调适者。人们不仅要生活于其中,而且要被其规制定义生活的样式。在信息化时代下,信息打造的空间已经跃然于城市实体空间之上。信息空间编织着知识、权力的规则,成为现实空间的决策层与操作层,规划并俯视现实空间的布局与走向。在信息打造的空间看来,现实空间是被动、凝重、非智能化的笨拙存在。而要使这个巨大的笨拙体充满能动性,具有灵动性,用技术为其赋能是绝好的做法。为此,信息技术把空间越来越模型化,从而成为可计算、可预算、可操控的对象。数字孪生技术在城市的空间运用上日益发展,使空间有了投射与多重叠加效应。城市空间是人们建构的对象,在层层叠构中,人对虚拟空间的存在越依赖,那么实体空间对人来说反而是抽象、难以从中获得意义体会的存在。技术成为人与人、人与自然之间的一道巨型屏障。人与叠加空间发生交互关系,并且可以越来越远离、脱离自然的真实存在。人在信息技术下却成为空间的反制对象。空间客体被建构得越庞大、越复杂,人的主体性就越丧失,人的生存主体地位越遭受挤压。人在利用技术建造空间的同时,也越来越沦为空间碾压的对象。

在数据冗余时代,信息化生存是自动化技术对人生存方式的颠覆,是信息化空间下人的身份权利不断让渡给信息化系统的过程。人的主体存在与现实世界身份的表明与界定之间存在一个巨大的鸿沟。在信息化时代,人的身份、人的主体权利的确认,都是各种信息的载明与确认的过程。在技术角度来看,人也成为数字洪流中的一个个代码,并且是可利用性极高的符号化存在。作为主体与客体的双重存在,人是集体性的社会存在,那么社会组织性对人的存在就有着至关重要的作用。作为现代性的主体场域,城市空间就担当着社会组织的功能与意味。城市空间形态的形成、打造、变迁,对人的生存处境都起着至关重要的作用。空间带有组织性的公共意味,它既要保障个体的存在,同时又要起着社会公共调节的作用。那么,个体是如何与公共性的空间结合的呢?或者说,个体如何进入公共性的呢?过去,个体进入公共性,还有着清晰或明朗的界限,无论是对个体,还是公共领域而言。至少,人是不需要交付自己的身份的,人可以保留自己的私域权利。

在信息时代下,在虚拟的网络空间下确认自己的主体身份,这是个时代问题。何种信息才能标明人的存在与主体身份?数字描画出来的"你",究竟在多大程度上是"你"?人的身份确认是依据生物特征吗?生物特征同样可以被技术模拟和抄袭。当你按下指纹,或者进行人脸识别的时候,你以为看到的是你,但这时你的生物特征早已被信息技术所图像化和数字化,人的生物特征一旦被数字化,这时候就可以成为能够被复制、传递、转移的符号。人们设置的密码,甚至还没有机器帮你记忆的准确和牢固,并且更有可能暴露在各种技术攻克之下。个体身份在虚拟环境下如此不堪一击。而与此同时,进入网络虚拟空间,又必须是数字化的身份,那么在多大程度上,一个人的身份信息被标识到何种程度,才算是自身主体的代表? 一个人形象的描画与维度刻画,在多大程度上可以表明一个人的特征? 一个人被界定到什么程度,才可能被认为是代表自身? 通过哪些信息,可以区别与辨识你的真实身份? 在这个信息化时代下,信息要多到什么程度,才可以让人界定自己,或者信息要少到什么程度,才能将人与机器,与虚拟世界区别开来? 人会在无限膨胀的信息中失去自己的中心地位,这是智能时代机器与人的权利之争。

分享知识与责任,建设信息共享网络与平台,仿佛是网络信息社会独有的做事特征和风格。由于信息可以带给人们一定的透明性与准入性,它会促使人与网络空间进行合作,并且是越来越深度的合作。这仿佛是一个超现实的时代游戏,人人都与这个时代有了最为密切的关联与合作。对于信息时代的话语建构而言,它很容易让人迷失其作为工具性与目的性的界限,模糊作为交付与让渡权利的界限。这种存在可以把人们联合起来,从而置于一种全球性以及无边界的共同结构之中。这种存在仿佛让人感觉不到世界的差异与国家的边界,而似乎处于一种世界的共在之中,并且这是技术理性编织的世界共同体的共在网。这种世界性的"联合"就像遍及社会神经细胞,能随时感知世界的存在,接收来自世界的信息。

由此,网络空间越来越现实化,物理空间越来越虚拟化。这种危险是显而易见的。技术作为一种"处理"世界的工具化方式,几乎得到所有人不容置疑的肯定。这都有赖于人的身份、主体被技术化之后的让渡。人成为现实与虚拟双重空间的摆渡人,甚至更多情况下分不清哪个才是真实的空间。人的主体与权利成为信息空间下一个个协议主权的输出转让者。人只有不断地将权利让渡给系统，才能在现实社会获得通行证。

在共同信息化时代人与智能机器共生存的背景下，人和作为对象化存在的机器具有某种类似的身份，甚至是可被替代的身份。信息化不仅是人的社会功能，更是自身机能的延伸与权利的让渡。信息化生存方式导致人类自身无奈地让渡出自己的生存本质，信息化时代的生存法则离人的本质越来越远。当生存本质都交给他者时，人的本体论危机出现了。

人的权利一旦放到网络系统中，将变得无权利。计算机网络将人从世界中抽离出来，人的权利与主体可以被还原并被分解为不同类型的数据流。人只不过是系统处理的一个代码而已，这种权利便变得不由自身控制。技术与权利之间似乎存在冲突，技术不是权利，但是可以暗指权利的指向在哪，谁可以拥有这样的权利，这种决策是计算出来的，而不是人们协商出来的。处于信息革命中的人的主体权利遭遇挑战。身份认同成为信息化时代人的存在与本质分离的一个明证。信息对人的主体身份的数字化处理，使得人的存在与人的本质处于一种分离状态。

人身和权利主张变得分离开来。他人可以任意使用，侵犯到个体的利益和权益。空间与权利之间的剥离与距离越来越大，越是身处巨大的空间之内，人的权利主张越困难，乃至对拥有哪些权利都变得模糊不清。权利的抽象性再次被强化。人们甚至不清楚自己能拥有什么，或者在多大程度上拥有什么样的权利。这就引发一个问题的思考，城市空间的主体是谁，是谁进入了城市的空间？是一个个被迫交出主体，从而被符号化的个体吗？

城市空间，是信息的流动与穿梭。过去，城市的现代化之路还是被资本裹挟着社会生产、劳动力，用一种标准化思维来打造城市的同质化发展之路。在信息化的打造下，城市也会不自觉之中按照资本模型，按照信息化标准来建造城市。那么，谁能够在这标准化思维中站出来，作为人的主体需求的代言人呢？城市从来就没有停下脚步去思考什么样的城市空间是人们需要的。城市权利归根到底是人的权利,而不是空间代码。人们行使的权利,考虑的应是人的感受如何,而不是依据数据对人的控制。

对城市的注解中,城市化运动是不可忽视的力量与现象。伴随着城市问题与矛盾的突出,结构性的生成矛盾日益显现,城市化运动在其特定的运动目标、运动主体以及特殊的行动方式引导下,以空间的形式暗中集结起来。而对这样一个时代问题的解答,我们仍需回到马克思政治学批判的结构中去。

如果说城市化运动是在新时空关系下不可避免的爆发形式,那么,我们则会进一步询问,这种新运动的主体力量是谁,作为城市社会群体,它集结的方式如何? 马克思理论中阶级关系的二元结构是否已替代,或者如何被城市的多元结构所承接。

在资本主义新的时代背景下,认为马克思主义传统意义上的固定在某个国家范围内的工人阶级、无产阶级不再能够担当革命重任的观念,一直为 1968 年之后的西方左派学者认同。马尔库塞在《反革命和造反》中指出,在后资本主义社会中,由于工人阶级的物质需要得到满足,生活水平大幅改进,思想已经被统治阶级同化,从而放弃了革命的想法。高兹在分析产业工人阶级在西方各国剧减的现实情况时也指出,由于劳动已经改变,相应地劳动者也已经改变,工业劳动阶级由于其所处环境的不稳定性和所担负的工作性质,已不能承担经济的、技术的和政治的权力的使命。他所推出的新的社会主体是既与传统工人阶级相区分的,也与特定集团无关的非工人的非阶级(non-class of non-workers),这是由失业者、偶尔工作者、短期或临时工作者组成的“后工业无产阶级”,是被社会边缘化了的阶级,是逃脱了或拒绝了资本主义生产方式的阶级。

阶级观念与阶级意识是在新的历史条件下,自卢卡奇以来就对马克思阶级观念的延伸思考。自卢卡奇以来的主流西方马克思主义逐渐放弃从资本主义生产和技术进步去寻找革命潜力和动力的尝试,而将触角伸入意识形态、文化、艺术、美学、主体。即使立足于马克思的劳动价值学说中寻找革命主体,也伴随着一种误解。一些理论家认为,马克思是从物质生产中推导出阶级的概念，从而发现社会革命力量的主体。那么，随着资本主义工业化的转型，社会财富不再是从工业物质实体生产中获得，而是利用现代科技与信息服务，从一种非物质劳动生产中集中社会财富，从而社会生产越来越朝向非物质劳动生产。① 如此一来，隶属于工业物质生产的工人概念消失了，阶级的概念也冲散了。易言之，与物质劳动生产相对应的是阶级概念与阶级力量，与非物质劳动生产对应的力量，则应该从新的社会结构中寻找，这是以哈特为代表的许多理论家所持的观点。在哈特、奈格里看来，马克思的立足点严格遵循的是从交换领域转入生产领域，致力于从生产领域找到社会不平等的本质从而找到反对资本奴役的真正的革命力量。因此，哈特、耐格里从非物质劳动中推出多众的概念。

多众带来的社会及政治意义在于，资本主义看似无懈可击的社会规制与规则，在社会树立的同时也为自身积蓄了更多具有革命性潜力的政治主体。面对资本新的盘剥形式，曾经不属于工人阶级范畴的众多社会群体以一种更为显著的方式联合在了一起，创造了共同的关联和共同的社会形式，以更为主动的合作而构成了多众——一个更具有包容性、更能抵抗资本统治的大范围的政治主体。多众以非物质劳动者的形象出现，决定了它不仅仅是一个生产领域的主体，而是涵盖一切人类生活领域的主体，是工人阶级退出历史舞台之后的一个更广范围的、更具合作的、更具革命性的政治主体。在他们看来，多众包括饱受资本奴役的传统工人阶级、合法或非法的移民、一无所有但又富有能量的穷人，它还容纳了学生、妇女、黑人、同性恋者等其他一切边缘人。

在资本主义扩张所向披靡实现全面的统治时，多众作为反权力、反压迫，通过斗争促使帝国生成，又必将推翻帝国的过程。在哈特、奈格里看来，多众在资本生产方式中显露了自己的面貌，它就是被资本机制所奴役、剥削的，又具有革命精神的革命主体，就是资本主义发展到后现代主

---

① 什么是非物质劳动呢？在《帝国》中，两位作者明确地将其界定为"生产非物质产品的劳动"，并且分为三种类型：已经被信息化和融合了先进通信技术的大工业生产劳动、分析创造性的和日常象征性的劳动、人类交际和互动的情感性劳动。

义时代对抗资本主权的革命主体。

多众能否成为社会运动的主体,这是需要进一步思考的。哈维认为,资本积累的方式、生产方式决定着地理形态的分布,以及与后福特主义的柔性生产相关联的生产链。社会运动的力量来源是针对城市的特殊空间而言的。身处其中的人们是一个压制、被定制的社会身份。这只能表明,这种集结的力量变得更复杂了。原子化的个人,他们的社会应当性、道德应当性、社会统合性是通过更大的公共空间来形成统合力量的,因此,他们比往常更强调公共性,公共性代表平等性,因此他们的权力诉求、斗争的主题,都是围绕公共性的社会空间而展开的。空间争夺,这种空间包含着生存权利、个人身份的认同和界定乃至获得尊重。

在领会马克思的阶级概念时,常常有一种误导的观念,认为马克思从劳动中发现阶级的概念。劳动是马克思历史唯物主义的核心概念,但是并不能简单地从劳动中推导出阶级的概念。劳动作为人的本质力量的展现,是一种没有经过工业生产异化的本真劳动。而在资本主义方式下,人们的劳动是处于资本与劳动对立之中的异化形式。马克思的价值概念是在这种劳动与资本对立之中展开的,只有在这种对立的劳动生产中,商品的价值才有它真正的来源,也只有在这种生产方式下,作为出卖劳动力的一方与作为资本拥有的一方才有根本的阶级对立。在这种言说下,只要有资本逻辑的存在,只要资本主义生产方式存在,这种阶级的概念就不会轻易地在历史中消失。

资本主义的生产方式取消了传统封建社会中的封建等级与身份认同,取而代之的只有被资本等同化的自身,依资本而量度的自身。在这种生产方式下,只有不断细分职业分工。随着资本主义在新的时空序列中生产方式的不断跳转,这种资本渗透分子化的方式以及过程也在潜移默化地在空间组织形式中改变社会多元体的联合,更冲淡了所谓的阶级联盟。资本主义以社会空间的形式将阶级关系进行转化——取消人们传统认知的二元阶级对立,将社会关系以一种更为复杂的分子化形式弥漫于城市的社会空间当中。

那么,在新的信息化城市空间结构里,城市空间的主体,它的主体力量是谁呢？或者说,面对新的空间形式与内涵,在新的信息化格局下,如何在新的形势下找到新的革命的力量。"多众"意在重新开启马克思阶级斗争的政治方案,重新置换出全球化资本主义时代反抗资本逻辑的新革命力量。在哈特、奈格里看来,适应全球化资本主义条件下的革命形势,一个重要的努力就是重新思考马克思的无产阶级概念,重新认识它的革命力量、它的构成的变化。资本主义的剥削关系已经扩展到一切地方,不再局限于工厂,而遍及整个社会生活的所有领域。在非物质劳动形式下,资本主义的剥削无论从广度还是从深度上都有所增强。就广度而言,非物质劳动几乎遍及了全球的所有空间,成为所有劳动必然采取或即将采取的形式,资本所要求的劳动呈现出共同性。就深度而言,非物质劳动取消了每个人的劳动时间与生活时间的区分从而渗透到所有人的生活中,甚至肉体与心灵中。资本榨取的不再是劳动力在特定时间、特定场所的劳动,而是所有劳动者的劳动力自身。多众因此应该包括所有从事生产的人,应属于普遍化的生产方式下联合的力量,无产阶级只不过是作为具有更多内容的阶级的一个部分而存在。

如果说,在信息时代之前的资本对城市的注入形态里,空间的主体与权利还是以阶级、阶层为划分的突显人的主体性存在,那么,到了信息化时代,我们再来审视空间主体时,则会发现空间形态已经发生变化。这对空间权利的诉求主体、诉求形式都产生了颠覆性的影响。首先是空间权利诉求主体,作为人的主体性地位的变更。进入空间的都是作为主体性存在的人的虚拟化身份。可以说,作为现实存在的人的个体身份消失了。

二、技术、权力与空间决策

空间权利的实现是一个连续的过程,这其中涉及空间权利的提出、空间问题的决策,以及谁有权力来代表和做出这种决策。现代性的精神在于希望从稳定的知识体系中获取一种确定性,并且这种确定性可以运用于政治思想领域和对社会的管理与控制中。英国学者杰拉德·德兰蒂认

为，"传统的观点认为现代性就是用科学确定性的合法化来取代教会的合
法化，从而用一种起源和奠基行动取代另一种起源和奠基行动。这种观
点需要修正，因为现代性所带来的知识文化是一种不确定性更甚的文化，
它伴随着如下信念：人类的认知力量很少能认知可能世界，因为知识总是
局限于经过中介的经验。"①知识的来源与认知，对于现代性的理解与发
现，并且熟练运用于现代性管理之中变得至关重要。现代性的知识体系
建立在对传统神学的否定与打破基础上，怀疑主义成为现代性知识思想
来源与认知建构的思想先锋。从人类思维认知角度出发，摒弃神学主义
尊崇与束缚，并在工具性实践经验累积中形成的现代知识成为现代性建
构世界的基础。知识的来源、限度决定着现代性社会的发展程度，与此同
时，真理成为阶段性的认知标尺，任何知识只不过是形成更高阶段认知前
的某个环节和中介。追求真理是绝对性的目标，但任何真理不过是认知
阶段的相对性呈现。知识的探索过程就是不断打破这个真理标尺、去除
思维中认知中介和环节的过程。"知识的关键力量源于承认一切形式的
人类经验都是经过中介的。揭示这些中介结构是这里所提出的现代性理
论的核心任务之一。"②知识对于现实的构建具有重要的意义，也是现代
性社会形成自我认知的起点。"对黑格尔来说，现实是由知识构成的，而
知识始终是批判。黑格尔所说的批判是指一种改变其对象的知识形式，
这与康德那种仅仅是自我限制的批判相对立。这样，知识和现实是辩证
地形成的。因此，批判的知识对黑格尔来说是一种产生意识的形式，而知
识的最高形式就是作为自我意识的意识。"③知识是形成现代社会意识的
来源，它对于权力、社会管理的形成有着直接的关联。

　　过去，权力来源于知识，知识凝结着权力。知识意味着对信息、对未

---

　　① ［英］杰拉德·德兰蒂. 现代性与后现代性：知识、权力与自我［M］. 李瑞华译. 北京：商
务印书馆 2012：2.
　　② ［英］杰拉德·德兰蒂. 现代性与后现代性：知识、权力与自我［M］. 李瑞华译. 北京：商
务印书馆 2012：3.
　　③ ［英］杰拉德·德兰蒂. 现代性与后现代性：知识、权力与自我［M］. 李瑞华译. 北京：商
务印书馆 2012：21.

知领域的占有。这种占有的优势在于获取知识的路径,进而表明一个群体对另一个群体的优势。而如今,技术的发达使知识的获取不再具有稀缺性。技术会为权力服务吗? 技术与权力不是因果关系,而是平行融合的关系。谁越能把握空间的信息,谁就越能具有某种话语权,而这种话语权是否连接并转化为政治权力,这需要社会的政治机制的制约与约束,从而界定出相应的技术权、话语权和政治权力。

关于权力的现代话语,即权力必须受到限制,并且最终是由统治者和被统治者之间的社会契约来合法化的。权力转变为合法化权威是现代性的核心信条之一。现代性为这个问题找到的解决方案使现代人面临某种偶然性和不确定性:权力不能一劳永逸地被确证为权威,因而闭合的时刻永远不能够确立。导致此种状况发生所需的中介领域从古代权威转变为公共话语,而公共话语的主要特征就是极端的不确定性。由于公共话语是在交往中形成的,所以不可能是一个闭合的状态与结果。交往在现代社会中的核心地位已成为现代性最重要的表达之一。社会空间绝不会被固化的权力栖居。

空间决策仍需要民主这个机制。"现代自由主义民主制度是自由主义和民主的结合。现代性的钟摆在这里也开始了它的摆动:一时是自由主义的方面占得上风,一时是民主的方面把自由主义推入背景。现代性生存的最佳条件是自由主义的方面与制度同民主的方面与制度之间的平衡的暂时恢复,这种暂时的平衡出现在并贯穿于现代性的动力之中。"①然而,这种民主机制在信息化时代也发生了变化。民主制度,是保证公民各种合法权利及利益获得的政治体制。因此,民主是一种机制与过程,而非结果,它不是既定和一成不变的。当然,对民主过程的看待,对民主的理解都受到社会条件等因素的影响。技术是决定社会生产力的重要因素,同时也是扩大提升民众社会认知的重要因素与力量。技术并不是直接决定与影响民主,但是技术却会带来新的社会认知。从技术到民主,是

① [匈]阿格尼丝·赫勒. 现代性理论[M]. 李瑞华译. 北京:商务印书馆,2005:158.

有一个社会认知的环节与过程在里面。社会认知的过程是一个渐进的过程，它需要人们的思考、社会实践以及反复历练后得出来的结果，从而提升对社会的意识。它并不是直接由技术决定民主的过程与操作。但是如今，这种意识、理解与消化的过程都被信息技术直接略过，技术可以跨越人们对其认知与理解的阶段而直接进行社会决策。这对整个社会来说，是件很危险的事情。如果这种过程越是能够受到技术影响与控制，那么技术对民主的影响也就越大。这必然带来传统民主机制与形式的冲击与瓦解。

信息革命对于传统民主体制的打击，首先在于，消息的传播渠道与社会认知面改变了。信息传导的方式也变了，这直接动摇了民主的根基。现如今，网络带来的虚拟空间交往更甚于现实的交往，网络社群层出不穷。网络身份的多元与宽泛，使得人们难以对自身的身份进行界定。越来越多的人忙于网络社交。现在人们接触世界的方式更多是在网络空间里，而鲜有与真实世界接触的机会，社会认知也多来源于网络。人们进入公共社会的门槛低了，这就使得人们对民主形成了一种误解，误以为民主就是全民性参与，误以为人人发声就是民主的表现形式。消息在现如今，似乎比任何时期更容易获得。信息的传播速度与范围更快也更广泛，传播的链条也是更加多元更容易扩散。只要有一条新闻容易引起群体兴趣，不管是哪个阶层的人，都会迅速收到消息的各种转发。这和传统来源的新闻不一样。各类自媒体、视频、文字的博人眼球，只要被热搜、转发、浏览有了传播的热度，就能成为新闻。这和传统的媒体不再相同。传统的媒体对新闻进行价值的筛选，只有具有价值的消息，能够普遍反映社会存在的才可以成为新闻，是有一个前端的价值预判和筛选。这也是为什么主流媒体能够紧跟时代节奏，把握社会深度的意义所在。因此，我们看到有责任、担当，能够深度报道的传统媒体的报道水平就是在于对社会存在的挖掘。而现在流行的则是热度先行，是娱乐化的信息碎片与轰炸，是否有社会价值变得不再重要。只要有众多人浏览，内容本身已经不再重要。因此，当信息传到你这里时，它已经有了事先的发酵，它已经帮你形成了判断，而不管是否有价值，是否符合你的价值。对于负面事件，更是容易受到网络传播与发酵。网络世界的社会化共情仿佛成了网络社会存在的主要特征。网络的直白化容易成为个体情绪发泄的一个窗口，并且这种情绪极易被渲染。这种平民化式的共景式感受，极易把人进行代入，从而迅速形成群体民愤。渐渐地，大众无意识的选择，往往会形成某种社会认知。不明真相的人群极易被网络风潮所鼓动。社会思潮也会在这种暗潮汹涌中形成。

　　网络使人与人更容易连接，更容易形成一大群乌合之众，更容易形成一个封闭的"壳世界"，而且作为个体存在的人，其获取信息不是更多元了，而是更加封闭了。为什么这么说呢？网络社群中群组的建立，都是因为某个共同的需要和指向、目的而集结在一起的，这似乎是建立之初的意义，能够找到属于自己的同声。在一个容易被情绪带动的共同群组下，如果一个人抗议，或故意捏造一个事件，大家极易在群里群情激愤，而不去分辨事情的真相。大量假新闻和假信息充斥其中，很多人无法分辨。在壳世界里，更容易树立起一个话语的靶向。任何一件支持或反对的事件，都可通过网络迅速集结一群响应者。网络共情能力因为瞬时连接变得更具调动性。

　　信息革命改变了人们的聚集和组织方式。以往没有社群网络的年代，人们分散在世界各地，很难在现实中走到一起来。可如今社群网络创造了这样的条件，让他们可以因某种意愿聚集起来，创建了一个"壳世界"。在这壳世界里，相同意识形态、相同政治主张、相同属性的人，在一起相互打气和鼓励。在封闭的社群里整天都流传着符合群组成员价值观的东西。这个壳世界里的人越多，越庞大，则越难以实现民主。同属性壳世界里的人越多，越会形成群情共愤的情绪而变得极端，越排斥外界不同的声音。只要有不同的声音，壳世界里的人就群起而攻之，网络空间中大量充斥着抹黑与谩骂。壳世界，是一个不允许存在不同声音的"集合体"。

　　民主需要一个价值判断能够作为社会的引导。这种价值判断又连接着社会伦理、社会责任以及由此带来的情感、价值与认同。在信息社会，人与人真实的面对面的交流已经变得稀缺。交流依赖的是社群网络,是推特、脸书、微博等社会媒体平台。在信息打造的"垄断式"交往平台下,出于自觉或被迫,人们能运用的就只有这种方式,一群天南海北、不分地域的人因某种主题聚合在一起,社群变得可定义、可选择。貌似人们的选择多了,其实等于没有选择。人们活在自我定义的世界里,而不会去关心在"选择"之外的世界。那么在这种为个体定义和打造的社群网络中,个体就会选择其只想看到的东西。当选择某种观点或在选择中无意形成的观念,人们就会同化这种观点,而更加排斥在选择之外的观念,并且会按自己的观念去选择和自己有同样观念的网络群体。他们变得更易连接与沟通,甚至更易安插观点。比如一个人支持移民,那么他在推特和脸书上,所关注的大多数人,都是和他一样也是支持移民的,他们整天放的也都是关于支持移民的新闻和信息。他根本就不会去看那些反移民的人在发什么东西,即便偶尔看看也是以批判的眼光去看。安插各类在各个茧房里,各类 App 的设计原则就是对人群、内容的精准分类与链接。这是呈现给个体所看到的一个属于每个人的"壳世界",可在这个壳之外的世界又是什么样的呢? 壳之外的世界是,更多的人在反移民,反移民者也只关注反移民的推特和脸书,对于支持移民的推特和脸书嗤之以鼻。

在科技带动的信息革命中,传统的媒体式微了。传统的媒体意味着一个相对来自各方面的声音和观点。可社群网络出现后,推特、脸书出现后,人们就被封闭在自己的社群网络里了。作为个体,只会关注和自己有同样意识形态、同样政治倾向的人,这样一来,大量的不同的声音就被屏蔽了。而且随着信息智能化的推进,社群网络发现人们关注某类话题或新闻较多,就会自动推荐某类话题的热门文章。人们现在不是看新闻,而是刷新闻。网络无边无尽的海量信息,却给世界带来无底洞与无尽的虚幻。这种看似人性化的智能推荐,实则是令人越来越封闭,建立起一个听不进任何其他意见,只沉浸在令自我觉得舒服的世界里。在这样一个循环建构的自我封闭世界里,个体主观意识被放大,个体的社会教化越来越依赖于这种虚拟的网络社会,从而缺少与社会真实互动的人。人格的养成却成了碎片化的网络空间。网络空间带来的不是人格完整，而是无数碎片化的意识冲击着人们。

信息社会不是更开放了，而是会建立起一个个封闭的网络社群，一个个封闭个体认知世界的"壳世界"，它既不开放，也谈不上平等，更遑论社会交流与协商了。它是一个社群之中的人们越来越固执己见、听不进外界意见的独立自我世界，因为这个世界的包裹，是用信息打造的一层坚硬的固化"外壳"。

信息革命带来的网络社群，让人越来越被割裂，越来越接触不到不同声音的特性，使得社会交往处于封闭状态，交往与协商的流动性越来越小。哈贝马斯、霍耐特在现代性的反叛之中，都试图建立一个交往的世界，而这个交往的基础便是尊重和承认，以及协商。而现在，这种交往的根基在不断瓦解。信息革命，抛弃的是开放、自由、平等、交流和协商的方式与通道，它革的正是民主的根基。信息革命成为直接扼杀当代民主体制的元凶。当代的民主体制，无论是欧洲还是美国，都需要重新面对这场信息革命带来的政治变革。

在这种同类相惜的壳世界里，人们反而更容易受到观念牵引与操纵。以往的社会条件下，控制民众的思想与观点是一个颇费力气的事情，要消耗大量的组织与机构，以及相应的游说，并且要实现对多数人以及特定人群、广泛人群的管控与监管，怎么都是一件费力气的事。这在技术没有出现以前，可谓是一件困难的事，而如今有了技术手段的助攻，一切变得简单而又隐蔽，甚至没有游说之嫌。在美国总统大选中，信息技术可以进行民主意愿的操控，使之成为程度合法的政治竞选。竞选团队利用信息技术，在网络社群成立一个个群组，发布具有指向性的消息，当然这些指向性通常做得很隐蔽，让人浑然不觉。而与此同时，又能搜集投票人的各类信息，从而判断他们的意愿与倾向。这使得竞选更像是机器意志间的赛备，而人只是充当一个肉身代表。这在以往社会条件下是不可想象的。人作为一种能够影响社会力量的群体性存在，主体地位被瓦解了。人的观念可以被技术所引导与左右，社会发声的主体传统性的存在方式消失了。

　　技术可以左右人们的观点形成,那么对社会的管控会变得轻松吗?传统的民主机制在于协商与对话,而协商与对话的前提是双方都在场。这个在场是指协商与对话的双方或多方,都能够作为协商与对话的主体而存在。这种主体能够进入协商与对话的机制中去,能够成为谈判的主体力量,具有独立的意志和集体的代表性。而我们再审视当下,传统民主的样式还在,但是协商的主体双方或多方却被瓦解与稀释了,已经找不到可以对话的主体双方的存在了。技术改变了群体的样态,从而消解了群体的存在。这是技术时代对民主的更改,更是技术瓦解民主方式的凯歌。而身处其中的人们,群体意识与意志被瓦解,作为管理的政府面对传统人群的消失,其展开对话的对象也随之消失与瓦解。可这对于社会的管理,并不是一件好的事情。我们可以看到,在法国,信息革命带来的传统民主的颠覆令人头痛不已。这已经成为当下信息社会传统民主被瓦解的时代信号。可以说,网络社群的崛起,作为时代表达方式急剧转变的急先锋,已经开始摧毁法国的民主制度。这几年肆无忌惮的"黄背心运动"的引发与持续发酵,便是一个典型的事件。

　　这场黄背心运动的底层逻辑,就是植根于网络社群,由网络方式引导的一场无领导、无组织、无规矩的三无社会运动。在传统社会方式下,人们在表达民主呼声、表达社会不满与抗议时,通常是由强大的工会组织来进行,通过联合起来的罢工抗议等行为,来为自己争取合法权益。进入谈判的主体力量是政府和工会领袖。也就是说,社会运动发生与解决的主体均在场,均有独立的意志代表来进入对话与协商的解决机制。但是今天民主抗议的形式,在信息化时代却发生了重大变革。

　　是否有组织在当下已不再重要,并且在网络形式下很难找出一个组织,或者说,任何个体或网络形式都不能成为或代表一个组织。为此,如果想要引发社会运动,只需要有一个能够引发社会舆论的议题。这种引发带来的力量,便是在网络社群里迅速聚集起随议题而前来的网络群体。传统民主协商的组织,由工会组织成了由议题引发的社群组织。当有人在推特上发一篇《高油价,让我带着两个孩子一起自杀》来抗议法国涨燃油税的文章。这篇文章因为戳中老百姓当下生活成本越来越高的痛点，在很短的时间内就可以不断被转发与阅读，很容易形成一个关于"高油价的网络议题"。该议题的广泛传播与持续发酵，能够迅速集结起一股反抗力量，于是对高油价不满的朋友，于某年某月某时，根据网络带来的引导与约定，一起身穿黄背心去凯旋门游行抗议。导致的结果便是到了约定的时间，十几万群众准时身穿黄背心出现在巴黎的大街小巷，一起抗议高油价，一起抗议涨燃油税。

由网络带来的舆论议题而进行的社会反抗与呼声，能够在更短的时间内、更广的空间范围内带来群体的响应。这与传统社会中，社会运动都是由社会问题的累积性积存而导致的爆发，在问题导向上似乎无异。但是，现如今技术改变的，不仅是提升了社会群体的响应速度与方式，重点还在于它改变了民主对话机制中双方主体的存在，由此破坏了民主对话的可能。

为什么说由网络社群引发的抗议，是对民主制度的摧毁呢？因为在这种方式下，它使民主的核心价值丧失，也就是协商的基础已经不存在了。首先，民主并不是人多就有道理，更不是"多数人的暴政"。而网络引发的社群民众，更多的是由网络舆论引导而形成的人群，对社会问题的看法与理解不一，观念参差不齐，并不是能够真正对问题进行分析与判断，而往往容易形成一种网络盲从与随众。每个人的想法与诉求并不一致，只是随风起浪，而并没有直面问题本身。其次，民主的核心是协商，是针对问题带来的分辨与理解，能够根据双方的对话问题焦点进行对话与协商，从而双方做出相应妥协并促进问题的解决。这才是积极有效的民主方式。可是由网络社群引发起的抗议，完全缺乏这个"协商核心"与主体。过去抗议是工会组织，是一个经由社会考量与分析过后而产生的较为理性的社会问题，是真正作为社会问题、能够成为社会问题而存在的问题。由此，这个真正社会问题的代表就是工会组织领袖，由他出面表达这样一种诉求，从而政府也有了明确的对话主体。对话与协商的双方，主体力量都明确，主体意志也十分明确，都是能够代表各自意志与立场的独立和真实存在。由此,民主协商才可以进行下去,并且协商的过程和意见会被各自所代表的集体所接受。可如今网络形成的抗议是由网络议题引发与集结而成的,几十万人是看到推特上转发的热门话题才上街的。那么作为社会管理者的政府,他协商的对象是谁呢?是那个写议题的作者吗?显然不是。协商的对象已经消失了。

网络议题的操刀者只是话题的发起者,但不能由此说其是组织者,更不可能真正成为领导者,庞大的网络随从者以及由之形成的街头抗议者也不会认同他做代表。由此引发一个解决问题的难点,即政府想要通过民主协商的机制来解决问题,那么应该找谁协商呢?在这种形式下产生的网络抗议,法国政府找不到任何具体协商的对象。网络社群来源于虚拟世界的人群存在,但是在现实中却难以形成一个有形的组织。法国政府对此也是无奈。因为网络社群所引发的就是个空泛的社会风潮与虚拟代码,在现实中是找不到其存在的有形之形式的。其无组织无规范无人群的三无虚拟形式,其中一个不具备任何组织实体的抗议运动,政府对其的管理就会变得束手无策。这是技术带来的超现实时代对民主形成的挑战与难题。法国总统如果想解决问题,想找"黄背心"的代表来谈判的话,也变成无人可谈的局面,这给政府管理带来新的难题。大量的"黄背心"参与者在接受采访时说,"我们都是'黄背心',我们没有领导者,我们也不接受任何人的领导"。在网络去中心化的时代,网络的一个核心观念就是去中心化,从而让社会组织变得没有主体与没有中心。网络带来的虚拟世界,其建构基础与逻辑就是打造面向人人可用可开放的空间。当遭遇传统民主式的协商时,那么在这场运动中则完全找不到任何中心。失去对话主体的民主协商,在技术时代则成为缺失灵魂的空壳。那么没有民主协商的对象,"黄背心"运动就只有两种极端结果:一种是政府开始暴力镇压,一种是政府单方面完全让步。作为民主典范的法国,当然不可能采取全面暴力镇压的行动。马克龙总统选择了政府单方面让步。马克龙发表电视讲话,宣布不征收燃油税了,"黄背心"运动赢了。可"黄背心"的胜利,绝不代表问题的解决,相反它代表了更大问题的爆发。

政府的单方面让步,会使抗议主题层出不穷。新文章《高税收,让我带着两个孩子一起自杀》再次诞生于网络社群。同样的如法炮制,政府不得不反复面对。"议题组织"从高油价转到了高税收,于是抗议继续。因为无人与之协商,这更像是政府面对社会问题无人协商时,只能进行独角戏。政府就要不断地在暴力镇压与单方面让步之间进行选择。如果政府又让步了,那么这种无休止的网络社群引发的运动又胜利了。由此而形成无休止的循环往复,但对于事情的核心与社会局面的控制并没有任何实质性的面对与解决。这种无休无止的由社群网络组织引起的抗议,彻底颠覆民主的核心价值,让民主得以运转的根基不复存在。在过去的几年中,法国政府意识到这种新型民主危机时,马克龙总统开始走基层,亲自去法国各个城市乡镇,把众多市长镇长叫到一起,亲自和他们协商解决问题的方法。将这些由当地百姓亲自选出来的市长镇长,作为民主协商的目标,然后再由这些市长镇长,去和最基层的老百姓协商。这种分层民主协商制,是目前马克龙想出来的对付无组织、无领导的"黄背心"运动的唯一方法。但这种做法完全不可持续。大量的精力耗费,无休止的沟通和巨大的沟通成本,都使面对面的民主沟通成为不可能。网络社群巨大无边,无影无形但是确确实实瓦解了民主的核心。技术试图以一种简化的机制来实现对社会、对人群的管控,它可以诱导人们做出判断与选择,但是面对由这种技术导致的社会后果,对群体的管控不是更加有效,而是走向失范与混乱。技术并没有走向它所许诺的美好。"由于技术的本质不是技术性的,所以作为现代性之支配性世界解释的科学的本质也不是'科学的'。进而言之,它很难被等同于'科学精神'。"[1]我们在一个技术的时代下,对民主的形式与内核,做出不同的技术注解。

在信息革命时代,如何进行有效的民主沟通?我们过去以为,信息革命将打造一个更快速、更自由、更平等、更民主的世界。社群网络的出现相当于搭建了一个真正的地球村,不同的声音都将在这个公开的平台上

---

① [匈]阿格尼丝·赫勒. 现代性理论[M]. 李瑞华译. 北京:商务印书馆,2005:111.

发声。大家一起积极地民主辩论,积极地进行思想碰撞,让真理的火花在多元化的碰撞中越发璀璨。然而现实却和我们设想的正好相反,开放的自由网络平台,不是创建一个开放多元的交流对话机制,而是运用技术造就了一个个信息密闭体。技术走向了其理性设计的反面。技术思维是一种简化,却连同人的社会伦理与情感道德一起简化并忽略掉了,而沦为一个个无情感的技术壳。而冷冰冰的技术与理性,使得每一个技术壳变得越来越冷漠,越来越事不关己,越来越难以与他者形成关联,从而漂浮于虚幻的社会网络中。每一个鲜活的个体,一旦进入某个壳世界,便会成为毫无特征,只作为符号意义而存在的虚拟肉身与代码,受到技术引导的各种操控,并有进一步沦为乌合之众的潜在危险。技术膨胀导致的理性协商的崩塌,最直接的后果就是导致了西方社会传统民主制度的摇摇欲坠。当无组织、无领导、无管理的社群网络冲击着这个被西方人认为是世界最优制度的民主体制时,世界的面貌为之发生改变。

自由的背面是混乱,技术试图打造出人人皆可畅所欲言的平台,但是出现的却是一个个排外的壳世界。无主与多众,是现代社会出现的问题。民众的观念、想法、意识散发像空气一样弥漫在无边的空间里,可以时刻感知他们的存在,但想把他们捕捉到,却似乎不可能。科技革命是改变政治体制的有效利器。法国民主制度的诞生,一个很大的背景是 18 世纪欧洲科技革命,也就是我们说的第一次工业革命。当最早的工业革命发生时,机器代替了人力,造成了生产力的极大提升。工业时代的发展、资本独立进行社会主张的诉求,使民主的现代形式都有分化与提升的可能。在社会中出现了独立的,既对立又具有各自鲜明独立主张与立场的社会力量对抗体,这都为现代民主的生成提供了最基本的基础与内核。法国资本家们开始提出政治诉求,很快促成了三级会议机制。这种富有现代性特征的民主机制,最终导致法国君主制的土崩瓦解。

如果不是科技革命的巨大力量推动,并且带来生产力的大爆发,那么资产阶级的影响力不可能提升得那么快,政治体制的革命到来也不会这么快。科技革命一直引领着政治体制不断进行改革与自我革命。1789

年,法国大革命挑战传统王权,建立共和制民主国家。而今,人类又走到了这个技术提升改变社会形态的历史当口,在民主制度的背景下,正经历着信息革命的变革,技术正在用新的解构方式来挑战不断变化的民主形式。当今的民主制度越来越无法适应"信息革命"带来的挑战,无法适应新的社群组织方式,以及人与人的连接和沟通方式。民主是人群社会正常运行的机制,但在不断面临新的科技、新的生产力带来的人群组织方式的挑战。这一轮科技革命以信息革命为先驱,紧跟而来的必然是机器智能带给社会来自情感、伦理、法律等方面的挑战。民主机制要不断适应这种挑战。

"尼采曾经说过,戴着镣铐跳舞并不难。从镣铐中解脱之后跳舞更困难。如果不再有任何舞谱,跳起舞来就更困难。没有舞谱就只剩下一系列即兴表演,因为舞者必须自始至终进行即兴创作。他们不知道他们的舞是令人快乐还是令人不快,不知道它是否向观者传达了一种意义。你不确定是否有或将会有观众;你即兴表演,但剧院仍有可能空无一人。没有什么可以预知。"①现代性社会的技术统治便是如此。信息技术认为世界在其手下,无所不能。信息技术创造社会的能动性,打造人群、规制人群的同时,却也在不断地消解人群的存在,进而就是制度得以形成的本身以及存在的先决条件。在新的时代主题与发展旋律下,技术与知识、技术与权力、技术与民主,它们之间的关系以及决策依据,必须经过作为主体的人的审慎思考。缺少这个过程,任何过度无边界的技术发展,最终都走向社会发展的虚空。

三、城市正义的空间路径

随着生产力水平的提高,空间带给现代性的置转能量已经愈发突出。人们只有在马克思的资本批判理论里,才能看到时空的现代性肌理,即利用时间空间的加速周转与置换实现对资本的增殖。时空构成了现代性的

---

① [匈]阿格尼丝·赫勒. 现代性理论[M].李瑞华译. 北京:商务印书馆,2005:211.

基本维度,不断更新与加速了人们的生存体验,构建了现代人无可逃脱的生存世界。现代人的权利与主张必须通过时空编织的社会关系空间,才能得以体现与实现。在资本发展的早期,人的价值维度与生产劳动密不可分,发生的权利维度体现在以时间积累的劳动维度中。人们向劳动时间申请与主张自己的权利,在劳动价值中看到自身的价值,这是以劳动积累为标尺的权利体现。在资本发展后期及当下,当时空发生置转后,权力的主张与呈现也发生了置转与重大变化。过去,人们试图从时间维度的劳动时间中寻求解决,寻求公平与正义的对待,必须从以时间为积累的劳动维度中解脱出来,人才能获得基本的权利与尊严。从每天、每周工作时间的不断缩减,到为自己争取各项权利,这都是在时间维度中为自身的劳动权益伸张的权利。现如今,空间维度造成的公平差距更像是一个鸿沟,在更大的层面上拉锯着社会的不平衡与不平等问题。时间与空间分属于不同的价值维度,体现着不同层面的公平问题。空间维度的权利是继时间维度权利之后的进一步诉求。空间维度体现着更大的权利与价值,空间更像一张铺开来的版图,上面把每个人的价值序列都写得一清二楚。公平与正义在信息空间版图下的呈现与表达,就变得十分重要。

公平与正义从来不是虚幻与抽象的,它必须通过具体的空间布局与社会主张体现出来。空间权利与主体的确认与主张是空间正义的前置问题,只有在城市的空间布局中,人的权利与主张才能够得以确认,公平与正义才有落实的前提与基础。

同样,在马克思主义地理学家眼里,正义并不是一个抽象的概念。在哈维看来,社会公正问题,不能立刻把它归置到道德伦理的形而上学之中,并不是"完全不同的社会和道德哲学两个领域"[1],"我对社会正义的观点从倾向于认为它是永恒正义与道德的问题转换为将它视为取决于在社会整体中运作的社会过程。"[2]正义的实现是一种社会化过程,对正义原则的评价与理解要放在城市的语境与条件下来完成。空洞地谈道德伦

---

[1] D. Harvey, *Social Justice and The City*, Edward Arnold, 1973, p. 14.

[2] D. Harvey, *Social Justice and The City*, Edward Arnold, 1973, p. 15.

理是没有意义的,康德试图用美学将事实与道德的应当性连接起来,但在其中预设了律令的优先性。在这里,哈维内在地接受了马克思的方法,他要处理社会正义的概念如何与道德关联起来,并且说明它根植于人类的社会实践之中而不是对绑附在这些概念中的永恒真理的追问。正义的理解必定是结合着空间的结构来解释的,而这个空间结构不是别的,正是城市的社会空间。如同他在《社会正义与城市》中所言,"如果我们能在一般意义上理解都市现象与都市社会,那么这成为我们构建空间概念的关键。"①在哈维的理论构建中,他正是通过"马克思理论——空间——社会正义——城市化"四个理论点的层层推进将理论框架延展开来,利用马克思思想的理论素养,将"空间意识"与"地理学想象力"结合到以城市为载体的生存结构中,从而能够帮助个体认识其生存体验中的空间与位置,将社会正义问题的呈现与解决落到具体的实体框架中。

在哈维看来,正义的问题不仅仅是一个在分配领域实现的问题。因为任何分配只能是作为一种结果而出现。假若一种生产体系,一种社会逻辑从源初的制度设计上就已经预设了不平等,那么后续的分配正义则是名存实亡的。在写《社会正义与城市》这部著作时,正值罗尔斯的《正义论》热议。在两者理论相继的过程中,在正义的理解与界定上,哈维质疑了罗尔斯的正义学说,认为他的理论是脱离资本主义生产过程来谈分配的正义。

在当今以城市发展为主要结构与目标的现代化建设中,人们的生存结构已经稳固地建立在城市生活体系中,正义的探讨与实现都无可规避城市化生存这一事实。城市是生活结构的社会化再造,是按照各种意识流、资本流、文化流的需要而形成的交汇体。与此同时,城市集结了各种现代化病症,集中了大部分社会问题与矛盾冲突,要在市民身份、家长式统治、种族歧视、集体消费、法律、政府和市民社会等问题中体现社会公正问题,这是与其结构化本身分不开的。因此,在这样一种生存结构中,正

---

① D. Harvey, *Social Justice and The City*, Edward Arnold, 1973, p. 13.

是城市这样一个空间体的存在成为突出以及实现正义问题的论域场。社会正义不是抽象的道德预设与想象的原则,而是通过切实的社会结构与职能、程式化设计反映与体现出来的问题。城市是一个再造的社会空间,是意识形态的空间铺陈与展现,任何一种规划与格局都是经过一种意识形态洗劫的结果。这种空间要表达什么? 要代表什么? 目的是什么? 它必然通过一种组织化的格局展现出来,从而约束人们的行为。"城市化在吸收剩余资本上发挥了关键作用,而且在不断地扩大其地理范围。它的代价是一个不断地建设性摧毁的过程,意味着对城市大众任何一种城市权利的剥夺。"①因此,社会正义与城市结构有着不可断却的本质关联。

　　哈维认识到公正的概念不仅随时间和地方而变化,还因人而异。因此,最根本的是考察创造生活世界的物质及道德基础,各种不同的社会公正概念正是由此而生。但是,与此同时,有必要澄清一些关于社会公正的基本概念和原理。

　　如哈维所指出的那样,存在很多相互竞争的社会公正概念。其中有积极的法律观点(认为公正只是一个法律问题);有功利主义的观点(允许人们在最大多数人的利益最大化的基础上区别对待好法律与坏法律);还有自然权利的观点(无论是怎样的相对多数以及怎样的更大利益,都不能使侵犯特定不可剥夺权利的行为合法化)。各种理论以及社会团体和各种各样的社会运动,都急切地表达其对社会公正的定义,因此,弄清楚这些概念的确切含义并理解后工业城市和后现代社会的"道德地理学",在哈维看来是富于挑战性的任务。城市是一个系统化的社会过程,它可以综合地带来诸如生产、生态、城市规划、组织消费、边缘人群以及相应的社会管理的问题。如哈维所认识到的那样,这些仍旧是留给我们需要解释的现代城市的诸多道德地理学问题。现实世界的地理要求我们考虑关于社会公正的所有这六个方面而不是孤立地去应用它们。并且,这意味着要建立某些关于优先权的舆论导向,并带着理性去解决特定地方或特定

---

① 　[美]戴维・哈维．叛逆的城市:从城市权利到城市革命[M]．叶齐茂,倪晓晖译．北京:商务印书馆,2014:23.

背景的压抑问题。

自撰写有广泛社会影响的《社会公正与城市》一书以来,哈维一直致力于基本问题的厘定,避免对不同背景下相互争议的社会公正概念给予毫无成效的调和工作。他沿袭艾里斯·杨(Iris Young)的做法,把注意力集中在压抑的来源问题上,从中总结出六种与规划和政策实践有关的建议:

其一,必须直接面向创建社会形态和政治组织以及生产和消费的体系问题,无论是在工作地点还是在生活空间中都要把对劳动力的剥削减少到最小。

其二,必须正视在非家长式统治模式下的边缘化现象,在边缘化的政治中找出组织和调和的方法,以便能够把那些受这种特定形式压抑的人群解放出来。

其三,必须授权给受到压制的群体,而不是剥夺其接近政治权力的权利以及表达自己意见的能力。

其四,必须对文化霸权主义保持警惕,通过各种手段去寻求在城市项目的设计和普遍的咨询方式中消除霸权主义的态度。

其五,必须找出非排他性的和非军事化的社会控制形式,不能破坏对授权与自我表达的包容。

其六,必须认识到所有社会工程的必然生态后果都会对未来子孙后代和遥远地方的人们产生影响,而且要采取措施确保合理地减轻负面影响。

正义在城市的体现还在于土地收入与政治决定之间的关系。哈维说道,"我试图论证在土地收入再分配与政治决定之间十分明显的关系。"[①]土地的资本化在城市发展中具有举足轻重的作用。土地资本化与土地资本的流动对于资本空间的拓展影响十分重大。这也是为资本的过度积累以及不断寻找新的投放空间而积极进行的举措。尤其是新自由主义的私

---

① D. Harvey,*Social Justice and The City*,Edward Arnold,1973,p. 73.

有化意识树立以来，以城市土地作为私有化浪潮的破冰之举，从而解决凯恩斯主义以来的福利国家中遇到的资本积累受阻问题。哈维认为，随着资本主义危机对策应运而生的全球新自由主义私有化浪潮，其实质是"镶嵌于全球资本主义历史地理的方式"。在 20 世纪 70 年代后期，作为福利国家的撤退之举，撒切尔夫人首先成功地私有化了公共住宅和公用设施，进行了国有资产的拆卖。那么在土地收入的再分配与政治决定之间，就可以引发无数的社会公正问题的探讨。

作为公共收益的土地收入，它的分配就是一个政治意向与社会资源分配的公正问题。这就说明，这种举措它的利益诉求的主体界定的问题。是谁在代表着公共利益，这种举措本身满足了何方利益，这都是需要发问的。哈维在《巴黎城记》中打趣地比喻道，"在地产商的办公桌上永远有一部通往市政厅的电话"。在市政规划背后，永远有着土地利益、政府利益、商业利益的缠绕与纠葛。政治决定的背后是利益的再分配的博弈。社会公正不是道德彼岸的理想，而是利益之间的距离。

"在马克思的思想和著作中，城市占据着特殊的地位。毕竟，城市是他的研究对象——工业资本主义——的建筑形式。在他的研究中，以及在后来的、受其启发的相关研究和新马克思主义的研究中，一个根本的宗旨就是：城市不是独立于广阔社会之外的另一个东西，并不存在能从社会反思中抽象出来的独立的'城市'话语。'城市'危机、'城市'问题就是社会危机、社会问题，前者不能被简化为地理解释。'城市'这一标签的用途是将原来具有更宽泛背景的问题空间化，而不是社会化。马克思主义的批评者们则拒绝对于社会问题进行这样的空间定义或者独立的'城市'解释。"①

城市社会结构是正义问题呈现与表达的载体与结构性话语。这是因为城市是一个资本化的空间，城市就是一个空间化的组织，而这个组织无疑是受资本操控的，从而它是一个再造的社会景观。在这个组织化空间

① ［英］约翰·伦尼·肖特．城市秩序：城市、文化与权力导论［M］．郑娟、梁捷译．上海：上海人民出版社，2011：113．

中，人与人之间的交往、身份阻隔、社会分化，无疑都受到这种空间形式的操控。因此，在哈维的理论话语中，正义不是一个抽象的原则预设，而是一个可以通过社会结构呈现出来的力量，这个结构就是城市。

如何对地理—空间中多样的和异质的目标、要求与利益进行整合？在这种情况下，哈维认为，必须实事求是地灵活应对："社会主义运动必须与这些特殊的地理转型步调一致，并想出办法来应付它们。这并不会削弱《宣言》最后提出的'联合起来'这个战斗口号的重要性。我们现在的处境使得那个口号比以往更加紧迫。"①也就是说，必须以适当的方式把来自各个方面、不同领域的对现存秩序的不满和愤怒集合到一起。既然这是一个差异的世界，那么工人阶级运动必须学会在差异性和多样化中寻找到可以与其他运动、其他主体进行沟通的共同议题，以此把农民运动、学生运动、黑人运动、反战运动、人权运动、女权运动、生态运动以及各种狭义的文化运动等都集中在这个共同议题的旗帜之下，在相互配合中展开联合的斗争。

2011年在美国纽约发生了"占领华尔街"（Occupy Wall Street）运动。这无疑是对哈维所说的城市化问题的一个现实回应。无论从运动的主题、目标，还是实践方式，它都不是我们小觑的问题，没有逃脱哈维理论介入的视线范围之外。

"占领华尔街"运动是2011年一连串主要发生在纽约市的集会活动，由加拿大反消费主义组织Adbusters发起。行动灵感来自2011年发生的"阿拉伯之春"，尤其是发生在2011年埃及革命期间的开罗塔利尔广场周围的集会与示威运动。行动于2011年9月17日开始，近一千名示威者进入纽约金融中心华尔街示威，警方更一度围起华尔街地标华尔街铜牛阻止示威者进入。活动的目标是要持续占领纽约市金融中心区的华尔街，以反抗大公司的贪婪不公和社会的不平等，反对大公司影响美国政治，以及金钱和公司对民主、在全球经济危机中对法律和政治的负面影

———————
① ［美］大卫·哈维. 希望的空间［M］. 胡大平译. 南京：南京大学出版社，2006：46.

响。组织者试图通过占领该地以实现"尽可能达到我们的要求"之目的，具体要求在运动中逐渐产生。

这场运动直指当今的社会金融问题。如前所述，金融是资本主义应对危机，但同时又不断深化危机的社会症状。金融体制下，滚动着越来越多的虚拟资本，而没有相应的物质财富以及社会储备与之相对应，从而，整个社会经济座架在以不断增长的债务、信贷为基础的金融轨道上。金融机制滋生出越来越多的食利阶层，连美国整个国家的发展动力都建构在"通过破产进行发展"的经济政策上。美国不会真正偿还这些债务，经济就像一个虚幻的泡沫，一旦发生爆裂，经济则功亏一篑。

同时，这种社会影响带来的后果是严重以及不堪设想的。因为金融机制集中着社会总体财富，它就像一个巨大的无底洞，只会将社会财富源源不断地卷入其中，像一个巨大的吸金器，投进去就不见踪影。以钱生钱的金融幻想如果没有社会实体财富与之相应，那么这个支付链条迟早会崩溃。这是一个再明白不过的道理，现在反而被一种非理性方式所支配。

但是，自 2008 年美国金融危机爆发以来，令世界大跌眼镜的是，金融裹挟着巨大的社会资本，并且这是由广大的民众创造的，但是金融市场发生崩溃后，却没想到会有政府救市的非理性行为。金融赤字与损耗变为可以一笔勾销的账目，而巨大的物质财富的损失却由民众承担，社会的不公明显显现出来。这就是"占领华尔街"运动爆发的真正原因。我们可以看到，哈维提出的由住房问题引发的金融，乃至城市社会结构问题已经用事实显现出来了。理论从来都是直面现实生活本身，这个运动的爆发已经表明了哈维理论判断的正确性。

只要我们稍加思考，就会发现当代社会运动都是以城市为载体与依托空间而爆发的，这种原因在于，城市是一个工业化模式建制下的社会空间，是一种在资本主义方式下结构性矛盾不可避免的冲突体。每个城市运动总有一个围绕自身权益的运动主题，在这种方式引导下集合起来的社会运动力量与对抗，只能表达它以一种更加纵深的形式表达了资本主义的内在矛盾。

我们不能轻易忽视这样一个社会运动，更不能轻易否决它的社会意义。它已经用一种运动的形式向我们呈现出当代社会问题的要害——金融体制下经济危机的深化。相较于传统的劳工运动而言，在这次社会运动的组织形式上，一些人提出批评，Ginia Bellafante 在《纽约时报》的一篇文章中写道：这个活动缺乏团结，过程像童话剧一样，各种参与人实际上面临着如找工作、偿还学校贷款等不同的生活难题。在他们看来，利益诉求不同的群体是很难形成一种组织力量的。

那么，在信息革命的年代，空间又是如何做到空间权利的主张与平衡的呢？信息革命并没有转移土地的问题。信息空间弱化了对土地、地理空间的需求。空间已经无需实地操控，而在虚拟空间就实现了对人、土地、财富的编码控制。出现问题，人们想到的就是如何从技术上加以处理。

信息化城市空间下，城市的正义更不是一个抽象与虚幻的概念，而是一个实实在在的社会目标建构问题。也就是说，在信息化不断蓬勃发展的今天，必须对城市空间的边界、限度，从正义与公平角度对其加以界定。它不是一个单纯由技术决定与操作的对象体，而是应回归对人的本质的尊重以及对人的关怀，回归到以人为本位的轨道上来。因此，空间形态的社会管理与社会规制作用就变得越来越重要。

城市空间形态的构建对于社会公平与正义的表达与呈现就变得至关重要，它改变了社会组织管理的形式、对象、进程和观念，进而对于公平与正义的定义与呈现就有了规模化的影响。也就是说，城市空间越容易被信息技术组织起来作为一种整体性的力量，它越能在规模化的效应上影响着公平正义的格局与导向。正因为如此，空间形态的构建积极影响着城市与农村之间、城市与城市之间、同城的不同区域与区位之间这三种空间差序格局中，每一种对立之间在资源、物质、能量、人口、生态等方面存在输入与输出、对等与不对等、差异与冲突的关系。每一种空间形态的构建，每一种空间的组织与布局，在空间联动的关系网格下，往往都会对其他空间的存在与发展产生重要的影响，继而就是公平问题的突显、寻求方式的呈现、过程与办法的解决、空间对话与协商等空间化路径与过程。简言之，社会公平与正义的定义与表达，在信息化时代条件下，已经是空间形态影响并形成的话语。

因此，在城市空间中寻求社会正义，必须在空间中寻求一条空间化的路径，寻求空间的均衡化发展。空间均衡化发展，这是对公平与正义在新的信息时代下、新的城市空间形态下提出的空间均衡化发展的新诉求。空间均衡化发展，无论对于空间的内部关系，还是对于外部影响而言，都是在空间形态构建的源头与过程中，充分考虑与统筹人的全面发展、人与社会的关系、人与自然的关系而做出的和谐有序建设。在信息化建设的空间形态与格局中，需要从几个方面去实现公平与正义的空间化路径。

首先，空间的产业布局应当与生态环境建设结合起来。生态环境建设是经济发展在较快阶段以及较高阶段突显与面对的问题。在经济发展较快阶段，为了利于市场的形成与发展，利于资源与资料的资本化生产与流通，往往是以牺牲生态环境建设，破坏自然环境发展为代价的原始性资本积累特征明显的经济发展模式。而这种粗犷的发展模式，很容易因为资源的枯竭、生态破坏影响大、对人的健康损害大，很难走向可持续发展的道路。因此，在经济发展较高阶段，随着社会对生态环境重要性的认识不断加强，社会治理环境能力得到提升，可持续循环经济发展道路的意识日益彰显，经济的生态化可持续发展圈正在不断构建。很多走高效、节能、附加值高发展路线的经济体正在不断抛弃这种对生态环境有影响的低附加值产业。在信息社会，在空间经济的价值链布局中，与生态环境依存度较大的制造业始终处于低端和边缘位置。价值链的链式发展直接导致空间资源与价值的不平衡发展，大量能耗高、附加值低的产业被转移至经济欠发达的地区，这对于空间的平衡与均衡化发展有着直接而严重的影响。空间的不均衡发展，产业的碾压式发展，资源的掠夺式发展，都会使得人们在环境安全、生态保障、社会权益等方面受到影响及不平等待遇。这不是对个体的影响，而是由于空间形态与结构的形成所导致的在这样一种空间形态下生活的人们所遭遇的集体不平等，是在空间布局下受产业影响带来的不均衡发展。如果这种形态长期得不到改善，或者这种空间布局考虑不到社会公平的因素，那么这种规模性不平等的效应影响就是长远的。如果任由资本驱动的这种空间不均衡发展，那么对整个社会的影响也是不言而喻的。因此，在空间的布局与分布式发展中，首先应当考虑各种产业对生态、对人的生存权益的影响。生态、人的权益、价值、产业发展，应当是新的空间形态布局下充分结合考虑的要素。空间产业的布局谋略，不是产业经济的自行市场化引导，不是数字经济时代下的价值利导，而是社会应当尊重与保障每个空间下群体的生存尊严与权益，这才是社会公平与正义的彰显。这种社会决策的力量，应体现出每个国家与政府在社会管理方面的新责任与担当。在资本主义制度下，这种公平与正义往往很难实现，只有社会主义国家，才会有对全体社会负责的担当与能力。

其次，应当充分考虑数字鸿沟带来的不平衡发展以及数字红利再分配的问题。数字鸿沟是指在利用数字技术时，由于利用资源能力的差异、被准入门槛的设定而造成的个体间、群体间、产业间的不平等和不平衡发展。数字鸿沟在社会个体间表现为因年龄、性别、职业、教育程度的不同，在面对空间化数字经济时，对各种信息技术构建的空间化平台、空间化交易、数字化身份交付时，被数字化方式抛弃的处于信息技术弱势的个人。在信息化时代下，人的身份特征、社会行为极易被数字化、符号化，个体在数字时代的抽象度越来越高，一旦不接受，或者跟不上数字化的抽象方式，个体的社会行为在现实中就会受阻。与此同时，各种社会资源、教育资源等的获取也是和数字化方式进行绑定的，如果没有这种在数字化时代下的生存条件与能力，个体极易被抛弃。而在社会全面发展的步伐中，不应当只考虑数字化方式，不应当只把数字化生存方式作为主流，全面化发展更不是唯数字化和去边缘化的断面式发展。在考虑社会均衡发展与空间的协调发展时，应当把老人、弱势群体、欠发达地区在利用数字化技术与使用方式上的差异、机会的均等、获益程度的高低等影响社会公平与正义的要素考虑进来，做到全面的均衡式发展。

　　数字鸿沟在产业间的表现,就是传统行业及小微经济体被空间化的数字经济不断挤压和资本驱逐的过程。数字时代的经济互联网发展模式,就是透过信息化打造的空间化经济体,把每个角落的人财物通过信息化集成方式,形成空间量级的规模化效应,重新锻造成新的经济垄断模式。互联网经济模式的意图,就是通过资本的铺垫打造在每个细分领域都形成空间化规模效应,形成对市场的垄断与挤压。这就形成了大资本对中小微经济体之间的对抗关系。每个行业、每个领域,只要没有纳入互联网空间扩张版图,就是被资本挤压的对象。大资本成为数字经济时代下空间版图的新霸主。个体经济、小微经济体则在与大资本、互联网空间经济下夹缝生存,苦不堪言。传统的生存赛道正在遭遇大资本的不断侵蚀,没有一个个体和小微经济体可以幸免。正是因为空间版图及规模不同,拥有的能量不同,个体和小微经济体根本没有能力站在数字经济下的赛道起跑线上,或者说根本是被数字时代挤压的对象。大资本与小微经济体就对立为数字鸿沟下的强弱双方,随着鸿沟不断加剧,弱肉强食的生态链就越明显。如果任由这种价值对立的生态链加剧发展,那么社会的公平与正义就无从谈起。数字鸿沟,无论对个体而言,还是对小微经济体而言,都是信息化时代无可逃脱的历史局面。但与此同时,数字化的生存条件,更应呼唤社会管理的非数字化模式,更应突出对人本质的尊重。社会的公平与正义,在空间形态下,更应注重这种规模化效应对公平与正义的影响与实现。

　　与之相关的数字红利问题,则是基于数字鸿沟形成的巨大社会利差,其带来的红利成果应当为全社会所享有并可进行红利再分配。占据数字经济时代高位的大资本,在信息化打造的空间经济格局下,形成对各行业、各产业优势资源的掠夺式垄断发展。这种获利是巨量的,也是信息技术打造带来的时代红利。如果不考虑社会公平与正义,那么这种发展只能是倾斜式掠夺性资本发展,其社会成果不会转化为人民的福祉与红利。在资本主义制度下,这种数字鸿沟形成的数字红利及经济红利被大资本掠夺与享有是无可厚非的,其私有性的先天基因已经决定其获利的正当性。而对于真正的社会发展来说,这种不考虑社会公平与均衡性的发展是没有历史未来的,最终会走向灭亡。只有社会主义的制度,能够保障数字红利会转化为社会红利,数字时代的经济发展成果最终会转化为全体人民的社会红利。公平与正义,在空间化形态下,必须建立起由技术作为迷惑性公平之外的、能够用制度保障的实现机制。社会主义制度在这方面具有先天的历史使命并代表着人类未来发展的命运。

最后,应当充分考虑空间建设的正义性。城市的空间形态,在信息化时代下,已经表现为由各个无数的、数不清的大大小小信息化工程所构建。无论是基于社会管理的大型政务平台,还是各类型的应用信息平台,每个信息化空间的打造,实际上在各个层面与角落格式化了人们的生存境遇。各类信息平台的设计和建造,其实都是通过信息化的手段,在每个步骤、每个环节编织着人的社会关系与经济关系。人的需求、人的诉求,都在这些信息化方式下构建的过程中表达着对公平与正义的意义与实现。因此,技术语言与人的生存诉求交织在一起,技术语言能否表达人的真实本意,技术手段能否实现人的期望与诉求,在技术逻辑强制下,人们更多的错觉认为这仍是技术手段成熟与否要去解决的。而实际上,公平与正义从来不应该是被技术所钳制的对象。技术可以部分地参与公平与正义、民主的实现手段,但是这些理念的源始与初衷,应当充分考虑人的均衡化发展的人性光辉,它的决定权一定是牢牢掌握在人的社会情感与社会价值的判断与审视之中。不能脱离人的社会伦理价值而任由技术对公正与正义进行偏执的表达,而应回归对人的本质的尊重。因此,各类信息工程的建设,不是技术的决定,而应当是考虑社会公平与正义的综合成果。

第五章　文化对城市空间的重塑

　　现代性规制下的城市空间,在资本和技术的力量下,始终是一个被定义、被塑造的对象。它被资本所定义,从而成为资本运转的框架与结构,它被信息所改造,从而得以在现实与虚拟世界中来回穿梭。城市空间在现代性自身的不断延展中,成为人们生存之境的映射。空间越是被物化,越是被资本定义,越是被信息建构,越表现出现实世界与人的本质的分离与异化。精神与文化意义在空间形态与空间样式的展开中,表现出来的意义世界越来越孱弱。在现代性中,文化总有被吸收、改造的一面,尤其受资本的裹挟,文化成为资本塑造的对象,由主体性特征沦为资本的客体,以至于人们忘记文化本身对于社会稳固性的作用。在空间形态与空间样式向人们生存世界的表达与渗透中,表现出来的精神世界与文化意义则越来越孱弱。文化与人生存本质的抽离性,与人的精神的虚妄性,都成为城市在繁荣物化空间下的虚空。"全球体系的经济同样仅仅是文化性建构的过程的物质方面,这个过程是由文化构成的,而不是被文化构造出来的。"①

　　在物质形态建构方面,资本有充足的能力与强劲的动力来打造经济全球化与现代化的城市空间主场,但唯独对以城市空间为主场的现代性文化的培植与涵养却束手无策,甚至是无能为力的。这也进一步说明,文化根本不是资本所能打造的对象,文化从本质上来说就不应该被资本所打造,被资本打造出来的就不是文化本来应当具有的样子。文化的表现力与生命张力的呈现,在被资本打造的城市空间形态下,愈发变得困难。

---

① 〔美〕乔纳森·弗里德曼. 文化认同与全球性过程[M]. 郭建如译. 北京:商务印书馆,2003:257.

被资本建立起来的城市,带着资本的使命,只能表现出千篇一律的商业符号及千城一面的空间形式与空间表象,仿佛只有高楼林立,被规模化开发出来的房产和商业形态,才能向世人表明,这就是城市。城市的结构与样态都要按照资本流量的趋势来进行打造,才能获得现实世界的存在意义。文化内涵的培养与沉淀很容易被快速的现代化进程忽略掉,成为形式大于内涵的现代化空间场景。除了在外部形态上完成了与传统社会的断裂之外,城市在急于表达自身文化与传统农耕文化截然不同的独特性时,文化的立意与叙事逻辑却难以自成体系和自圆其说。本质上而言,文化一定是与人的精神相连,与人的生存处境之精神归属相连,在精神文化的展现中表达自身本质的存在。那么,如此一来,在城市空间下,人们的精神安置在哪? 城市的文化寻求在何处? 这些都是现代性所打造的城市在文化上失语之处。城市的文化按照资本的模样,表现出现代性的同一面孔时,也同时表明,缺少文化内涵滋养的资本发展的城市空间也难以为继。资本与文化在现代性看似冲突,但是缺少文化的塑造、沉淀与涵养,资本的发展空间也会趋向枯竭,这样的话城市的发展是没有未来的。

马克思认为的异化,是人的本质与劳动的背离。同样,当人通过劳动展现出来的生存之境,成为人类本质的异化对象时,这个客体化的空间对象就成了人的本质的异化与背离。空间形态同样是人的对象化成果,是人的物质与精神状态在城市多重空间世界中折射出的多棱镜。城市的空间以它特有的形式,固化了人们的生存状态。不管是以空间规划所表明出来的定制,还是以信息垄断为标志的空间话语,表明了在不同层级空间下的生存链话语。城市空间看似丰富,却是使人们的身心与精神处于一种背离的境遇。在城市空间中,被资本推动和打造的空间,会无视文化的精神内核而冲破文化构筑的精神围栏,从而在现实世界中变幻出各种文化总体性缺失的残片。被解构的文化,被解构的现代性,在城市的空间碎片中,看不到精神的希望与力量。文化空间的碎片化与多元化与人的生存境遇相连,人们始终无法在这个生存之境中得到精神的安抚,无法成为涵容人们物质与精神的安身之处。空间的碎片化也使得人的精神与本质处在一种分离的断裂状态。在资本驱动中表现出来的精神外化,到底是要将人类引向何处?

　　文化具有固守一个民族与国家精神边界的总体性特征。文化既具有绝对性,又具有生成的相对性,总是能带给一个民族与国家在思想与行动上的指引。文化本是人们物质与精神的聚合,它本身就具有一种人类生存样式总体性的特征。它在保存人们地域空间、生存样式差异性的同时,由此形成对现实世界的一种精神观照。文化的历史形成与涵养,不是技术的缝合,更不是技术的累进,不是随着技术的成长而自动形成的能够超越技术物欲表象的精神累积。资本有全球化,但文化不会有普世化。也就是说,被资本贩卖的商品化的文化形式与商业化符号代表不了文化的真实存在。对现代性能够做出定义的,一定不是商业化符号,而是经过反思与审视的文化力量。只有这种文化力量,才是与现代性保持与时俱进的力量。只有经过沉淀与审视的传承并发扬的民族文化与精神底色的文化才是时代的号角。文化的精神与内核,其实是资本无法轻易撼动的力量。

　　我们总是希望,能够透过文化的一种力量,整合城市空间中散落的精神碎片。"现代生活的断裂性,从历史的角度就被理解为:现代都市生活同传统的乡村民俗生活的断裂;从生活品质的角度被理解为:现代生活固有的碎片化同前现代生活的总体化的断裂——不论这种总体化是宗教的还是世俗的。"①现代性既是物质形态的断裂,但更多的是一种文化上的断裂,并且是一种传统社会中文化总体性的断裂与丧失。文化是一种精神的理解,从一种文化的总体性中可以清晰地知道城市空间的意味是什么,它要表达人们对这个存在空间的生存思考与精神外化。在被资本打造的城市空间下,文化是否能够重新被唤醒从而成为对空间虚无性进行拯救的力量呢?西方文化从本质上讲,是一种自由主义肌理的文化,它背后缺失一种总体性的聚合力量,不会把人类命运共同体这种宏伟愿景作

　　①　汪民安.现代性[M].南京:南京大学出版社,2012:37.

为其发展的目标。自由主义从其先天文化基因来说,根本不具备构建这种人类命运共同体的历史使命。它把人的自我存在作为世界存在的优先性。世界的存在是以"我"这个个体存在为中心而环绕的存在,个体的优先级始终超越于集体的观念。因此,基于这种认知的文化,是无法看到文化对于空间这个当代人类生存之境的拯救力量的。而中国文化中的精神内核是团结一致的集体主义精神力量。在中国面向现代性视域,通往中国式现代化的道路上,在以中国传统文化精神内核承接现代性物质文明成果时,这种文化仍需要通过现代性的历练后,经历启蒙、内省、确认的过程,从中看到城市空间未来的力量。

一、资本与文化

有的学者将文化分为三种概念意义上的文化。"所有三种文化概念都是普遍概念('文化'本身是一个普遍化的概念),但它们是不同类型的普遍概念。'高级'文化是一个规范性普遍概念(它提供标尺),'文化话语'是一个选择性普遍概念(它提供平等机会),第三种文化概念则是一个经验性普遍概念(它包括实际存在的一切事物)。第三种文化概念被捷尔吉·马尔库斯称为'人类学概念'。在人类学概念的意义上,所有的人类社会都是文化,因为它们向它们的居民提供规范、法则、叙事、形象、宗教等。"因此,"每一种生活方式都是一种文化。每个民族都有一种文化,每个部落也都有一种文化。"①从文化的源头形成来讲,文化是一个由地域带来的空间概念。文化代表着每一种地域生活样式的总和。由于地域环境的先天不同,人们在顺应环境,利用、改造自然的对象性活动中创造了适宜的生存环境,并在此过程中形成了各自的劳作、习俗、语言、文字,并上升到群体认同与群体观念,从而在地域范围内形成了群体的共通性。因此,文化是具有保护性的具有地域特征的社会性存在。人们从这种共通性中能获得身份的认同和精神的归属感。

———————————

① [匈]阿格尼丝·赫勒. 现代性理论[M]. 李瑞华译. 北京:商务印书馆,2005:188.

文化的形成,还在于这些共通性基础上物质与精神的承袭与历史沉淀,在于社会性的人与人交往中礼仪风化、道德伦理、价值规范等的教化形成。文而化之,以成天下。在不同的自然环境下,文化既能在各种对立中保持这些差异中的特色,又能在包容并蓄中进行融合,最终在精神层面达到整体的一致性与稳定性。文化既是一个历史发展的过程,这个过程具有能够将集体意识、社会规范等这些精神内核去粗存精、令人升华的推动力量,同时又能在这种前进的过程中保持一个整体的集体特征与标识,从而能够把"我们"与"他们"加以区分。文化可以与日常世界相连,能够形成对现实世界的一种精神观照,同时又可以成为一种保护人们地域性生存发展的精神家园。

文化是孕育民族、国家形成的母体,文化的成果就是带来民族、国家的认同。因此,文化是主体性的存在。文化在不断生成的历史过程中,其外部边界是显而易见的。空间的变化是一个变量,一定的地域可以由于武力、战争、自然环境的进化而扩大或缩小,通过一个空间对另一个空间的地理占据,由此带来人口的增减、迁移,开拓新的生存空间和地域。外部力量可以带来文化的变迁,带来文化辐射边界的变化。不同地域间文化在冲突、对立与碰撞的同时,也在吸收不同地域文化的精华与进步之处,由此带来不同文化间的多元融合,引发文化样式的更迭变化。文化边界的自然呈现,对内可以形成地域内人们的精神内核,用以保障氏族、部落,乃至国家、民族生存的永续发展,以及历史的推进。

在一定地域内,文化是一种稳固的社会力量。文化汇聚着宗教、政治、知识的各方力量,结合着人们长久以来积累的生存技艺,代表着社会的一种必然秩序,从而成为社会存在的合理性依据。文化作为一种内在性的既显性又隐秘的力量,可以在每个历史时期族群、社会等级、阶层、社会权力等的确立与划分中起到重要的引导与规范作用。这种文化认知带来的社会秩序,一方面源于对自然神秘力量的未知与敬畏,另一方面是在社会生活中不断强化的规范性意识。文化作为一个地域中人们社会生活的整体思想样式,在历史的演进中,是一个不断被领会与接受的过程。它超越于个体,同时又深入每个个体的自我认知。

文化是深刻在每个地域人们骨子里,并表明存在方式的基础。当我们想要去了解一个国家或民族时,总是试图要从具有代表性的文化基因里寻找答案,尽管这种了解在通常情况下变得并不是那么容易。文化最重要的力量,在于它确立了一定地域范围内人与人之间关系的连接方式,无论这种关系是先天情感性的,还是社会教化作用伦理的,乃至更为广泛的社会性的法律关系,文化都为它们奠定了其存在的合理性基础和适应的范围。基于这种社会纽带的形成,进一步决定了人们对世界的思考方式,即基于社会性存在的群体视角,不同地域下人们看待人与世界之间的关系,人与社会之间的关系的差异,由此形成了可以称之为观念的东西。文化的总体性精神内核确立了人们对存在之思考的层级性。文化确立了人与世界之间的关系,人与社会之间的关系,人对自我认知的方式、权利归属,人的精神归属方式等这些带有元认识的精神思考及存在方式。例如,中国文化思想中,人是自然的一分子的天道思想。人们崇尚自然,顺应自然之理,这便决定了人与自然之间的关系。印度思想中则是打破束缚,人要打破自然带给人的束缚,奉行冲破天地束缚的出世思想,这也决定了其看待人与自然之间的关系。同样,在文化基因的散发过程中,人与人之间的关系,人与社会之间的关系问题,都有着基本一致的民族观念。

正是这些元认知的不同,恰恰表明没有普世性的文化。正是在这个意义上,西方世界标榜的具有一致性的普世现代性是根本不存在的。只有被当地文化所承载与包容的现代性,只有被各地文化理解并呈现出来的现代性才是能够真正长足发展的现代性。同理,正因为世界各地文化的多元与多样性,也足以表明现代性应当具有的多样性,而不是西方世界所宣扬的那种具有模板特征的现代性。

西方文化包括中世纪基督教传统,承继了希腊罗马文化与犹太文化和以启蒙运动为主的近代资产阶级传统。从内容上说,西方文化包括既对立又统一的精神,即科学理性精神和人文精神的分野与包容。科学理性精神本身是人的主体性高扬的结果,但如果将它运用在社会关系领域,则会出现理性经济人的独立倾向,在解决价值问题、道德观念、人的伦理问题时,会显得束手无策而毫无逻辑可言。而人文精神的内涵和实质主要是个人主义。它将尊重个人的价值和权利、追求个人幸福作为法律的基础,放大个体权利与自我意识在这个社会的张扬。民主是自古希腊以来就树立的一种政权形式思想,在经历天权、神权、人权的三者确立和划分中,并且不断通过各种形式和社会运动,试图寻求人的社会存在的合理性。在西方文化中,对于基督教徒而言,法则有三种形式,根据完美性依次进行排列。处于顶层是神圣的或永恒的法则,仅有上帝自己知道,即神授法。最底层是实在法或者人为法,即人类社会为自身统治所颁布的法律。实在法具有强制性,因为是由团体或统治者,或代表团体以团体名义所颁布的。而处于神授法和实在法之间的则是自然法。自然法被认为掌握着自然世界中发生的一切行为。"世界主义是启蒙思想家们最为重视的价值观念。他们认为理性如同阳光一样普照世界各地,世界存在着一种普遍适用的正义准则,只受一种标准的自然法则的支配。"①自然法当然烛照着人类的理性能力,由此也为人的理性来源奠定了合理性基础。人的理性光辉得到了前所未有的释放。个体思想的解放以及个体合法性的确立,始终是西方文艺复兴运动以来思想启蒙的追求目标。静默的中世纪,神性的光辉高悬在世人之上。人匍匐在上帝的脚下,神性的谕意为世间立法的尚方宝剑。启蒙改变了人的地位,确立了人的存在。精神的自我解放,并着力于依据理性去改造现实世界,工具成了人们思想的外化,并且使人们越来越相信可以通过这种工具式的手段去改变现实世界。

　　社会是人类存在的集合体,文化在其中起着决定性的力量。如何看待理解人与社会之间的关系,文化就成为解释、平衡、稳定人与自然之间、人与人之间关系的稳定力量。文化是人与自然相互调适的纽带,是人与自然之间相互和谐的思想来源,是人的社会性存在的生存解释。它汇聚了宗教、艺术、科学,是社会性力量的综合呈现。也就是说,文化是一个综

---

① ［英］罗伊·波特. 启蒙运动［M］. 殷宏译. 北京:北京大学出版社,2018:83.

合性社会力量的体现和标志,是在长久实践中生成出来的一种整体认知和集体记忆。文化孕育了一定地域下人们的精神和思考方式的独特性,同时也决定了精神乃至科学的社会走向。文化带有集合体与凝聚的地域特征,能够将这些精神内核内化为人们的思维方式、行为方式。在民族国家形成方面,文化所指引并标示出的特征同样决定了民族与国家的集体走向。因此,我们在思想源头上去理解考察一个民族、国家的形成时,决不能忽视文化在其中的力量。因为,正是每个民族思考方式的不同,决定了其社会存在方式的不同。例如,中国文化讲究天下为公的集体主义思想,而西方文化则是强调以理性精神为内核的个体优先的个体主义精神。"人类理性给予人类自身的法则。既然人人天赋都有理性,每一个人在道德王国,既是立法者,又是属下。康德用这样的推理,把个人主义和普遍主义连在一起,这就为自由民主理论以及它的自律与平等的理想提供了基础。这些理想构成现代规划的珍贵遗产以及尚未结束的工作日程。无论如何,显而易见的是,现代主义已经用尽了它的能力,现在凭借它自己的资源,按照它自己的概念,是不能实现自主自律与平等了。"①这对于社会的整体性的连接与精神弥合起着相反的作用。

资本主义的文化精神在实质上是崇尚对个体主义的保护,是保证在个体利益不受侵犯基础上的个体主义和自由主义。现代主义的文明标榜,就是以理性和发展作为主要原则。西方的文化思维则是个体的方式决定了社会的存在方式。资本主义在建立市场经济的过程中,创立了商品生产交换的规则,并放大到社会交往规则中来,在资本理性看来同样显得简单而规范。于是围绕着资本主义生产而形成了一系列生产主义、消费主义、个体主义的新观念。韦伯在《新教伦理与资本主义精神》中指出,当精神的隐忍、吃苦的精神与规模化生产相结合时,就能不断刺穿原有文化中对自我存在的认知。如果人通过勤劳,通过自我的力量,可以改变自己的生存世界,那么这种原有通行的规则就是不对的,就要打破通行世界

---

① [美]艾尔伯特·鲍尔格曼. 跨越后现代的分界线[M]. 孟庆时译. 北京:商务印书馆,2013:63.

的规则与认知。文化的原有内核被世俗精神所盘踞。资本经济的工业化发展，各种生产服务消费的社会化市场供给方式，使得个体对于他人的依附，无论是物质上还是情感上的依赖与依存度越来越少，那么个体存在的意义、自我满足的意义，就会被无限放大。理性资本，就是这种去情感性的物性存在，去纽带性的过程。"丧失内聚力与发展方向，不仅迎来了重建自然和哲学的现实的挑战，也是对人类行为的挑战。随着乡村社区和宗教的中心地位丧失的，还有农村生活习惯以及基督教圣事的庆祝活动也丧失了，它们曾起到日常生活道德的里程碑作用。一旦这些指向标记被打碎或者遮蔽，便需要另找人们涉身处世之道的新办法。"①因此，从个体出发，对社会的集体意识，对他人的社会责任，则越来越淡漠乃至空白。改变的不仅仅是生产方式，更是改变了经济形态、社会形态。

　　传统以来改变文化边界的外部力量是诉诸武力和战争，能够迫使一种文化形态接受外来力量的改变。而今通过资本的力量进行改变，以资本逻辑为主导的组织文化刺穿了社会传统秩序，便要求以一种稳定的形态确立自己的通行规则，这通常以阶级斗争的形式进行。马克思在这里用经济基础与上层建筑来做了历史总体性的概括。这种总结是历史进化到现代性这个阶段时得出的最伟大的关于历史规律的历史论断，马克思敏锐地捕捉到这个基于对现代性判断的历史规律，犀利地说明了物质到精神上升的历史变革过程中自下而上的社会力量。经济基础会刺探文化中不为其所承认的部分，总是试图用各种力量寻求占领在文化思想总体性中的份额，"迫使"文化对其的承认。只有获得文化上的承认与通行，一切才变得理所当然与合理合情。易言之，任何一种新兴的力量，如果不能获得文化上的承认与接纳，那么它必定是力量孱弱的。

　　因此，资本需要文化作为现代性的叙事神话的先锋。文化作为现代性客体，一直是被资本打造和利用的对象。文化作为被资本利用与消解的对象，它所代表的社会整体力量的原初特质则难以得到恢复与完整呈

---

① ［美］艾尔伯特·鲍尔格曼. 跨越后现代的分界线［M］. 孟庆时译. 北京:商务印书馆,
2013:62.

现。文化本是一种凝聚性的力量，却在现代性的物性打造中表现出被肢解的碎片。文化残片只能描述现实处境的景观，却难有对精神的启迪，它蒙蔽了精神作为本质的存在。在传统社会中，文化更多是一个民族、国家的精神象征。这种精神围栏能够守护自己作为独立存在的界限。这种界限，能够把不符合自身精神气质的他者排除在外。因此，文化是一种具有闭合性的精神张力，能够保存适宜人们生存的特性与特征，并以此成为民族生命力的延续力量。而现代性则要打破这种文化的闭合性，或者说取消文化的差异性与独特性，而认为文化只有一种，那就是符合资本逻辑叙事的西方文化。文化需要为资本世界的原则叙事，需要向资本逻辑的世界做文化背书。在现代性打造的文化景观中，一是文化皆被物化，都需要能够打造成为可消费的产品。文化不是与精神相连，而更多的是与 KPI 相连。二是文化具有开放性，它仿佛兼收并蓄，能够包容所有属于现代性的东西，无需解释都能够收入现代性之中。只要符合资本逻辑的叙事，一切方式、观念都是人们需要及能够接受的，文化必须为这种包容之路放行。现代性就是对以文化为主体代表的传统进行解构与瓦解，祛除文化中的传统叙事，瓦解其带有的精神张力，挑战传统意义世界的权威。从而试图让人们相信，从传统中挣脱出来的潮流应当视作文化来看待。在西方早期现代化过程中，各种嬉皮士、街头文化等流行性景观，作为不为常规社会所接受的但又必须为现代性所呈现的现象，展示在公众面前，并冲击着人们传统的文化观念。三是文明神话的打造，认为现代性文化可以使人的生活更美好，建构出更高级别的文明样态。至于这种文化本身是什么，现代性社会无法做出解释。或者说，瓦解传统文化中的整体性正是现代性文化存在的前提。这种美好的神话更强化个体的自由，更注重当下的感受。这可以从审美趋向以及人们的社会行为中看出来，所有一切的历史凝重感、崇高感遭到瓦解，历史不过是当下可以解构与重构的对象。这在影视、各类视频、文学作品中可以看出来。历史成为当下人们可消费的素材，是与当下结合，可被当下消费的对象。对历史人物形象与事件的虚构与再造，可以很容易瓦解当代人，尤其是青少年对历史的认知，以及这种转瞬即逝的文化片面感,使人们不再坚信,还有什么东西是坚不可摧的,可被未来期待的。

当围绕着资本为经济组织形态的社会规则建立起来后,资本需要重新确立现行的秩序,建立新的文化认同。现代性最先发展起来的就是基于个人独立自由人而进行管理的组织文化。这种认同首先在于将人彻底从传统束缚中解放出来,无论是封建思想、社会行动,还是人与人之间的关系。资产阶级革命解除旧有的人身依附关系,将个体解放还原为除了出卖劳动力之外,别无其他创造的,一个彻底、独立、自由的个人。人与人之间的关系变为由买卖劳动为连接纽带的"对等"关系,这是现代性最为彻底的地方。这种承认在文化上就是确立了人的独立地位,独立主张的个体,也打破了传统以来人与人之间的依附与情感认同关系,并且鼓吹只要人通过劳动,就可以创造美好的生活。人变为一个彻底纯粹的工具人,在消费时代人更是沦为消费符号。资本建构了现实的空间形态,确立了每个人如何在世界上得到确立的准则,构建了现实世界中人与人的连接方式。工业化文明打破了传统农耕社会中人依附于人的状态,而是给予每个人都可以独立存在的文化。资本细化了文化塑造的颗粒度,并以最小单元成为现代性文化构建的细胞。当生产力得到释放并与机器的大规模生产结合起来的时候,资本世界的文化就有了立足的现世基础。通行于世的文化以一种资本逻辑确立的现代文明与文化之势,标明了与前面社会形态的区分。

在人与物的关系上,资本需要从文化母体中截取对其有用的片断来作为其现代性的标榜话语,尽管这种片断越来越肢解文化的本意并且破碎化。资本对文化的利用既是片面的,又是抽象的。它越来越需要将文化抽象为一种表征性的符号,而这种符号又必须与某种商品价值相连,能够将文化符号变为具有交换价值的商品。并且现代化程度越高,这种符号文化消费的抽象度越高。这种符号不代表传统社会中阶层、阶级的划分,却代表着资本对其的占有性和商品的可消费属性,使人对物的消费崇拜也越来越将人卷入消费符号的狂热中。在资本世界中,不把文化包装成商品,就无法在现实世界中通行。在信息化时代中,知识的包装也是如此。知识成为可以售卖的产品,通过渠道包装,知识、技能都会成为人们在碎片化时代中被售卖的商品。资本需要把文化具象化,赋予其商品形象与商品价值。在现代社会,文化是需要被消费掉的一种商品,并且需要通过价格标示出来。在城市里,文化必须表现为一种可供消费的景观,人们才可以感受到它,进而去消费它。在现代化的道路上,西方消费主义的欲望对资源提出了越来越大的要求。西方的消费主义、享乐主义价值观将人置于物欲的控制之下。符号消费成为物欲时代人被物质标签化的特有景象。不是文化审美占据人对物之观点的主导地位,而是符号能够替代人,在人群之中做出一种区分。消费主义褫夺着人们的心灵与本质的存在。消费符号不能提供任何道德支持,经济规则代替了传统道德与伦理。反对遵循道德法规的态度使人陷于以自我为导向的单向度的人。"文化是一种形式的共享资源,但不可否认,文化曾几何时已经成了某种类型的商品。虽然人们普遍认为,文化产品和事件(艺术品、剧场、音乐、电影院、建筑或更为广泛的具有特性的生活方式、历史遗产、集体记忆和情感上的社区等)的确存在着某种特殊的东西,使它们不同于衬衣和鞋子等一般商品。尽管这两种商品的边界很不清晰(也许越来越不明晰),但在分析上还是可以对它们加以区别的。也许我们之所以要区分二者,只是因为我们不能忍受文化创造物和文化事件与商品之间不具有本质区别的想法。"①透过作为物的商品表述,现代性似乎在一种商品的价值投射中找到属于现代性的文化标识,但是这种将文化片面化、单向度化的资本做法,并没有还原文化的应有之义,反而使人带着对物、对商品的崇拜去蔑视文化。

　　现代主义所标榜的文化的"普世性",目的在于取消所有国家的文化独特性和差异性,以至于自认为这就是现代性文化的标本。现代性把商品交易的通行规则当作文化自身看待,当作可以刺破另一种文化世界的

① 　[美]戴维·哈维. 叛逆的城市:从城市权利到城市革命[M]. 叶齐茂,倪晓晖译. 北京:商务印书馆,2014:90—91.

探行针。这种无知无畏的勇敢和野心,把资本规则作为重新组织世界范围内现代性秩序的力量。

在很大程度上,资本需要借助文化输出作为空间扩张的驱动力。当把一套通行于现代社会的交易规则以及理解话语带入世界历史的轨道时,文化帝国主义的面纱显然是最温情的面纱。文化的面纱将这些秩序和组织故事化,一切都变得有叙事性。它迫使一切地域能够接受西方观念侵入,在全球一体化中不得不服从这些秩序和组织的叙事神话。在接受商品、贸易规则的同时,不得不以尊敬文化的名义,同时先接受他们的文化叙事背景。传统的观念受到质疑,在标榜人性、自由的同时,传统的人与人之间的关系受到挑战。消费主义、享乐主义、符号文化、符号主义被认为是现代性倾销的最强有力阶段。消费主义、符号文化背后的文化侵入是最为直接的目的,且最隐蔽性的手段。每个民族传统的自身文化中的精神内核就容易被侵蚀,各种自由主义思潮会随之而来。人类是在自身设立的冲突、堕落、退化之中丧失精神家园的。找到一条既有适度的物质追求,又能够形成自我审视使精神得以升华,从而建构丰富的精神世界的平衡之路,每个时代都需要对文化精神进行启蒙与沉淀。

在文化的传递与影响方面,亨廷顿认为,人们对器物层面膜拜的西方化只反映商品文化本身的互相影响和变化,还不能说明西方的现代性由此掌控了世界。在他看来,更能引起文化入侵与变革的力量是语言和宗教,因为他觉得这两者在文明的演进中具有更大的稳定性。因为他把这两种东西看作是影响一种文化的核心和重要的成分。但是他没有注意到,语言和宗教仍是一种文化和文明的表层部分。语言表达人们的存在,而存在的方式是受到精神内核的支持。并且随着交流的扩大,语言只是交流的工具。这里只想说明,只要精神内核不撼动,一切外在的形式都无法遮挡精神的光辉。从根本意义上来讲,文化不是简单的流入与流出。文化最内在的东西应该是一个民族形成的核心价值观,它首先是个人的行为依据,然后成为一个国家区别于另一个国家的精神标志。

同样,在资本对外扩张中,资本需要文化作为潜入的意识形态力量,来解构其他民族的民族认同。作为意识形成的文化侵入,它的本质目的与意图就是通过文化的面纱,倾销一种对西方样式现代性的认同,这种认同会在无形之中带来消解民族文化自我认同的力量,而会使人盲目认为西方的文化最好。它能够同民族认同、国家利益、国家安全等诸多意识形态观念结合在一起,从而形成解构民族精神支柱的侵略力量。西方国家经常将这种带有侵略与植入性质的意识形态观念,包装成文化观念推广到世界各地,且美其名曰为全球共在的现代化过程或现代性特征。西方国家将"发展"的观念投射于第三世界,认为可以按照西方的现代化标准建造一个新的世界。在这个过程中,西方国家,特别是美国会向世界提供一个现代性的标本,在物质、制度、观念等方面提供实质性的"帮助"和样式,从而供所有的发展中国家去模仿和学习,最后达到西方式的现代化认同。并且最重要的是,帮扶对象国家需要在文化上的改变,在观念上的改变。美国需要建立起世界各国对其文化与精神内核的认同,建立起他所认同的文化样式。不仅在物质上模仿,还要达到精神上的效仿和认同。这样,在无硝烟的文化战场中,美国就已经取得了胜利。最终目的,是实现其对世界上独一无二霸权的建立,是美式精神的永不落幕,是所有国家的俯首称拜,是实现对世界各国的无边界掠夺。因此,利用文化侵入,是一种最强有力的瓦解民族和国家精神存在的手段,是一种建立在精神层面的高段位侵略手法。在文化的侵入与建立认同的过程中,被侵入国的文化与历史传统,都会遭遇侵袭、侵蚀、侵犯和瓦解。如此一来,世界历史的多样性与文明的多元性就遭遇瓦解。文化丧失精神边界,在无意识中变得对另外一种文化的认同与倾慕。因此,在西方国家"帮扶"对象国的过程中,总是资本和文化相互交织与裹挟,共同向被侵入国进行攻击的过程。

文化的总体性缺失把最重要的历史因素丧失掉了,那么,人们就自然拥有繁盛的"当下"了吗?当下,城市空间正忙于文化与资本的结合,而文化与资本两者之间同样充满了博弈关系。

文化与资本不是相对立的范畴,资本更多的是对文化的裹挟与带入。

城市空间无时无刻不在展示这种资本带入的文化,如消费文化、符号文化、空间文化等,似乎不被资本化的文化在城市空间下都不是真正具有存在感的文化。但与此同时,被资本化的文化同样是在各地区间可复制、趋同且乏善可陈的文化。例如,"欧洲越迪士尼化,它的唯一性和特殊性就越少"①,悖论的循环使得人们在空间的共在下却难以找到精神的共鸣。

人们在城市空间中表现出来的片刻精神放松,迅速被资本锁定并发展为城市的文化产业。大型休闲游乐场越建越大,却难掩文化的空虚。各种手机应用 App,诸多娱乐类、消遣类应用,无不在抖动人们难以排遣的空虚与寂寞。看似热闹而繁忙的网络空间,充塞人们好奇与无聊的快感,打发人们每个寂寞而无聊的时刻。手机阅读看似庞大,实则碾压了人们的阅读能力,在形成无数碎片化空间时刻的同时,也丧失了辨析真伪的能力。手机低头族更是成了不眠族,划屏的强迫症似乎能在手机里找到另一个意义世界。精神的各种忙碌并没有使人们回到内心,黑格尔说,"时代的艰苦使人对于日常生活中平凡的琐屑兴趣予以太大的重视",以至于"世界精神太忙碌于现实,所以它不能转向内心,回复到自身"。② 产业急于把文化资本化,资本急于把文化普世化,这就是资本带来文化解构与重构的真实意图。因此,资本很难去尊重每个文化自身的域场和内涵。资本对待文化的态度如同早期对待空间的态度一样,认为文化是资本吸附的空间,是资本可以肆意改造的对象,并且城市的社会空间更适宜这种改造。一些被资本打造的文化产业表面繁荣却充斥着快餐文化、消遣文化的感官刺激,人们很快就会厌倦并摒弃这种难以持久的东西。所谓的文化产品只不过是过渡性、高替换性和转瞬即逝的东西。这就是为什么很多文化形式只是昙花一现,市场、资本在不断寻求新的刺激形式。这就印证着资本与文化之间的博弈关系,这是因为文化并非一味是资本改造和吸附的对象,抽离文化母体的脱域文化,资本是难以为继且自断后路

---

① [美]戴维·哈维. 叛逆的城市:从城市权利到城市革命[M]. 叶齐茂,倪晓晖译. 北京:商务印书馆,2014:93.

② [德]黑格尔. 哲学史讲演录[M]. 贺麟,王太庆译. 北京:商务印书馆,1959:1.

的,资本化的道路只会越走越窄。文化自身就是广域的社会空间,它可以孕育资本、产生资本,但决不是资本一味改造的对象。不是资本为文化打开空间,而是资本必须在文化的广袤空间里游走。资本想获得成功,必须沿着文化的主体脉络行走,必须尊重文化的主体性地位。

西方标榜的文化样式难以支撑现代性作为普世性的存在。已经被现代性"打碎"了的个体,自由主义、个体主义难以承担重建精神家园的历史重任。可以说,解构主义、后现代主义本身在很大程度上就是对精神文化死亡的集体默哀,是对文化断裂的失望与承认,它不是作为反叛的存在,因为它已无重建的力量。在文化的断裂中,资本逻辑世界的瓦解中,依靠现代性资本逻辑自身的力量,已经无法实现精神家园的重建与人类命运共同体共建文化根基的力量。甚至这种存在本身就是与西方现代性背道而驰,从中看不到西方的文化拯救的力量。现代性文化需要的,是一种更深层次的民族团结的精神文化力量,这是现代性经历风雨之后必然呈现出来的,更能为人所认同的精神力量,也是现代性发展过程中,自我净化和优选出来的历史必然,是现代性过程中文化多样性的应有之义。中华文化自身就是历史检验出来的人类精神文化力量,必将呈现出历史发展的动力。

文化成为我们在城市社会空间中最易迷失的东西。文化包含了我们所有的生活样态,对世界感知的方式、思维方式、处世方式等,我们所能够感知的载体和对象都贮藏着我们自身的文化基因。但在现代性的建构中,在各种风尚文化中,对文字、语言、建筑形态、医疗健康等经常可被我们感知的形态中,我们也在不知不觉地改变我们的文化立场和文化审美,从而舍弃了文化话语权的主体性,丧失了文化批判能力。没有文化的足够在场,我们看到的将是一片模糊且面目全非的城市。在城市空间的文化建构中,文化应当是城市空间形态的主体在场。资本、市场、空间越发达,越具现代性,越需要文化主体的在场,越需要文化母体的滋养。简言之,哪种现代性形态能持久发展,要看它在多大程度上尊重文化、理解文化并具有文化内涵。

现代性的形态,在世界各地的呈现中,只能依靠各自民族、国家的文化去定义,资本在世界范围内的历史表现与历史逻辑并非铁板一块,现代性在各国的不同实现需要各国的文化来定义。现代性需要在思想文化中去理解它的生存样态,需要在文化母体中涵育现代性的文化根基。没有文化的反思,出不了时代的精神和精华,没有文化的立意,就是精神家园中的荒芜一片,看不清未来的发展方向。人类的自我消解,从来不是财富上的灭失,而是文化的灭失。对此,我们应当保持时刻的警醒。

二、城市空间的文化反思

社会进化的核心是文化的积累与创造。很显然,人类是一种以族群形态居住的社会性存在。文化是人们生活总体样式的呈现与反映,城市正是适应了人类种群关系生存的需要。城市文化更是人们集体化生活意识与生存体验的共同场域。城市作为人类物质与精神文明进化的历史成果,自身就具有文化积累的意义和创造的功能。城市在自身空间化发展中也形塑着人类的行为与生活方式。城市"对空间和时间的象征性有序化,为通过我们得知我们在社会中是谁或者是什么而进行体验提供了一个框架"。[①] 因此,在这个意义上,芒福德把城市称为"人类文化的容器"。城市是现代性的主场,是现代性的物性存在与具象表达。从历史发展来看,城市是人类物质生产与精神文化进展到一定历史阶段的必然的文明成果,是人类文明形态的集中体现。可以说,现代性文化就是城市自身空间结构特征与叙事逻辑表征出来的文化。城市以空间存在形式展示出人类文化的历史剖面,凝聚着人类文化与财富的成果。

城市空间作为一种社会与文化的存在形式,赋予空间以政治、文化、时间和结构等内涵。作为主观意象中的空间化模式具有社会存在的层次性,即任何空间都是被主观化后的空间意义。城市空间的意义被抽象化,所有想象的、流动的、符号性的、指向性的、话语权的赋予,都是通过空间

---

① ［美］戴维·哈维. 后现代的状况［M］. 阎嘉译. 北京:商务印书馆,2003:269.

给予了象征性的表达。"某种程度上,以前所有的社会学问题思考的是回
到静态的空间结构:边界、距离、确定的位置和邻近性就像(会变成人性结
构的)空间结构的增加物,它们在这个空间中被分离。"①从城市结构变迁
的意义上,空间分析是在研究一个变化的、流动的,甚至是虚拟的空间结
构。曼纽·卡斯特对城市空间有多种层面的解释:"空间是社会的表现"
"空间是结晶化的时间",从人与空间的互动与感受性意义上而言,对空间
关系的理解更多了历史感和立体感。城市虽然不是一个理性对象,但却
是一个试图理性的过程。在这个过程中,虽然可能驱动城市空间运作的
是与人们的欲望、需求、焦虑、情感等相关的这些非理性因素,但是对于这
些非理性的因素的空间运作却是一个理性化的过程,从而向人们表达一
种有序性与秩序性。因此,这样一种空间秩序性的打造,如何能够将人的
情感因素与理性秩序结合起来,就要充分考虑文化的流动性与情感性在
其中所起到的重要连接与缝合作用。长期以来,空间被认为是流动的、可
塑的、可变化的,正是这样的特性以及表现出来的变化性,使得空间各种
要素的排列、分布、运动、方向、距离、在场或缺席,都会或多或少透出对文
化生成的意义。正是它们的排列组合,表达着空间与文化,以及与人的远
近疏离关系。

"城市生活在某种程度上是适于被阅读的,仿佛它也有心态、性格,似
乎它也有特定的心境或情感,或者说,它似乎也为某些思想方法和社会交
往形式赋予了优先权。"②城市文化形成的空间结构及相关要素的构成,
是以群体意志的认同和表述为其存在内核的。毫无疑问,城市的文化与
人们在这个城市的生活方式有关,与他们对城市的生活感知有关,与城市
这种整体文化风格在对待每个人的态度与情感关怀有关。这种在城市空
间形态下日益形成的社会交往规则、从人情冷暖的感知中得来的人们对
城市空间的观感,决定了城市文化的风貌。只有通过群体意志和历史的

---

① ［德］齐奥尔格·西美乐. 时尚的哲学［M］. 费勇译. 北京:文化艺术出版社,2001:54.
② ［英］斯蒂夫·派尔. 真实城市:现代性、空间与城市生活的魅像［M］. 孙民乐译. 南京:
凤凰出版传媒股份有限公司,2014:3.

检验,并通过国家与民族在政治上、文化上和价值取向上的整合,这些相关要素的结合才能形成一种空间表意和意象。

从本质上说,城市文化是以各类空间形式存在的,空间成了文化的表达主体与表达方式。正是透过空间的形成组合与不断变化,向人们传递与表达其中的文化之义,使人们感受到生活于其中的存在意义。因此,城市是一个通过外部空间感官形式向人们表达意义的存在。文化立意需要通过这些空间形式变化向人们表达与传递其想表达的意义和叙事。这是一种通过外部形式与力量,向城市生活赋予意义的文化传递方式。传统农耕社会,文化是人们在生活劳动中凝结而成的精神和意义世界,各种空间形式都是其自身精神世界的外化,例如各种亭台楼阁、用于祭拜的宗祠、各种功能性建筑,都是其生活意义的外化与延伸,是生活意义自身蕴含的能量生发出这些外部形式,从而表现其生命的张力。因此,农耕社会的文化是一种由内向外的文化生成与散发过程。城市生活本身意义世界则是缺位的。它不是对传统生活方式与意义世界的承接,它已经以现代的方式割裂了对传统生活意义世界的连接与感知。与此同时,它又很难从都市的格式化生活中发现更多的意义世界。它所借助的只能通过各种建筑空间形式、空间符号等外在形式赋予其由外向内的意义。因此,这种具有商品与商业气息的外在形式与符号,对于文化来说其实是无根之本,无源之水,很容易在现代化通行的气场里游走和被复制、被粘贴。在不同的城市,可看到空间形式的相同性。空间形态在城市具有生产性的资本价值,这同时也注定了城市文化在本质上与一般商品价值的产生是相通的,也必须经过"某种生产过程"。文化的感官性、实用性,在商品气息的城市空间里得到最大程度的显现与满足,文化成了表象、感官般的存在。由于城市文化又与一般商品有着某种质的差异,即表现为某种公共空间属性的空间特质,所以在遵循一般商品和资本产生的基本规律的同时,城市文化的某些产生是通过空间生产过程来实现并形成商品价值和资本剩余价值的。

城市的文化,需要透过空间的力量去理解人们自身的存在。而上升到较高层面,就表现出一种由具体形式抽象出来的精神内核。它可以是世界观、价值观的不同,是思维方式的差异化,是思考层面的级差化。此时,艺术家、作家、建筑师、作曲家、诗人、思想家和哲学家,在现代主义规划下,带有对现代性的客观描绘与主观创作,积极投身到对现代性不同感官与层面的描摹之中。现代性的文化创作是一件极其艰难且具挑战性的事业。现代性可以从各种解构主义的画线中,各种原创性的线条简化中,勾勒出对现代性这个抽象性概念的表达。文化的意向性与抽象性占据文化思想的主导地位。但与此同时,他们也发现,对现代性进行文化描摹是非常困难的。现代性善于流变,在思想上很难把握一种具象性。而在文化的勾勒下,把对现代性的观感用文化的形式留存下来,主题与概念就变得至关重要。

现代性的文化主题是什么呢?这在不同的文化语境下有不同的理解,并且如果要求文化具有一致性时,这种要求就更为困难。现代性的风貌是难以概括的,很难具有整体性和一致性的文化中心和主题,并且正是现代性要去不断瓦解的东西。这是件非常难以总结与概括的事情。为此,无主题便是最好的消费吸引点。与此同时,仅仅表达主题就可以了吗?当然这是远远不够的。文化在现代性的通行,还必须与商品意识紧密结合起来,只有能够唤起消费群体购买意识的文化作品(商品),能够打造成具有商品价值的文化产品才可以。文化是一种商品的消费,它必须演变为一种观感、一种可被接受且易于消费的刺激点、能够唤起消费者欲望的"物",才能够获得市场的认同。文化产品市场的商品化和商业化,迫使文化的生产者进入一种市场竞争的形式。只要每个文化作品想要获得销售与市场承认,就要竭力改变审美判断的基础和价值取向。现代性的文化是稍纵即逝和难以捉摸的。文化是迎合,而不是呼唤和启迪心智。文化衍生品越来越趋向人们的及时享乐、消耗时间,慰藉精神饥渴却又无法自拔。生存空间的碎片化,带来精神层面上的文化碎片化,因此文化的整体样貌就得不到恢复。

设计和审美在现代性实用主义的影响下,也变得不是特别重要。文化建立起来的人与物之间的审美需求、情感需求往往被忽略掉,而直接考虑到它的趣味性、娱乐性和实用性。大众被剥夺的审美情趣,在接受文化、欣赏艺术方面,留有大量待填补的空白。文化的产出与接受的过程,成了不同审美对象间难以跨越的鸿沟。现代性的文化难以具有一种总体性的意味。在文化也被资本包装和侵袭的现代性场域中,独立的文化思考,具有深刻的时代观察与总结,都是件非常困难且难以被大众理解与领会的事。现代性具有流变性、场景的易碎性、商品化世界的单调性、时代的无主题性,这些特征都成为现代性文化呈现的阻碍。现代主义在力图影响日常生活美学的同时,也把自身变幻得模棱两可。文化的真实面目在现代性的市场化思维中难以呈现。

文化应当是与人们生存感受、生存境遇相连的东西。把审美体验本身当作终点来追求,成了浪漫主义运动的标志。城市文化与资本生产过程相连。突破传统文化对人们的涵养,以前人们是在文化中保存生存样式,而现在却是在生存样式中定义文化。有什么样的生存样式,就诞生什么样的文化,而不管这种文化是否符合传统的价值观。现代主义文化变成了自我解嘲、自我认同的一种氛围,而很难从中获取什么力量。城市文化催生出相应的那种"极端主观主义""不受限制的个人主义"和"追求个人的自我实现"的浪潮。按照贝尔的观点,享乐主义使病态与想象上滋养资本主义的节俭和投资相适应。因此,城市的内部很难生成一种具有稳定性与核心力量的文化。城市的生活趣味,审美对象,对美的欣赏与感知,都遭遇了现代性商品主义的阉割。外部空间形态建构形成的表征意义,又使得这种文化是易逝的,不易沉淀与保存的。因为下一刻的存在可能又是另外一种颠覆。空间形态建构的乏陈可新,重复性、同质性建构的景观难以进入人们生存的意义世界。作为文化的意义而被保存下来的,必须是能够经得起历史检验的。没有沉淀的、缺乏内涵的易变物,是无法转化为文化的。就像信息化时代下的 AI 技术,通过人工智能批量搜索出来而创建的内容产品,绝对不能称之为文化和艺术品,它们只是充当某些应用场景的材料库。技术时代批量生产的只是转瞬即逝的使用产品,缺乏人的精神审美与艺术创作,成为不了能够传承的东西。这也再次说明,现代性对艺术与文化只是使用与消费的态度,缺少审美与人的精神凝聚,无法形成能够传承的艺术与文化。

如果流动与变化、短暂与分裂构成了现代生活的物质基础的话,那么现代主义美学的审美与定位就在这样一种位置。艺术变成了解构之美,非主流的工业风、抽象几何图案中,获得对现代性的确认之存在感,或者更恰当的说是默哀。传统的精工与绘画,不再具有现代性的审美主题,不再具有主题叙事,而是具象叙事与表达,是情绪的奔放与宣泄。当然,任何一种这样的定位都在改变文化生产者对于流动和变化的思维方式之思考,改变他们用以表达永恒不变的主题。

现代性文化很少关注社会历史的宏大叙事,而把对文化的观感定位于细小与平凡之上。现代主义的去中心化内在要求,使得文化不再表现各类题材与主题的宏大叙事,转而将视域集中于城市生活平凡主题之上。文化表达着各类日常生活与琐碎,这使得文化欣赏更能从日常之中获得一丝慰藉。文化通过各类形式,试图去理解身边变化着的处于流变之中的片断,希望能从现代性的碎片化中抽取出它或许包含的关于永恒的暗示。如果能够从时代之美短暂、流变的各种形式中发现普遍与永恒,那便是现代主义艺术深刻之处。文化连接着历史过去与未来,但现在更多的是对传统的东西束之高阁。高雅艺术,面对未来主题时又很难启及。文化是否能够适应未来,成为一种精神上的无国界、无历史坐标的精神,能共享共鸣,在现代性看来是很困难的事情。

文化作为表象的存在,被不同的阶层、不同的目的所利用。在文化差异和意义世界里,城市的空间都被资本化了,城市通过自己对空间和时间的不同占有与利用表达了全然不同的意义,"文化是城市战略最微妙的一个方面"①。哈维的《巴黎城记》中,精确地描述了城市中各个关系通道,每种分层空间都有着对文化的认知与理解,空间化加速了认识裂变的速

---

① [加]杰布·布鲁格曼. 城变:城市如何改变世界[M]. 董云峰译. 北京:中国人民大学出版社,2011:199.

度与规模,空间化因此又固化了对价值的理解。每个层化空间的存在,人们都在产生输出和表达自己的价值观,而这些又构成了不同的亚文化层面。城市文化,就是人与空间之间的交互式体验与沉淀中发现其存在的意义。文化必须从空间中得到一种体味,将这种意义的观感通过空间向人们赋予意义,由此才能形成交互与关联。空间的割裂,实质上是人与人之间关系的割裂,人的本质与存在的割裂。城市文化必须能够在社会认同性、民族情感性、历史价值性、文化价值传承性等方面做到与城市空间意味的相同,才能够突显自身的文化价值之所在。

现代主义、后现代主义和传统主义被描述成资本主义认同的文化空间中的几个极。这种认同文化的建构,是一个将经济的和文化的过程连接在一起的过程。在以物质财富的积累为基础的现代性体系中,在经济过程和文化过程之间始终横亘着一条最终依赖物质生产过程的隔阂与鸿沟。在被经济生产过程中日益分化出来的个体主义,带来的现代主义文化认同就是建立在无主体的个人主义出现的基础上。在这种个体主义认知下,现代文明与社会发展应当建立在个人自由和自我实现能力得到保障的基础上。这种资产阶级文化,意义在于满足个体化需求的社会服务体系与结构的形成与完善,必须打破传统的权威和社会整体,才能够不受约束地发展自我实现的未来。从个人主义出发并且以这种方式,主体才能有出发和启动的逻辑起点,才能以发展性的规划想象着他们的生活。理性实践的思想运用于文化思想的感观之中,由此才能体现公平价值、基本平等和社会民主所蕴含的现代性的核心观念。这对于现代性的文化观念有着破坏性的冲击,现代主义对于文化表现得束手无策,人们也不知道如何运用现代主义去建设精神的家园。这正破坏着文化与人们生活意义世界的关联。

城市文化是科学、道德、伦理、行动之间的弥合,它需要把现代性所标榜的文化加以宣扬与融合,同时还要在各种价值观念冲突中寻求一种认同的连接。它们以这样一种方式把科学与道德、认识与行动之间的美学联系看成是从来不会受到历史演变的威胁。文化认同的危机,在更深层次上其实表达着更为普遍的全球危机。危机在于传统的民族认同方式被削弱以及新的认同形式的出现。例如，在城市化和空间形态不断转换过程中随之兴起的社会群体，他们在城市空间的各个维度与层面上建立起的共需认同、情感认同、虚拟角色认同，可能会在另外一个层面上形成新的文化认知力量。传统的公民身份，在城市文化认同中可能会被消解，建立在传统社会中的"原初认同"、族群认同、地域情感、语言共通等文化认同形式，在现代性城市空间下都会遭遇前所未有的挑战。

文化精神的缺失，使得启蒙运动的理性和科学理解的原则转变成适合于行动的道德与政治原则成为难题。文化是非理性的存在，却要在理性的空间中确认它的合理性，这本就是一个悖论式逻辑。正是在这种裂缝之中，尼采后来要插入他那具有这样的破坏性效果的有力预言，艺术和审美情感才具有了超越善与恶的力量。如果"永恒不变"再也不可能自动地被预料到，那么现代艺术家就在界定人性的本质方面起着一种创造性的作用。空间建构形成的城市文化，不具有传承性，这种空间形式很难具有启发性，去激起人们对艺术文化的追求与创作。到20世纪初，尤其是在尼采介入之后，就再也不可能按照人类本性永恒不变的实质的界定给予启蒙理性一种具有特权的地位。如果创造性的破坏是现代性的一种实质性条件的话，那么文化也许要起着一种英雄式的拯救作用。文化不仅必须理解自己时代的精神，而且也必须开创改变它的历程。康德在辨析理性时，也认识到了必须把审美判断看作是有别于实践理性（道德判断）和科学知识，并且它构成了这两者之间的一座必要的、尽管有疑问的桥梁。由于尼采引领了把美学置于科学、理性和政治之上的道路，因而对审美经验的探索，超越善与恶就成了建立一个新的神话的强有力手段，这个神话就是，永恒不变可能就存在于现代生活的短暂、分裂和特有的混乱之中。这把一种新的作用，以及一种新的动力赋予了文化上的现代主义。

面对人类社会城市化的高速发展，芒福德说："今天人类面临的主要问题之一是：我们的科学技术应当受到控制并导向为生活的目标服务，为了防止促进技术无止境的扩张，我们的生活应受到严密的组织和抑制。

在过去半个世纪里,西方文明不自觉地,的确,几乎是自动地,沿着上述第二条道路走得很远。它的最终结果必将接近非人的蜂窝。"①芒福德提出的问题旨在强调人类城市化存在着文化异化的现象,在城市化的发展中人类本身被异化了,特别是城市人被技术化的发展规定化了,成了技术化城市的一个异化符号。

在城市的网格化空间里,如果文化集体缺失与缺位,那么人们难以在精神世界和意义世界里找寻和安放自我存在的价值,势必会给社会带来冲犯和失序。因此,无论从哪个层面来讲,伴随着城市现代化的历程与进程,文化启蒙的实现与完成都有着重要和全新的意义。

历史与现在,与未来之间的关联便在这种对空间化当下的占有中切断了关联。历史铸就了文化基因,镌刻着我们的由来,也昭示着我们的未来,但在现代化的当下,在现代性的时空置转中,空间化不再需要时间性的历史叙事,历史成了现代性"有用与无用"价值判断中的"废料"。在现代性的景观中,历史意味着什么呢? 透过城市空间结构,又有多少人去真正思考历史的意义、历史文化的关联呢? 凡此种种,历史要么是排除在现代性之外的"多余",对历史审慎、思考的精神。"各种价值和信念中的这种历史连续性的丧失"②,使得文化缺失的同时也把历史精神丢失了。

城市对人而言不仅是经济意义上的,更多的是社会意义、文化意义、价值意义上的。在被现代性总体安排的时间和空间座架中,城市空间也在透过文化审视来表达前进与文明的力量。只有城市实现了社会空间与人的文化心理的同构与共建,那么城市才不是外在于人内心之外的他在。只有当城市的内在意识能激起人们更为丰富的精神文化作品,城市的文化脉搏才与人的意义世界相通。在现代化的建立过程中,物性的达成并不意味着精神上的同步成长。在经历了工业化、资本、信息技术浪潮的洗礼后,人们不禁需要再次思考城市的文化意义,在新的文化启蒙下建构与城市

---

① ［美］芒福德. 城市发展史［M］. 宋俊岭,倪文彦译. 北京:中国建筑工业出版社,2005:60.

② ［美］戴维·哈维. 后现代的状况［M］.阎嘉译. 北京:商务印书馆,2003:79.

现代性相匹配的精神文化气质,从而决定着城市与人未来的发展走向。

三、城市文化启蒙与文化确认

"想要为 20 世纪寻觅一个像'启蒙'这样包括面广、启发性强的替代词,似乎注定无果,因为它所应覆盖的文化内容实在太过纷繁。现代主义运动定义其自身,凭借的正是分析性范畴的多样性,而事实上,这种多样性,借用阿诺德·勋伯格(Arnold Schoenberg)的措辞来说,已经成为'原则的死亡之舞'。"①现代性的进化是一个多元、多维度的人类自我进展与进化历程。现代性乐于谈启蒙,并且愿意将启蒙视为自己的叙事源头。"我们定义与理解'人类'时引起的每一次现代冲突的关键词——现代主义、后现代主义、普遍主义、帝国主义、多元文化主义——最终都重提对启蒙运动的某些理解。"②因为无论是从思想的解放,还是从历史的挣脱来看,启蒙都给西方社会带来不同以往且有别于旧时代的变革。但是,启蒙带来的理性也破坏了文化的原初与整体性,经济的发达往往抛弃了精神的原初,以至于表现不出物质与精神齐头并进的共同发展。经济总是将精神的圆满自足甩在脑后,总认为不受文化约束、政府干预的发展可以走得更快。当对现代性进行回顾时,却发现没有精神家园的守护,没有文化的领航导引,经济的快车道其实很难走得更远。现代性已然将自己座驾在城市发展的轨道上,所生成的文化也是建立于城市之上的对生存的理解。但与此同时,现代性对自身文化的理解与建构却贫乏。

正如伯曼在《一切坚固的东西都烟消云散了》一书中写道,现代性对文化的理解与回顾,在历史发展阶段中,必然走过了现代性对其消解的历史时期,同时也需要时代的精神沉淀与内省的历史时期。当我们能对现代性做出总结、回顾、分析与展望时,一定是基于在文化底蕴下对其的警醒与文化自我意识的恢复,这就是文化的持久力量。"当马克思、尼采和

---

① ［美］卡尔·休斯克 . 世纪末的维也纳[M]. 李锋译 . 南京:江苏人民出版社,2007:3.
② ［英］安东尼·帕戈登 . 启蒙运动为什么依然重要[M]. 王丽慧,郑念,杨蕴真译 . 上海:上海交通大学出版社,2017:7.

他们的同代人体验着一个整体的现代性时,世界上只有一小部分是真正现代的",这里对"真正现代"的理解有两层含义,一是现代性的全球化程度,这是由生产力发展水平决定的,另一层含义则是指只有马克思、尼采这样的思想家才能够真正从整体性历史视角去审视现代性的整体面目和它的真实含义。"一个世纪之后,当现代化的进程撒下了一张网,使得任何人乃至世界上最远角落里的人都逃脱不了它时,我们仍然能够从最初的现代主义者那里学到很多东西,这与其说与他们的时代有关,不如说与我们自己有关。我们丧失了对各种矛盾的把握,而这些矛盾是他们为了生活而不得不在日常生活的每时每刻竭尽全力加以把握的。看来矛盾的是,结果这些最初的现代主义者可能比我们自己更加理解我们——更加理解那构成了我们的生活的现代化和现代主义。假如我们能够将他们的看法变成我们自己的看法,运用他们的观点以新的眼光来看我们自己的环境,那么我们就会看到,我们的生活中还存在着我们设想不到的底蕴。我们会与世界上所有那些始终和我们一样与相同的两难进行斗争的人一起来感觉我们的社会。我们还会重新接触到一种从这些斗争中生长出来的极其丰富且震颤人心的现代主义文化:一种含有大量健康有力的资源的文化,只要我们最后认识到它是我们自己的文化。"[①]文化是现代主义在现代性时空背景下人类的生存解药,只要我们能够拨开资本的面纱,打开现代社会物性结构,愿意并有力量在文化中审视人类自我时,我们就必然会看到文化的力量。

　　人类在漫长的农耕社会中,在对原初自然的敬畏与改造中,建立了对世界、自然、社会、人性的理解,从而形成了一套适于人类发展的文化体系。但是面对现代性的社会结构时,可以说,现代性的快速发展是跨越了精神文化建构的历史阶段。现代性是跳脱了传统文化的母体而独立依靠物质形态建立起来的社会形态,它是缺少文化根基和文化叙事的,以至于当问到什么是现代性城市文化时,它会表现出集体失语,从而无法对应于

　　① [美]马歇尔·伯曼.一切坚固的东西都烟消云散了[M].徐大建,张辑译.北京:商务印书馆,2003:45.

现代性的文化理解。这就需要进一步反思,什么是城市文化? 现代性文化抛却了传统记忆与历史印记,现代性能够找到自足自洽的精神慰藉吗? 现代性的文化根基与基础是什么? 我们对文化是保留、重建还是另有企图呢? 当下的文化是安插在历史与未来之间的片断吗? 这些都是提出的关于现代性人类发展的历史命题。城市的建构在其中是一个重要的历史环节与载体。

"'启蒙'是关乎对人类心智历史进化的理解"①,文化启蒙在于开启人们用历史审慎和文化审慎的态度与精神力量来构建自己的精神和文化世界,从而能够辩证看待现时代的物质结构社会,反思人的社会存在意义,思考内心世界与外部空间之间的关联意义。文化启蒙的首要意义在于对一种文化的确认与树立。这种文化可以支撑人们对城市时空意义的理解,可以伴随现代化过程而不断实现价值世界和生活世界的充盈,从而不会在城市的物化空间中走向精神的虚无。

文化启蒙在于用人们的心智去开启和重新发现深藏于每个人生活世界中却很少主动意识到的文化基因。文化基因的释放离不开历史,但现时代的人们很少去思考历史与现在的关联。因为"现在"所代表的景观实在是太忙了。空间化、物化景观的持续在场,让人们误解为对空间(当下)的持续占有便是对时间性的对抗。"现在""当下"意味着空间化,误以为拥有、抢占了当下,便有了与时间的对抗与历史的永存。"当下""空间化"充塞并扰乱了人们对时空坐标的感知,而忘了时间的永驶性终将带走对空间的虚化。

现代性的进化是一种理性的力量,在于能够利用认知上的推演与递进,人的认识能力去掌控被人认为可以掌控的一切。这种理性的力量在某种程度上,还原到精神层面,也是对人类精神自我认知的认识,即认知到精神方面的不足与缺陷。人类有这种精神认知的能力。"在海德格尔看来,如果人们想要理解人类的兴衰和命运的话,那么,启蒙思想的核心

---

① [英]安东尼·帕戈登. 启蒙运动为什么依然重要[M]. 王丽慧,郑念,杨蕴真译. 上海:上海交通大学出版社,2017:13.

问题——'人是什么?',这个构成达沃斯论辩基础的问题,实际上很可能并不是决定性的问题。对他来说,根本问题应该是存在论问题,亦即存在(being)的意义和本质问题:存在是什么?"①启蒙,从其字面意义来讲,是开启心智,是唤醒沉睡于物欲(物困)之中的内在精神力量。开启与回归是一种理性的力量,是一种基于现实处境与精神平衡与之相称的基础之上的理性力量,是对现实的理性认知以及对精神回归的真诚渴望,并且要有与之相应的社会行动力量。启蒙是一种心智回归的理性过程,唤醒的是开启非理性情感,文化、传统道德等精神力量对社会的润泽与融合。毕竟,社会发展并不只是理性力量在起作用。没有文化和精神的润泽,理性只会走向干枯和衰竭,从而变成无源之木、无泽之鱼,成为现代性的空虚在场。

"在现代性中,用规范和准则的概念来取代价值的概念不可能有意义。没有哪一个人类世界没有规范和准则。价值定向的不同范畴(好—坏,善—恶,高兴—难过,美—丑,等等)也可以用形而上学的语汇描述成一种'本质'的'各种偶有属性'。价值定向范畴的积极的一方是我们的习俗和我们的准则的'偶有属性'。遵守它们意味着做正确的事情,意味着正确地行动和思考。"②精神作为支柱力量一直都在,这也是为什么一直倡导现代性文化精神的回归。但是被城市这种空间碎片化形式遮蔽了精神本质的存在。在城市化不断建构与资本推动中,精神散落的碎片只会越来越多,如果缺失一种精神引导的力量去整合这些碎片,那么这些精神碎片就得不到重新释放的力量。文化是一种精神的关爱,是对生命的尊重与敬畏。理性无法自发激起这些精神的觉醒与回归,而文化的人文关怀则是唤起前行的力量。

在现代性城市结构中,文化一直是被资本裹挟的对象。文化启蒙在于恢复被资本裹挟的文化的独立性、主体性、整体性,从而能够为精神的重新振作指明方向。文化从来不是经济的附属,不是资本支配与改造的

① ［意］文森佐·费罗内. 启蒙观念史[M]. 马涛,曾允译. 北京:商务印书馆,2018:86.
② ［匈］阿格尼丝·赫勒. 现代性理论[M]. 李瑞华译. 北京:商务印书馆,2005:295.

对象,不是简单的潮流与风尚,而是在历史的传承中形成了稳固的生存根基。它具有维系着生存于其中的个体的稳定性力量。文化如果一直被裹挟和打击,这在历史来看,都是极其危险的事情。学者赫勒认为,现代性是一种时代的进步,但是文化与文明在现代性的缺失与空场,也会使现代性重新陷入一种现代原始主义。"什么是现代原始主义呢?我认为现代原始主义在一种意义上是现代混乱的对立面。现代混乱就是缺少所有的伦理力量,其特征是历史想象和技术想象的影响的削弱,抑或它们的最终消失。"①文化不是对现代性的安插,不是对现代的切入,而是现代性以之为存在基础的根本。文化不是现代性消解的对象,而应该是其信奉的对象。没有这种对文化的坚定与信仰,那么现代性则会陷入一种精神的忙乱与秩序的混乱,仿佛在一片生机盎然的现代技术丛林中,裸露出精神原始性的荒芜。

文化独立性是对社会生活的审视与再思考。文化之于现代性而言,不仅要建立对现代性的精神审视,而且能够从现代性的理性钢板中,透视出对人性、社会的理解与关怀。文化不是现代性与资本改造的对象。理性的狡计与自大之处,就在于它认为自己是无所不包的,能够把所有非理性因素统统收入囊中,纳入自己的版图之下。资本与现代性妄图透过城市空间叙写现代性的神话与文化叙事,向人们讲述与传递自己的逻辑,使得现代性成为统一的模板,也试图将文化这个最不能够被模板化的对象进行普世化,使得文化样板也成为现代性的统一标配。似乎令一切文化建筑、生活模式、摩天大楼、咖啡情调、网络空间都充满着现代性的荷尔蒙。"技术的发展本来是以服务人为目的,现在却大步走上了决定人类命运的道路。这种倒转人与技术之间关系的严格的辩证过程早就出现在了启蒙运动思维方式的最初核心之中,这种思维方式一心想要'建立一种统一的、科学的秩序……从原理中派生出实际知识,不管这些原理是被阐释为任意设定的公理、内在的观念还是最高层次的抽象'。"②资本以理性为

---

① [匈]阿格尼丝·赫勒. 现代性理论[M].李瑞华译. 北京:商务印书馆,2005:225.
② [意]文森佐·费罗内. 启蒙观念史[M].马涛,曾允译.北京:商务印书馆,2018:67.

范式的逻辑思维仿佛要把一切格式化,这种格式化一是在于对精神文化的一致性要求,认为文化服务从属于资本,服务于技术,是资本与技术定义了格式化的生活样式,继而是文明样式。二是对于资本的侵略性而言,它认为这种范式的格式化同样要求世界上不同文明、不同文化间具有一致性。而在本质上来看,现代性能否被世界各地所接纳,是由每一个不同且独特的当地文化精神母体说了算。

人们的休闲也是格式化生活的一部分,是现代性时空生产版图下的片刻精神抽离,甚至这一部分的抽离同样被资本所介入。抽离的内容、形式、时间长短,都是被规定的一部分。精神与物质,生活与工作之间没有了界限。界限感是现代社会最为缺失的自我限度。"自我"是一个被搁置的对象,一直以来,资本都洋洋自得自己对社会无所不包的把控能力,而实际上,资本越挤压文化,文化变得越枯竭,社会发展也越难以为继。事实上,没有文化的涵养,经济发展也是无源之木,把可控的资源都掏空了。现代性无端的造词、玩概念的叙事神话,已经很难给城市长期的发展空间。娱乐、传媒、知识售卖,把一切可以资本化的东西都拿出来进行包装,总想把文化打扮成资本的模样。事实上,文化就该恢复文化自身的模样。停止把一切物质形态资本化,倡导社会公益性,以及强化社会主义的公有性,回归文化精神本质与初心,正是中国在做的事情。经济能发展到何种程度,应当是在文化母体与文化叙事中行走,失去文化的孕育与指引,资本发展便失去了方向。

不能承认文化的主体性与独立性,是非常危险和愚蠢的事情。城市文化最容易被资本定制,因为城市大多是通过资本的工业化、信息化方式新兴起来,通过资本、工业化建立起来的城市,缺少文化底蕴,千篇一律的商业化空间,更容易变成资本打造的对象。因此,文化的主体性在社会发展中的地位就突显出来了。文化不是随着社会发展的阶段而或隐或现的一种作为需要的出现,不是随意被抛弃或改变的对象。文化是社会发展和运作的前提和土壤,是社会发展的先天性基因式存在。它受经济影响,但是不受经济的改变与定义。缺失了文化主体性,时代的精神便失去了精神土壤。

传统农耕社会的文化叙事是在共同生活情境下沉淀而成的。人的语言、风俗礼仪、观念、理解方式的形成,都是与共同的生活情境相连共生,不需要外在赋予意义。而城市的文化主要是通过空间形式建构起来的一种存在,是透过空间去发现人们居于其中的意义。可以说,城市的文化叙事,需要一种外在力量、外在话语去解释人们生存的意义。这种文化叙事需要为这种形式寻求合理性解释。相较于传统农耕社会文化的内生性,城市文化叙事更多是一种外来赋能型,赋予空间以意义,为空间讲故事。城市没有叙事的主题与旋律,也就是缺失了文化的立意。面对相同的空间形式,这种空间叙事又面临着同质化情景。可以说,城市同质化只不过是一种建筑形态在不同城市空间的复刻,文化叙事只能是现代性所表明的资本形态,而没有深刻且独特的文化内涵。文化在城市的空间传递中,更易被现代性所打造,变成城市间的通行文化,其实就是丧失文化的独特性与主体性,只是在共同形式中表明一种商业性存在,而不是文化性的主体在场。都市文化,不过是一个个商业化场景,碎片式串起了都市浮影。丧失文化主体性,脱离文化孕育的资本世界其实都是短足发展。

文化启蒙应当恢复文化的整体性。文化具有稳定社会发展的力量,是一种比任何力量,诸如艺术、审美、宗教、道德等简单单一力量更上层的精神聚合力量。但在城市空间中,却被分别利用与肢解。文化是一种推动社会发展的合力,脱离文化的整体性,都是片面局部的发展。在现代性社会中,文化变成产业化,都想在不同领域通过资本化方式冲出赛道,人们很难看出文化对社会统合的整体性。文化带来的整体性与协调性在现代社会体现出来的力量,不仅是时代的需要,更是精神提升,推进社会前行的重要维度。文化的审视力量能够对人与自然界的限度做出新的定义与重新划分,从而审视人与自然、人与人、人与社会、人与自我之间的和谐关系。从而能够在文化整体中看到社会自我,而非个体自我。

　　文化语义上的现代性,应当被各自文化理解与接纳,从而发展出适合人类自身发展的现代性。中国在快速发展的现代化道路中,应当对文化进行再启蒙。文化启蒙应当彰显中国文化在现代化进程中的在场。文化的启蒙,意味着精神审视人类自身的独立性,具有自省与反思能力,能够在精神的思考世界里,对现代性发展从边界、限度、形式、样态做出一种思考与判断,而不是缺乏思考的独立性,不是顺应现代性的西方基质任由其无限度的发展。我们从来不缺少文化,但是缺少对文化的再度审视,缺少将文化自觉筹划运用到现代化过程中的启蒙。并且这种启蒙过程与现代化的城市发展、城市空间发展紧密关联。现代性所标榜的自由主义文化,充其量对应的也是当下的物欲文化,而精神并没有从物质、资本的狭隘空间中得以解脱。精神越来越虚脱于经验世界的忙碌,人也不可能成为真正自由的人。物质世界的充沛丰富却使得精神文化在历史过程中来回蹒跚,迂回停滞不前。文化凝结着历史的精华、思想的精华,中国文化孕育了中华民族生生不息的绵延历史,更包含着未来的无限潜能。我们有什么理由舍弃这个文化之根和生命之本,而去幻想从当下的物质形态中创造更高更强的文化呢? 我们中国有优秀的精神文化,有丰富的精神财富与资源,足以涵养我们的精神世界,为什么还要舍本逐末,用外来文化、思想和意识形态来消解我们的文化之本呢? 中国现代化建设,中国的城市发展必须以自身的文化和智慧来应对与化解经济发展过程中出现的问题、时代焦虑与发展难题。这种文化自信的确立,就是中国文化启蒙的主旨。

　　文化能孕育出思想的成熟,并且中国文化能孕育出适合人类共同发展的精神土壤和精神路线,能够孕育出思想指引及行动的纲领。综观中国改革开放的四十余年,是用中国智慧不断谱写新的历史篇章的四十余年,是带领全国人民走向共同富裕的四十余年。中国特色社会主义道路,并没有把土地私有化,并没有盲目扩大城市化规模,在均衡城市空间化格局、均衡城乡发展、发展绿色生态空间方面都有自己足够的智慧与担当。这与马克思提到的"人和自然界之间、人和人之间的矛盾的真正解决,是存在和本质、对象化和自我确证、自由和必然、个体和类之间的斗争的真正解决"①,是理论与实践的一脉相承。中国道路用自己坚定的实践步伐证实了马克思主义理论的正确性,用中国文化的底蕴与自信带领我们走向更加辉煌的明天。

---

① 马克思,恩格斯. 马克思恩格斯全集:第 3 卷[M].北京:人民出版社,2002:297.

第六章　中国在城市历史实践新舞台中的作用

中国的发展正走向社会主义发展新时代。这个新征程、新启航的历史时期既是全球共同面对的,也是中国所面临的古今新变、内外新环境,充满新思想、新动能、新生态的历史发展新时代。广泛而言,世界正面临新的历史变局,霸权主义、单边行为,都在重新影响世界格局的发展与趋势。而作为发展中国家,中国面临的形势更为严峻与复杂。新的历史时期既是面对复杂的社会局面、政治局面、经济局面,更是要面对多元且具有解构能力的文化局面。

新历史时期就是要把这种散落的差异化、现代化发展过程中的空间碎片化再重新熔铸新的、具有整体性的精神内核,从而制定出我们的新思考方式、新行为方式、新行动方案,从而打造出我们应对复杂局面的甄别能力、反思能力、批判能力和思想能力,以及引领时代发展的行动能力。

新时期的社会发展主旨应以空间政治作为基础统领社会在理论与实践层面发展。城市空间理论这样一个宏大的时代课题应在理论与实证的层面中找到契合之处,在哲学与政治的相互渗透中保持理论与现实的张力。在信息革命与技术之争主导的社会环境中,新时期的社会精神文化引领,要保持人类解放的乐观精神,以经验性的城市化多重空间作为人类实践的舞台。信息革命带来新的空间生产与空间政治,并且作为新的权力话语、意志控制集结地的同时,也是人类各阶级联合解放,实现人的物质精神丰饶的现实土壤与依托空间。这种辩证的观点本质上源于中国现代化道路的历史实践与马克思思想的融合。人类解放在这里既非隐藏在时间历史背后的宏大叙事,也非人类不可实现的乌托邦,而是有着现实可依的实践性空间。面对马克思丰富的理论遗产,我们必须立足当前的时代语境,继承与发扬马克思历史唯物主义的理论建构方法,切入对时代问题的思考,赋予理论之时代立体感,彰显马克思政治经济学批判中关系批判的张力与维度,在新时期中国城市空间维度中展现中国在未来世界历史舞台上的新作为与新担当,展现中国文化在现代性场域中的时代特征。中国有这种担当,将在社会主义新时期的文化话语与经济建设中建构出属于中国特色的现代性道路与历史叙事。

一、现代化与全球化的历史同构

现代化与全球化未尝不是同义反复,但是如何在全球化的时代背景下实现各民族的现代化,这是一个时代命题,因为现代化对于任何一个非西方国家而言始终是一个异质的过程。

"虽然'现代'这个词语有相当久远的历史,被哈贝马斯所称的现代性的'规划'却在 18 世纪才进入到焦点之中。就启蒙运动的思想家们自身而言,这种规划就是一种非凡的知识上的努力。"①现代性是一个受之于西方启蒙的历史概念。自文艺复兴的精神开启以来,伴随着人类主体精神的确立以及对自然科学的指引,社会系统的理性形式与思想的合理模式的发展使得人们可以摆脱神话、宗教和迷信的非理性思维。"自然科学是由在逻辑推理判断基础上积累起来的认识构成的,崇尚分析、探索'规律'"②,继而避免权力的滥用以及人类本性当中的黑暗面。只有通过这样的计划,人们才能将人性中所有普遍存在、永恒不变的品质揭示出来。

在理性设计与现实结果的对照中,现代性的自许与现代性的后果是一个巨大的背离。易言之,现代化的设计是让社会朝向更文明、健全的人格化社会发展,但现实却是剧烈地颠覆、瓦解、背离的痛苦经历。"启蒙运动的规划注定要转而反对它自身,并以人类解放的名义把人类解放的追求转变成一种普遍压迫的体系。这就是霍克海默和阿多诺在他们的《启

---

① ［美］戴维·哈维 . 后现代的状况[M]. 阎嘉译 . 北京:商务印书馆,2003:20.
② ［德］阿尔弗雷德·韦伯 . 文化社会学视域中的文化史[M]. 姚燕译 . 上海:上海世纪出版集团,2006:58.

蒙的辩证法》中提出的大胆的命题。"①

　　启蒙思想赞成进步主义,并积极地寻求为现代性所倡导的那种与历史和传统的决裂。最重要的是,这是一场世俗化的运动,旨在实现知识的启蒙和世俗化,以帮助人们挣脱它的束缚。本雅明试图将历史主义中的自然主义要素与启蒙理性以来的历史进步概念挤压与糅合在一起,即历史具有表征进步的指向性。新兴的资产阶级把这个进步的概念用做一种手段,以解释人类的历史,把人类以往的历史解释为受人类支配的史前时期。这个时期注定要将世界带向成熟的未来。他们宣称:当新兴的资产阶级按照他们自己的意愿将世界设计成和谐形式的时候,物质会前所未有地急剧丰富,知识的力量使人真正成为自然界的主人,此时,人类的真正历史才开始了。把人类历史事实解释成为人类走向理性的路标,乃是自启蒙以来催生历史进步的一个重要的思想酵素。

　　但西方的现代性并不必然表现与代表着普遍统一的生活机制与样式,西方的现代性在世界范围内的推广与传播,依靠的还是资本的力量。世界历史的形成是资本的力量,"世界历史并非古已有之,作为世界历史的历史(是)一个结果",即资本主义积累与发展的结果。在《共产党宣言》中,马克思写道:

　　"资产阶级既然榨取全世界的市场,这就使一切国家的生产和消费都成为世界性的了。不管反动派怎样伤心,资产阶级还是挖掉了工业脚下的民族基础。旧的民族工业部门被消灭了,并且每天都还在被消灭着。它们被新的工业部门排挤掉了,因为建立新的工业部门已经成为一切文明民族生命攸关的问题;这些部门拿来加工制作的,已经不是本地的原料,而是从地球上极其遥远的地区运来的原料;它们所出产的产品,已经不仅仅供本国消费,而且供世界各地消费了。旧的需要为新的需要所代替。……过去那种地方的和民族的闭关自守和自给自足状态已经消逝,现在代之而起的已经是各个民族各方面互相往来和各方面互相依存了。

　　① [美]戴维·哈维. 后现代的状况[M]. 阎嘉译. 北京:商务印书馆,2003:21—22.

物质的生产是如此,精神的生产也是如此。"①

如同马克思所言,任何一个民族在没有与西方现代性相遇之前,民族的经济与发展都处于闭关自守与自给自足的状态。从历史发展实践来看,民族历史与现代性的对接是通过工业化来实现的。工业化的形成在民族的现代性形成中起着至关重要的奠基地位。在资本形成的世界历史裹挟之下,中国与西方文明的碰撞始于晚清的一系列不平等条约与通商口岸的开放,西方列强通过大炮与鸦片打开了中国的半殖民的历史。

中国有西方列强强迫打开的贸易市场,但是却没有工业化的建制。西方不允许中国这样做,同样,中国的民族情结也从根本处拒斥这样做。"中国最初的商业资本,和官僚资本不同,他开始先有些独立性,他虽受帝国主义资本的银行市场等势力的支配,可是在他自己的营业里,他是'独立的'主人(至于官僚资本的矿务铁道,却一开始便在帝国主义直接指挥之下)。然而帝国主义势力日益发展,这一商业资产阶级便也日益分化。其中最小一部分,虽然资本日益积累起来,然而他们的大批收买原料或百货商铺式的大规模批发洋货的营业,反而被帝国主义纳入直接管辖的轨道;私人银行之中也有这种情形。于是这部分人便变成巨商买办阶级,相当的占有代理帝国主义掌握中国经济的最高权,同时,帝国主义扶植他们的社会地位,使与'龟奴贼屁'同变成'绅商',并且使官僚买办阶级与他们分润些政权。"②

学西、仿西、洋务运动带来的零星产业化发展只是穿插于传统手工业生产之中,直至民族解放之时,西方的工业化生产模式一直被民族情结与民族感情所拒斥。这种生产方式并没有对传统的中华民族生存方式产生影响,并没有对生活方式的建构基础产生撼动,因此它并不是民族所必需的。并且,中国并没有经历西方那样的思想启蒙的开化,并没有在生产历程与思想进程上完成这种历史的转变与变革,因此在精神层面上没有形

---

①　马克思,恩格斯.马克思恩格斯全集:第 4 卷[M].北京:人民出版社,1958:469—470.
②　瞿秋白.瞿秋白文集(政治理论编第四卷)[M].北京:人民出版社,1993:444.

成与之相匹配的对应物。因此,中华人民共和国成立之前的旧中国仍只能是半殖民地半封建的社会。

值得注意的是,在争取民族独立与民族自觉的新民主主义革命过程中,由于受到马克思思想的影响以及俄国十月革命胜利的积极影响,无产阶级作为一个新兴独立的革命实践力量被牢牢竖立起来。事实上,无产阶级意识的出现,恰是西方工业革命的产物,工业化生产的社会结果。无产阶级意识在中国的出现一方面是源于马克思思想对社会现实的挖掘,另一方面是中国无产阶级革命领导者——中国共产党——领导的革命实践的成果。

由此,新中国成立以后,中国与西方现代性的对接倒是通过无产阶级政党的建立而形成的。无产阶级作为一种阶级力量,同时也代表着社会先进的生产方向,将西方的工业机制引入到中国。工厂的建立、机器的使用,无产阶级的轴心作用使工业化模式在国民经济中确立下来。

在经历计划经济的生产历程之后,工业化的发展暗含与催生着商品化的进一步要求,因此,改革开放、搞活市场是工业生产与商品内需的必然结果。与此同时,中国的民族文化也完成了相应的精神层面的转变。可以说,改革开放以来,中国走的是大力发展现代化工业生产道路。中国经历了一个确立工业化以及工业化基础基本建设完成的过程。"改革致力于将市场力量带入中国经济内部运作。这里的想法是要刺激国有企业之间的竞争,并希望借此激发创新和成长。"[①]在这个过程中,中国已实现了与工业化过程相配的商品国内外市场的生产与对接、生产资源的市场配置、供需的市场化调节的生产机制,现代性的机制与特性得到呈现。

如何走向进一步繁荣,在哈维看来,这里面暗含着新自由主义的转向,中国"若非由于世界舞台上的新自由主义转向,开启了让中国大举进入且纳入世界市场的空间,就不会走上这条路,也不会有目前的这般成就了。因此,中国崛起成为全球经济势力,有部分必须视为先进资本主义世

---

　①　[美]大卫·哈维.新自由主义化的空间:通向不均衡发展理论[M].王志弘译.台北:群学出版有限公司,2008:30.

界的新自由主义转向所造成的非意图后果"。① 在全面实现与西方国家的经济对接时,中国确实加大了改革开放的力度。

　　中国在面临 1997—1998 年的国有资产重组时,"价格机制和竞争因而取代了中央政府对区域、出口区及地方的权力下放,成为推动经济再结构的核心过程。"②面对社会生产结构调整带来的人员失业问题,必须发展一种吸收劳动力的方法。从社会实践经验来看,当社会生产力水平提高,作为劳动力的可变资本在资本构成中的比例越来越小时,必须通过开创新的渠道和新的资本空间来吸纳更多的剩余劳动力,而加大对固定资本的投资无疑是最为有效的方法。固定资本的投资与吸收广大剩余劳动力有着直接而本质的关联。固定资本的投资主要表现在大力兴修水利工程、加快城市化基础设施的建设、兴建对国民经济具有重大影响的巨大工程,这些举措使得以前没有能力与条件实现的工程现在可以以同时吸收资本与劳动力的双赢方式生产出来,"惊人的都市化比率,使得固定资本的巨额投资成为必要。主要城市正在建新地铁系统和公路,整合内陆与经济活跃的沿海地区的 8 500 英里新铁路正在筹划,包括连结上海与北京的高速铁路,以及一条通往西藏的铁路……这些建设远远超越美国1950 年代及 1960 年代兴建州际高速公路系统时的工程量,有潜力吸收未来好几年的剩余资本。"③按照资本主义的市场逻辑,这些建设以及巨大的工程采取赤字融资的方法,如果这些投资无法按适当时机为积累过程带来价值回归的话,就会导致高风险。而在中国的社会主义制度保障下,国家对于民生建设的制度保障以及建设现代化的内生需求,都不会导致资本主义现象在中国的发生。

　　与此同时,进一步放宽资本市场也是经济快速发展的重要方式。"让

---

　　① ［美］大卫·哈维．新自由主义化的空间:通向不均衡发展理论［M］.王志弘译．台北:群学出版有限公司,2008:30.
　　② ［美］大卫·哈维．新自由主义化的空间:通向不均衡发展理论［M］.王志弘译．台北:群学出版有限公司,2008:32.
　　③ ［美］大卫·哈维．新自由主义化的空间:通向不均衡发展理论［M］.王志弘译．台北:群学出版有限公司,2008:33.

私人资本在不承担其社会义务的状况下(例如退休金和福利权)接管破产的国有企业。在大量剩余劳动以及方便取得政府支持的信用的条件下,任意重组大多数中国制造业的大门,已对外资广开,尤其是对东亚和东南亚其余国家的资本,但也向美国和欧洲资本开放。"①

但是全球的现代化浪潮并不以扶持与培育中国市场成长为目的。事实上,现代化就意味着一种差异化过程,是西方以某些自许的普世精神与普世方式在落后国家制造差异化的过程,因为正是这种差异化过程,才正是西方发达国家的资本积累过程,才使其有进一步资本积累的空间。当中国的工业化基础初步建立并完成的时候,与其相适的外部环境却发生了变化。发展不平衡,并且是有意识的不平衡发展过程。中国正在努力缩小与发达国家的现代化差距,西方一方面引向现代化,同时又在不断制造这种现代化的差异过程。哈维说过,资本主义的本质就是竞争,"资本主义确实在所有的领域压制竞争。实际上,如果没有建立一个调控、引导和限制竞争的法规框架,资本主义整个历史的发展是不可想象的"。②它绝不是一个平衡的过程,而是差异化过程与目标,差异就意味着不平等,就意味着资本在差异性不平等的流动中有获利空间。

这种不平衡性从全球范围来看,就是在不发达国家实施的生产性道路中进行生产要素、资本的空间掠夺。在这种战略性生产与掠夺中,不发达国家的工业生产逻辑与发达国家的空间生产逻辑交织在一起,并且资本主义的空间生产逻辑处于支配地位。

与以往"依附论"所采取的方法不同,跨国公司作为一种利益代表的新型空间组织形态植入不发达国家,它往往以利益共享的合作化方式以及去国家化的组织形式遮掩着其实施资本空间转移的真实面目。"多国公司(MNCs)并非一种反国家的力量,而是一种本身可以适应东道国家的力量。外国公司本身也有服从当地法规管理的趋势,斯克拉把这种趋

①　[美]大卫·哈维. 新自由主义化的空间:通向不均衡发展理论[M]. 王志弘译. 台北:群学出版有限公司,2008:33.

②　吴敏. 英国著名左翼学者大卫·哈维论资本主义[J]. 国外理论动态,2001,(3):7.

势称作'所在地原则'。因此，欠发达国家的外来投资所产生的政治影响
并没有破坏发展中国家的国家完整性。"①显然，民族疆界与民族主权并
不构成帝国主义的扩张基础，但是新型的经济关系与不平等却在空间组
织中生产出来了，其实质仍是利用不平衡发展原理为资本向帝国中心回
笼打开输送通道。

　　值得注意的是，在表现出利益共享的显性化效应背后，跨国公司在欠
发达国家与地区实施的生产过程中，其实集结着两种不同的逻辑、两种不
同的利益范式：一个是工业生产逻辑，一个是空间生产逻辑。前者是欠发
达国家借助外资力量而努力发展的工业化道路，后者则是发达国家进一
步吸纳与消化资本积累的组织化方式。前者越发展，后者盘剥越厉害，这
两种大相径庭的发展目标却以一种奇妙的方式关联起来，这就是"国际资
本关心的是进入欠发达国家的市场并获取那里的生产要素；这与欠发达
国家（包括政府机构和私人部门）关心的工业化目标切合到了一起"。②跨
国公司在世界各地的投资扩张，就是一种集合世界各地人、财、物等资源
的空间生产与空间安置，其实质乃是资本意志在全球范围内的空间布列。
它将欠发达地区的建设性生产仅作为其一个环节，纳入自己的空间生产
序列当中。因此，资本主义的空间生产决定乃至制约着欠发达国家的工
业化生产道路。一个是以资源消耗为代价的生产性支出，一个是以资本
获益为目的的利益收归，两种不对等的生产逻辑注定产生不平等的对抗
空间。

　　工业化的机制已不是完全和西方在同一起跑线上了，中国的工业化
恰恰是西方去工业化的替补过程，是西方工业生产转移的物质承载空间。

　　并且，工业生产的组织方式已不再是传统意义上循规蹈矩的物质积
累性生产与增长，而演化为金融化的组织力量与机制。社会物质财富的

---

① ［美］杰夫·弗里登. 国际资本与国家发展：后帝国主义理论述评［M］//曹义恒,曹荣湘
主编. 后帝国主义. 北京:中央编译出版社,2007:74.
② ［美］杰夫·弗里登. 国际资本与国家发展：后帝国主义理论述评［M］//曹义恒,曹荣湘
主编. 后帝国主义. 北京:中央编译出版社,2007:74.

增加不再是累进性的,而变为虚拟性的。这对实业生产产生了巨大的侵害作用。中国仍是以劳动密集型生产为主,当商品不再作为消费作用,而是投机时就变得危险了。决定生产的资本却是由金融资本来决定时,社会就远离了物质财富的基础。

2008 年金融危机的爆发,是资本主义经济危机纵深化发展的征兆与呈现。在这场源自美国次贷危机引发的全球金融风暴中,也集中暴露了现代化发展过程中的问题。土地的资本化以及住房的商品化已成为当今困扰城市发展以及社会公正的大问题,在反映社会财富的集约度上,它是集中表达当今资本诉求与资本走向的标杆。

在哈维看来,城市社会矛盾是当今社会问题爆发的主要来源,是激发社会运动的主要导火索,而当今城市的主要矛盾就集中在住房问题上,进一步而言,住房市场的根本问题又集结在金融问题上,与其说这是连环问题,不如说它是同一个问题的连环表现与连锁反应。区位是一个城市的地理概念,由于土地与区位的不可再生性,土地连同房屋的升值有巨大的空间。房屋已脱离居住功能,变成资本炒作的对象,这进一步损害实体经济的发展。并且,高房价造成新的社会不平等。追根溯源,由房地产引发的社会信用以及金融生产问题已经以系列化方式集约着当今社会总矛盾。

土地与金融两者矛盾的纠缠以国内社会矛盾的显性方式呈现,其实质是暗含国际资本的流动。由于房屋连带土地变成可以自由买卖的商品,那么作为固定资本的土地财富就会变得危险与易受攻击。土地是增殖的空间,虽然土地不可流动,但是基于其基础上的资本却可以流动。哈维反复强调,夺取式积累的重要举措就包括:"殖民、新殖民与帝国主义对资产(包括天然资源)的占有过程;交易和税收的货币化,尤其是土地方面;以及高利贷、国债,还有最具破坏性的,利用信贷系统作为原始积累的激烈手段。"①

①　[美]大卫·哈维. 新自由主义化的空间:通向不均衡发展理论[M]. 王志弘译. 台北:群学出版有限公司,2008:37.

　　同理可证,美国金融危机的最终化解并不是其体制的完善与举措的高明从而形成自我化解的力量,相反,是中国巨大的人口因素与资源消耗成为资本危机的抵挡力量。这表明,金融引发的经济现象已经完全不按照理性与规则来解决,帝国主义侵略完全是一个非理性行为。

　　在信息化社会高度发展的当下,空间经济在信息技术下不断进行升级。空间的层化与迭代现象日益加剧。在生产供应链已经全球化的当下,伴随着地缘政治、单边主义的抬头,以及全球贸易中的霸权主义、欺凌主义和封锁政策,已经凸显现代性的日益复杂化。空间经济编织的全球化经济网,其实质是价值链不断被层化,价值不断被头部产业与领域掠夺的不平衡发展过程。经济的理性市场化规则,以及政治的非理性侵犯,贸易壁垒的技术与非技术加持,都使得全球的经济与政治变得越来越动荡不安。

　　由此,在世界发展的体系中,我们应当反观,中华民族自身消化与吸收现代性的文化基础与民族根基是什么？如果没有一个对现代性的内聚精神与文化承接的基础,我们是无法消化与吸收这个发祥于西方的现代化样式的,那么现代性对于我们就始终是一个外在的过程。

二、中国的现代性立场

　　现代性是一个复杂的历史景观,是一个经过西方启蒙开化、工业化发展、资本积累转型等完整历程后醇化出来的特性与机制,也就是说,现代性自身具有其特定与系统化的文化、经济、历史发展谱系。当这种现代性以一种一维性的指示方向扩散至世界各民族,作为各民族未来发展之目标时,那么,现代性的合理与正当性就是每个民族应当审慎考虑的历史局面。

(一)新自由主义私有化浪潮的跳脱

　　私有化是新自由主义在自由主义经济秩序扩张上的纵深化发展。新自由主义的鼓欢者认为,依其理论而采取的措施,是创造财富,并借此改善全体人民福祉的必要且充分条件。"自由是上帝送给世界每个人的礼物"，"身为全球第一强权，我们有义务协助散播自由"。① 在美国新一轮的自由宣言后，紧随其后的是"公营事业全面私有化，外国公司掌握一国企业完整所有权，外国利润的全面汇回，迫使别国开放金融市场，以及消除几乎一切贸易障碍"。其基本使命是促进有利可图的资本积累条件。私有化浪潮从未像今天如此加深过，这种私有化浪潮不再是满足资本积累需求的一国实践，而是依据不平衡发展轨迹，结合着国家、土地、金融三者的矛盾发展，在世界范围内将资本主义的危机纵深化发展。

"新自由主义源起于米尔顿·弗里德曼等美国保守经济理论家的论著，后成为 20 世纪 70 年代和 80 年代美英政治经济的主要组织的理论，其主要的理论诉求是凯恩斯主义的经济政策不能为资本主义带来繁荣。"②新自由主义作为一种应对资本主义经济危机与社会威胁的理论解剂与病症药方，作为与福特主义—凯恩斯主义的替代性思想资源，长久以来就隐没在西方国家公共政策的侧边。但是，作为主导国家意识形态的公共政策，它在 20 世纪 70 年代才登上政治舞台中心。玛格丽特·撒切尔以及罗纳德·里根于 1979 年、1980 年先后在英国和美国的当选，标志着新自由主义在政治上的胜利。面对 70 年代的石油危机和经济危机的时代病痛，撒切尔夫人在约瑟夫和经济事务研究所思想的影响下，接受了必须抛弃凯恩斯主义才是治疗 70 年代英国特有的停滞型通货膨胀经济的良方。新自由主义被巩固为一种新的经济教条，调节着先进资本主义世界的公共政策。这意味着在财政和社会政策方面，要与自 1945 年以来在英国已经巩固地位的社会民主主义国家制度与政治作风决裂。

但是，作为全球帝国主义扩张，夺取式积累的新自由主义私有化实验，"第一场新自由主义国家形构的大实验，是皮诺契于 1973 年在政变后的智利发起的。这场政变对抗的是萨尔瓦多·阿兰德（Salvador Al-

---

① ［美］大卫·哈维. 新自由主义化的空间：通向不均衡发展理论［M］. 王志弘译. 台北：群学出版有限公司，2008：5.

② ［美］比伦特·格卡伊，达雷尔·惠特曼. 战后国际金融体系演变三个阶段和全球经济危机［J］. 国外理论动态，2011，（1）：19.

lende)经过民主选举的左派社会民主主义政府。"一群傅利曼理论的追随者，号称"芝加哥男孩"的经济学家们被召集起来协助重建智利经济。他们沿着自由化市场路线，将公共资产进行私有化拆售与改制，开放自然资源私人开采权，积极促进外国直接投资和自由贸易。依资本积累角度并从经济增长以及投资的高额回报来看，随着智利经济的短期复苏，这为随后英国和美国朝向更开放的新自由主义政策提供了理论转型的现实证据。这与传统的依暴力而行的殖民帝国主义有很大的不同，在这一点上，哈维清醒地意识到："皮诺切没能透过强制性国家暴力达成的，撒切尔透过民主同意的组织办到了。在这一点上，葛兰西的观察就有深刻关联了，他指出，同意和霸权必须先于革命性的行动而组织起来，而撒切尔确实是个自我宣称的革命分子。"①

新自由主义是私有化的意识先锋，是以城市为载体对不发达国家固定资本、国有资产进行的私有化拆售，其实质仍为拓宽资本吸收空间。"新自由主义国家的典型做法是设法圈占公有财产，进行私有化，并且构建一个开放的商品和资本市场架构。"②强权国家向不发达国家输入的不是资本，而是资本的机制，是用资本的手段与力量置换出新的资本空间，用私有化的财产观念培植的是市场化的资本回笼渠道。通过这种私有化利刃，它可以避免暴力革命的形式就可以达到将一国财富通过系统的、组织化的资本方式流向强权国。

反新自由主义私有化的运动，激起的是相当不同的社会与政治斗争路线。面对金融形态下四处横虐的欺诈、掠夺和暴力，人们开始将攻击目标朝向金融资本及其主要权力机构，谋求收回公有财产，并且要求创造一个能够充分发挥国家、地区和地方差异性的空间。由于资本主义分子化过程的复杂性及社会取向的多元性，以及社会特定的历史条件，它们的政

---

① ［美］大卫·哈维.新自由主义化的空间:通向不均衡发展理论［M］.王志弘译.台北:群学出版有限公司,2008:12.
② ［英］大卫·哈维.新帝国主义［M］.初立忠,沈晓雷译.北京:社会科学文献出版社,2009:149.

治取向和组织模式,跟典型的社会民主主义政治差异很大。很多社会运动不同以往传统劳工矛盾,其政治目标也是围绕生存权与人权的更完整与宽泛的政治与社会包容。

这些反抗运动避开了传统形式的劳工组织,比如工会和政党,他们甚至不再谋求获得国家权力,不打算夺取政权,或完成一场政治革命,他们开始寻求自主的社会组织形式,追求一种更广泛包容的政治,动员起整个公民社会,更开放而活泼地找寻替代出路,关照不同社会群体的特殊需要,使他们能够改善自己的命运。甚至还建立了自己的非官方的权力的领土逻辑(例如萨帕塔组织),以此改善他们的生活,保护他们免遭资本主义的掠夺。在组织上,它有意避免先锋主义,拒绝采取政党的形式。它偏向于保持位于国家内部的社会运动形式,尝试形成一个政治权力集团,让原住民文化位居核心而非边缘。借此,它试图在国家权力的疆域逻辑中,达成某种类似消极革命的成果。

但由此而产生的结果是激起了一系列地方性的、分散的和差别很大的社会运动,哈维指出,在目前的社会运动中,并不存在某种直接现存的无产阶级力量,甚至都不可以诉诸简单的无产阶级概念来作为历史转变的首要(更别说是唯一的)能动者,并不存在"我们可以退隐其中的,乌托邦马克思主义幻想的无产阶级领域"①。指出阶级斗争的必要和无可避免,并不是说阶级建构的方式已然决定,或甚至是可以预先决定的。虽然不是在自行选择的条件下,阶级运动还是开创出来了。分析表明,目前这些条件分为两股,一股是环绕着扩大再生产而展开的运动,核心议题是对薪资劳动的剥削,以及界定社会工资的条件;另一股是围绕夺取式积累而推行的运动,从古典的原始积累形式,到破坏文化、历史和环境的行径,以及金融资本的当代形式造成的蹂躏的每样事物,都是抵抗的焦点。找出这些不同阶级运动之间的有机关联,是迫切的理论任务和实践任务。但是,分析也显示了,这些都必须发生于资本积累的历史轨迹中,这种资本

---

①　[美]大卫·哈维. 新自由主义化的空间:通向不均衡发展理论[M]. 王志弘译. 台北:群学出版有限公司,2008:61.

积累奠基于横跨时空的连续性,但又以持续深化的地理不均衡发展为
特征。

那么,如何在这些分散的、多元取向的社会格局中重获行动的力量
呢? 在哈维看来,分散于日常生产中的社会运动,虽然丧失了明确的社会
焦点,却由于社会运动的光谱而扩大了相关性,并且从镶嵌在日常生活与
斗争的核心中汲取力量。阶级斗争在新自由主义的遏制和复辟阶级力量
上都扮演了关键角色。虽然经常被有效地遮掩起来,但社会的利益诉求
与冲撞的背后确实就是一个复杂的阶级斗争,其目的在于复辟或建构一
种压倒性的阶级势力。因此,在哈维看来,"如果某种现象看起来像阶级
斗争,行动方式也像阶级斗争,我们就必须名副其实地称它是阶级斗
争"。① 大多数群众要不是顺从了压倒性的阶级力量所界定的历史和地
理轨迹,就是必须从阶级角度来加以回应。

新自由主义私有化过程同时也产生了另一种逆反的力量。新自由主
义所鼓吹的市场就是竞争和公平的想法,已经逐渐被企业和金融势力的
高度垄断、集中化和国际人的事实否定了。国内(如在中国、俄罗斯、印度
和南非等国家中)和国际上阶级与区域不平等的惊人扩增呈现出来的问
题,再也不能用这是通向完美新自由主义世界的过渡现象来遮掩了。新
自由主义越是被视为失败的乌托邦计划,掩饰了阶级力量复辟的成功计
量,它就越会替群众运动的崛起奠下基础,后者呼唤平等主义的政治要
求,追求经济正义、公平贸易和更大的经济安全。

哈维认为,正是由新保守主义分子的威权主义支撑的新自由主义,其
深刻的反民主性质,也是政治斗争的主要焦点。在名义上的民主国家,例
如美国,自由民主的背后则是经济利益的诉求目的,以及借此对异国实施
的控制与掠夺。美国领导人曾在相当程度的公众支持下,将下列观点投
射到全世界:美国的新自由主义价值观是普遍而至高无上的,这些价值之
所以重要,乃因为它们就是人类文明的核心。但是,当今世界已经可以拒

---

① [美]大卫·哈维. 新自由主义化的空间:通向不均衡发展理论[M]. 王志弘译. 台北:
群学出版有限公司,2008:60.

绝这种帝国主义姿态,并且将一套截然不同的价值,折射回到新自由主义和新保守主义的心脏地带:这些就是致力达成社会平等,以及经济、政治和文化正义的开放民主体制的价值。重提对于民主治理的要求,以及对于经济、政治和文化平等与正义的要求,并不是建构要回到某种黄金时代的过往,因为在每种情况下,都必须重新发现新的实践空间,以便处理当代的状况和潜能。尽管对民主的理解与处理方式不同,但是我们必须在不同的实践方式下赋予民主以意义,值得肯定的是,"在全球范围内,从中国、巴西、阿根廷、韩国,到南非、伊朗、印度、埃及,从东欧到现代资本主义心脏地带,所有那些正在斗争的国家,都有正在运作的群体和社会运动团结以求改革,表现出某种版本的民主价值。"①

在哈维看来,我们还可以界定出一套替代性的权利,包含的权利有:生命机会,政治结社与良善治理,由直接生产者控制生产,人身的不可侵犯和完整性,提出批判而无须担心报复,像样且健康的生活环境,公共财产资源的集体控制,未来世代、空间的生产、差异,以及内蕴于我们身为物种之地位的权利。对于作为塑造我们生活之主导过程的无尽资本积累的批判,导向了针对内含在那个过程中的特殊权利——个人财产权和利润权——的批判,反之亦然。因此,提议一套不同的权利,就连带承担了说明这些权利可以内蕴地镶嵌其中的主导性社会过程的义务。

(二)民族意识与民族自觉

民族意识是随着帝国主义的扩张而不断凸现与强化的观念,同时也是促进民族自觉的时代问题。民族意识的显现既可以通过经济—政治的社会结构表达,也可以体现在心理—社会文化层面。吉登斯曾依据经济与政治控制的角度谈到民族性及民族意识问题。他在现代性的立场上把当代的民族—国家与传统的民族以及民族主义区分开来,认为民族—国家作为一种政治统合形式,"存在于由民族—国家所组成的联合体之中,

---

① [美]大卫·哈维.新自由主义化的空间:通向不均衡发展理论[M].王志弘译.台北:群学出版有限公司,2008:64.

它是统治的一系列制度模式,它对业已划定边界(国界)的领土实施垄断,它的统治靠法律以及对内外部暴力工具的直接控制而得以维护"①。在这个意义上划分出来的民族与国家表明,事实上,作为全球的反帝国主义扩张的重要对抗实体与应对形式,无论从经济—政治的立场出发,还是从心理—社会文化认同方面理解,这两个层面都是展现民族—国家不可或缺的重要力量。国家是一种行政的力量统合起来的政权形式,而民族则是基于共同历史根基、文化认同基础上对生存共同体的认同。对此,我们可以这样说,以上两个方面都是重要的考虑层面,在对帝国主义的全球扩张的抵制中,我们一方面要从国家的实体形式中加强边界与领土意识,另一方面,我们要从民族的精神与文化认同中强化自身的民族意识与民族认同。

作为对西方价值传统与第三世界国家文化之间击撞的批评性话语,"文化帝国主义"的提出始于 20 世纪 60 年代。第一个系统阐述"文化帝国主义"概念的是美国传播学家赫伯特·席勒。席勒的研究在于呈现这样一个事实:在第二次世界大战以后新兴的民族国家尽管在政治上脱离了西方的殖民统治,但在经济和文化方面仍然严重依赖少数发达的资本主义国家。在其著名的《传播与文化支配》(1976)一书中,席勒认为,文化帝国主义就是在某个社会步入现代世界系统过程中,在外部压力的作用下被迫接受该世界系统中的核心势力的价值,并使社会制度与这个世界系统相适应的过程。在这里,文化帝国主义成为一种可以把一种生活方式强加给另外一种文化的强迫力量。哈维认为,在这其中,有一个政治美学化②的现象:传统意义上的"美学"学科结构已经发生改变,正如德国学者韦尔施所说:"美学丧失了作为一门特殊学科,专同艺术结盟的特征,而成为理解现实的一个更广泛、也更普遍的媒介。"

在帝国主义文化扩张中,其基本表达是,在文化渗透与控制中,文化

---

①　[英]安东尼·吉登斯.民族—国家与暴力[M].胡宗泽,赵力涛译.北京:生活·读书·新知三联书店,1998:147.

②　具体可参见[美]戴维·哈维.后现代的状况[M].阎嘉译.北京:商务印书馆,2003.

帝国主义已经不仅仅是政治、经济、文化生活方式单方面强加于人的立即显现，而是意识到把特定的现代主义美学吸收到官方和体制的意识形态里去的意义，认识到它在相关的经济力量和文化帝国主义中的运用。也许，透过这种政治美学化的方式，我们可以对"一种文化行为是如何在一种事实上不存在强迫的环境中被强制实施的"略窥一斑。在某种意义上，意识形态就是一种教化。教化就是把各种社会规范，即人类生活的思想感情与行为举止的规范以各种形式"化"到每一个社会成员身心之中的过程，从而使我们在社会生活中各归其位，各得其所。意识形态的美学特征，意即强调意识形态是如何深入人们的心灵结构、情感结构乃至日常感觉之中。意识形态的形成总有一种"升华"的美学技巧，它不仅把欲望升华为情感，把情感、意志和观念升华为理想，而且正如一切美学作品所追求的普遍性与永恒性一样，也要把一部分人的情感与观念升华为放之四海而皆准、俟诸万世而不惑的所有人的情感与观念。从政治的角度来看，其实质就是把一部分人的利益打扮"升华"为所有人的普遍利益，或者说赋予某些人的利益以"普遍性的形式"。

文化帝国主义立足于西方的价值观念的生活，强调西方的文化统治而不是经济或政治统治，除了剥削"第三世界"国家的经济外，西方帝国主义正在逐渐控制这些弱势群体的品位和价值观。后殖民主义文化理论的代表人物赛义德在他的《文化与帝国主义》(1993)中将文化和帝国实践直接联系了起来。赛义德明确指出，在帝国扩张的过程中，文化扮演了非常重要的实际上也是不可或缺的角色。

究其本质，文化帝国主义是以强大的经济、资本实力为后盾，主要通过市场占有而进行的一种文化价值扩张过程，其实现的途径是将含有文化价值的产品或商品进行全球化销售，其目的或者说后果在于实现全球化的文化支配。席勒进一步指出，文化帝国主义是一个历史性的现象，是现代帝国主义总过程的一部分，并且是最为隐蔽以及最为有效的现代帝国主义扩张的方式与手段。通过这种文化意识形态的扩张与影响，其最为有效地将某个社会吸纳进现代世界体系的洪流之中，通过对该社会的统治阶层吸引、胁迫、强制,有时候甚至通过贿赂以至于塑造出适应于在世界体系中居于核心且占据支配地位的国家的种种价值观与结构。因此,许多观点认为,文化帝国主义所实现的国际文化生产与流通的不平等结构中,政治经济的因素占据着明显的优先性。

由此,民族自觉是帝国主义试图掩盖与消解的一个观念。近代以来的全球化事实表明,正是西方通过一个强势的经济政治效应,使得物化和同一性的现代性话语挡住了民族自觉的通道。现代性是一种物化的机制,产生的也是历史同一化的过程,以西方文明与文明样式为示例的现代化过程也必然是取消民族差异化的过程,民族意识恰是其暗自销蚀的对象。民族意识是建基于文化寻根与文化认同基础上的民族精神的保有。反观整个现代或后现代文化结构,文化传统作为维系一个民族存在的肯定力量并没有受到足够的重视,而是裹挟于强势的现代性话语之中。易言之,是强势的经济与政治策略改变了民族的文化认同。对西方的边缘以及非西方地域而言,西方首先是一个经济和政治概念,其次才是一个文化概念。资本主义把历史普遍化了,产生的也是与资本主义相伴而来的同一化结果,"历史即世界历史"的观念就在现实中获得了它以前只是在思辨思想中的力量,构成了对一系列在根本上是差异的,甚至是独立的不同民族历史进行总体化、同构化的基础。资本的力量植入与渗透到各民族的历史发展中,参与将民族历史推入世界历史的推搡之中。有着世界性普遍历史意图的资本主义,"迫使一切民族——如果它们不想灭亡的话——采用资产阶级的生产方式;它迫使它们在自己那里推行所谓的文明,即变成资产者。一句话,它按照自己的面貌为自己创造出一个世界"①。在这个意义上,现代性的观念未尝不是一个意识形态用语,它以世界历史形成的共时态取消、抹煞了不同历史发展阶段与水平上各民族自身发展的历时态,它仅仅强化不同类型的社会应当具有一些共同、特定的表面特征,而遮盖住了它们之间的本质区别。它以自己的名义,把某些

---

① 马克思,恩格斯.马克思恩格斯选集:第 1 卷[M].北京:人民出版社,1995:276.

民族的现在筹划为另一些民族的将来，从而定义出"进步"的概念，而这就是现代化的过程。由此可以理解"对于在地域上错落分布但在年代上相同的非同时性这种观念而言"①，"世界历史"就是在资本扩张与殖民主义的历史语境中形成的概念。西方完整的现代性生存建制改变了人们的物质生活基础，无论从生活理念还是生活样式、生活环境都是按照西方的模样，这种对生活方式的认同必定渐进地改变着对西方文化的认同。物质的力量改变着人们的上层观念，改变着人们对文化的认同，继而产生对民族意识与民族自觉的消解，这同样也是现代性以及帝国主义扩张深谙的道理。

正如伽达默尔在《20 世纪的哲学基础》一文中所说，"对于 19 世纪积极的动力来说，历史和社会现实的整体不再表现为精神，而是处在它顽固的现实中，或者用一个日常的词来说，是处在它的不可理解性之中。我们可以想一下这些不可理解的现象，如货币、资本以及由马克思提出的人的自我异化概念等。主观精神对社会生活和历史生活的不可理解性、异己性、难理解性的认识与它对自然的认识并没有丝毫差别，而自然则是主观精神的宾格。于是，自然和历史两者被认为是同样意义上的科学研究的对象，它们构成了'知识的客体'。"②

在由资本主义生产基础决定的上层观念中，资本化的事实强化了"原子式个体"的自由观念。西方自启蒙以来，脱离神性的世俗社会的道德应当性一直是社会统合的难题，自笛卡尔确立人之主体的理性哲学以来，"事实"与"应当"（"be"和"ought to be"）之间的鸿沟在理论与实践过程中就从未填平过。当历史进展到资本主义现代性这一历史环节时，资本的事实不仅没有弥合反而更加强化与拉大了这一缝隙。资本主义用财产的私有化独立出自主与自由的每个个体，但社会的统合却从此失去了整合

---

① ［英］彼得·奥斯本. 时间的政治——现代性与先锋［M］. 王志宏译. 北京：商务印书馆，2004：34.

② ［德］汉斯－格奥尔格伽达默尔. 哲学解释学［M］. 夏镇平，宋建平译. 上海：上海译文出版社，2004：116—117.

的基础。经济的理性推导不出道德的应当,这在西方就没有解决好的难题,现在却以现代化这个助推器将其推向世界各民族的发展历程,瓦解着民族的团结力。西方所谓的普世主义与自由民主的泛化,冲击着各民族传统思想对社会的统合基础。工业主义时代具有一种惊人的抛弃历史连续性和记忆的能力,这种方式标志着现代性与传统之间具有自我意识的决裂,民族传统中历史自我意识与历史认同被现代主义阉割掉了,使人们不再相信历史具有人类自我拯救的潜能,历史不再具有将人类引入美好未来的力量,历史的绵延性不再给人带来任何关于未来的期许,它已经丧失了承载过去、融合当下以及连接未来的整合性、贯通性。"现代性可能毫不在意它自身的过去,更不用说任何前现代的社会秩序。事物的昙花一现使得难以保持对于历史连续性的任何感受。"①

　　在哈维看来,加强民族意识与民族自觉是抵抗帝国主义的力量,是应当唤醒的力量。无论是从经验的地理空间出发,还是从心理认同出发,民族意识都是持守的概念,是对抗的文化力量。民族意识是持守边界的前提,民族自觉是一种反省的能力。在当代帝国的权力无边界中,它是一个首要加强的概念。帝国主义扩张的边界就是民族意识。民族意识成为约束帝国的边界概念与精神力量。

　　民族意识是一个无法代替的问题,从而彰显出文化在保有一个民族历史与意识中的重要作用。"文化自觉,本质上还是文化传统的自觉,是超越于物质层面的精神文化传统的自觉。一种可靠的文化理解应当建立在把文化看成是一个相对独立的子系统的社会结构系统,经济政治关系决定着文化领域的合法性,但不能替代文化系统的自主性。作为人类精神心灵以及形而上学的价值系统,文化传统有其自洽性,是经济政治系统无法代替的。相反,一个具有张力的现代性社会与文化观念,必须有足够的涵容文化传统自主性的机制结构。从这个意义上讲,所谓文化自觉既包含着对始终保持着内在传承性的文化传统的自我意识,同时还必须包

---

　　① 〔美〕戴维·哈维.后现代的状况〔M〕.阎嘉译.北京:商务印书馆,2003:19.

含着对日益物化的现代性社会与文化观念的反省与治疗。"①文化,作为人的生存总体样式,具有一种去粗存精、提炼升华的内聚因素,正如麦修·阿诺德(Matthew Arnold)所说,文化是一个社会的知识和思想精华的贮存库。每个民族在形成现代化的过程中,必须有文化作为其民族精神的内在性支撑,才足以形成具有自身特色的现代化,并且这种现代化对民族来说不再是外在与异质的。

从历史实践与社会实践来看,西方国家之间的经济政治利益矛盾本身就不可能从根本上抹掉各西方国家的民族自觉。几乎在所有非洲国家和地区,西方的殖民统治最终都激起了某种形式的反抗。这种反抗的最终结果便是蔓延整个第三世界的、声势浩大的非殖民化运动。一方面,诸如19世纪阿尔及利亚、爱尔兰和印度尼西亚这些大相迥异的国家出现了武装反抗;另一方面,几乎到处都出现了风起云涌的反殖民文化斗争,大力提倡民族精神。在政治领域里,各种协会和政党相继涌现,不约而同地追求国家自决和民族独立。

有一点可以肯定,入侵的西方列强所到之处迎接他们的决不是麻木不仁、任人宰割的原住民,而是以某种方式出现的此起彼伏的反抗,而且这种反抗在绝大多数情况下无不以胜利告终。文化既是民族精神与内涵的持存体,同时又成为一个舞台,上面有各种各样的政治和意识形态势力彼此交锋。文化绝非什么心平气和、彬彬有礼、息事宁人的所在。文化的排他性毋宁把文化看作战场,里面有各种力量崭露头角,针锋相对。显然,各个民族国家的文化自觉意识都会将自己国家的文化经典置于其他国家的文化经典之上,让人们不假思索地捍卫本国文化传统,对于外国文化则加以贬低和排斥,并且教人把文化与日常世界隔离开来,把它视为一种高高在上的东西。从而,普遍的、世界范围的帝国主义文化和反抗帝国的这两种因素交织在一起。

---

① 邹诗鹏. 民族精神的现代性处境[J]. 华中科技大学学报,2006,(5):3.

三、新的历史实践空间

现代性是一个复杂的历史景观,是一个经过西方启蒙开化、工业化发展、资本积累转型等完整历程后醇化出来的特性与机制,也就是说,现代性自身具有其特定与系统化的文化、经济、历史发展谱系。当这种现代性以一种一维性的指示方向扩散至世界各民族,作为各民族未来发展之目标时,那么,现代性的合理与正当性就是每个民族应当审慎考虑的历史局面。

现代性以一种质的变化来标明自身与前期的断裂,从历史的生成性角度而言,它是无数的当下空间组织形式(政治、经济等)构成其历史的绵延。因此,在理解现代性的机制时,我们不仅仅将现代性置于时间—历史的一维性角度审视,还应切中其历史流变中的当下表现形式,结合时空观念来理解其特质。现代性是一个历史过程中呈现出来的机制,历史唯物主义擅长从历史的生成中解释这种机制的演化过程,但是缺少了空间的维度。历史是由无数个当下化的空间过程与形式生成的,历史并没有既定的轨道,我们应当重视每个当下化的空间。对城市空间形态变迁的发现,能够帮助我们树立一种在时空架构下理解现代性机制的方式。

随着信息时代对工业化时代的全面围攻,将现代性的审视再次置于时空立场中进行考量,则会发现,在资本逻辑这个当代生存机制的架构下,时间与空间俨然成了现代性实现自身的理性工具。现代性,是否真的能在时间同一化与空间的组织化下,不断肯定自己、拉伸自己,能够以自己的时空对接未来的时空,能够以自身对现在的认同而筹划出未来,能够把它所形成的"世界历史"真正推向历史的实处与深处,这本身是值得认真思考并反思的问题。

现代性发轫于西方,它的基质是西方的,但是弥漫的过程却是世界的。在很大程度上,"现代性"成为发祥于西方社会的地理概念,而"现代化"则成为不断突破空间障碍,以世界历史的姿态扯平各民族历史时间差异的同一化过程。时间的同一性并不代表历史的同质性,空间的同构性并不代表发展的平衡性。世界各民族发展中历史时间的历时性转变为共时性，地理不平衡性演化为空间政治性。在以资本原则为内在机制的理性规制中，时间与空间"这两个维度是不可分割地系缚在一起的。空间经验的变化总是涉及时间经验的变化，反之亦然"①。中国处于现代化的历程之中，在时间的纵向维度与空间的当下维度中建构的坐标，就可以标注出我们自身处于现代性的何种位置。

西方的现代性在世界范围内的传播与强制，依靠的还是资本的力量。借助这种经济原则的强制，现代性是以否认非西方样式的现代化为基质的，因此现代化对于任何一个非西方国家而言是一个异质的过程。如何在全球化的时代背景下实现各民族的现代化，这是一个时代命题。以西方叙事逻辑为主轴的现代化在全世界的弥漫过程中带来了两个直接而显性的后果：一是西方所谓的普世主义与自由民主泛化，冲击着各民族传统思想对社会的统合基础，消解各民族的历史认同与民族基础；二是强化了"原子式个体"的合理性。这两方面无论从文化流失还是从经济强制角度来讲，都催生这样一种事实：在现代性之下，如何把各自分散的具有"平等、自由、独立"意识的个体凝聚起来，形成合力与向心力，这是社会群体精神统合的时代难题。各种思潮的泛化，则在观念和意识形态层面显现出社会与民族统合之难题。西方所谓的自由、民主的风尚其实不过是对原子式个体的强化，强调从个体出发的应当性。近年来，新自由主义愈演愈烈，它更是以私有化为利刃，强烈瓦解中国文化传统中以集体主义为核心的价值传统。经济一旦成为社会强制，人们的精神统合则变得愈加艰难。经济的理性推导不出道德的应当性，这在西方就没有解决好的难题，现在却以现代化这个助推器将其推向世界各民族的发展历程，瓦解着各民族对自我的认同感与责任感。

在全球化的历史席卷中，中国如何建构自己的民族历史与生存空间，这是一个在新的时空座架上思考的时代问题。中国的现代化发展，从时

①　［英］彼得·奥斯本．时间的政治——现代性与先锋［M］．王志宏译．北京：商务印书馆，2004：33．

间维度来说,是处于后发式现代化发展;从空间维度来说,是处于西方强权国家空间生产的布局之下。在反帝反强权的形势下实现民族的现代化,由技术变革带来的社会革新已不是中国发展的关键,而是新的历史实践方式的革新与建构。

(一)正确对待现代化过程

对于现代化的认识,如同对资本的认识一样,是一个扬弃过程,而不是否定过程,任何社会的建构必须有自己的物质生产基础。

在社会历史实践中,中国的社会主义建设如何在理论以及实践中实现与马克思共产主义思想的对接,这确是一个令人深思的问题。首先,社会主义是不是一经政权建立就享有一劳永逸的果实? 在这一点上,毛泽东有着十分警醒的认识,"有人以为一到了社会主义社会,国家就十分美好,没有什么坏的东西了,这其实是一种迷信。"①其次,社会主义需要经历什么样的建设过程? 毛泽东说道,"社会主义这个阶段,又可能分为两个阶段,第一个阶段是不发达的社会主义,第二个阶段是比较发达的社会主义。后一阶段可能比前一阶段需要更长的时间。经过后一阶段,到了物质产品、精神财富都极为丰富和人们的共产主义觉悟极大提高的时候,就可以进入共产主义社会了。"②最后,社会主义的建成将以何种面貌呈现? 毛泽东认为,"在我国建立一个现代化的工业基础和现代化的农业基础,从现在起,还要十年至十五年。只有经过十年至十五年的社会生产力的比较充分的发展,我们的社会主义的经济制度和政治制度才算获得了自己的比较充分的物质基础(现在,这个物质基础还很不充分),我们的国家(上层建筑)才算充分巩固,社会主义社会才算从根本上建成了。"③

由此,我们可以看出,无论是从社会主义建设的基本着眼点入手,还是从未来社会主义建成的宏观远景出发,社会主义国家的根本任务在于发展现代工农业,社会主义中国同样面临物质财富生产即发展生产力的

---

① 中共中央文献研究室编. 毛泽东文集:第7卷[M]. 北京:人民出版社,1999:66.
② 中共中央文献研究室编. 毛泽东文集:第8卷[M]. 北京:人民出版社,1999:116.
③ 毛泽东. 建国以来毛泽东文稿(第6册)[M]. 北京:中央文献出版社,1992:549—550.

问题。如何在一穷二白,脱胎于半封建半殖民地的新中国特殊历史时期发展生产力,并且最重要的是如何平衡生产力与生产关系之间的关系,这确实是对新中国的巨大考验。

在生产力与生产关系两者辩证关系问题上,马克思认为,"无论哪一个社会形态,在它所容纳的全部生产力发挥出来之前,是决不会灭亡的;而新的更高的生产关系,在它存在的物质条件在旧社会的胎胞里成熟以前,是决不会出现的。"①在马克思看来,生产力与生产关系两者的发展一定是在具体历史条件下辩证统一的共生过程。换言之,任何脱离社会历史条件的对生产力或生产关系的单独化发展都不足以形成推进社会发展的总体化力量,都是对历史前进的掣肘行为。而毛泽东在这一问题上,尤其在研读马克思主义经济学著作过程中,形成这样一种观点:"马克思、恩格斯、列宁、斯大林认为,生产关系包括所有制、劳动生产中人与人之间的相互关系、分配形式三个方面。经过社会主义改造,基本上解决了所有制问题以后,人们在劳动生产中的平等关系,是不会自然出现的。"②他已经警醒地认识到,生产力的发展必然带来生产关系,确切地说是人们在分配关系上的异化。因此,在毛泽东看来,新中国的社会主义建设首先要解决的是所有制问题,即发展生产力必须重新建构一种新的生产关系。

作为马克思思想的继承与发展,毛泽东提出了在当代中国如何建设社会主义的问题。历史实践证明,在发展经济、对待私有财产的问题上,我们不能采取一种简单、粗暴的消灭个人占有的方式,甚至用国家的力量来打碎私有财产关系。如果服从于这种认识逻辑,那么对私有财产平均化的强烈意愿就表现为对私有财产的嫉妒与仇恨,要求用一种强制的方法平分私有财产。

这种历史实践其实正是马克思所反对的粗陋的共产主义形式。从反对蒲鲁东错误的思想观念出发,马克思认为,这样一种共产主义,"物质的

---

① 马克思,恩格斯.马克思恩格斯全集:第13卷[M].北京:人民出版社,1962:9.
② 中共中央文献研究室编.毛泽东著作专题摘编(上卷)[M].北京:中央文献出版社,2003:67.

直接占有是生活和存在的唯一目的"。① 因为没有财产，所以渴望占有财产，并且这种占有本身又是非常粗陋、粗鄙的占有——如果不能占有，就把它都消灭掉，所有人都成为无产者。共产主义在这个意义上被直接地理解为私有财产的平均主义，是用普遍的私有财产观念来反对现实的私有财产，让大家都成小私有者。"一切私有财产，就它本身来说，至少都对较富裕的私有财产怀有忌妒和平均化欲望，这种忌妒和平均化欲望甚至构成竞争的本质。粗陋的共产主义不过是这个忌妒和这种从想象的最低限度出发的平均化的顶点。"②马克思认为，这是一种萌芽状态的，一种很低水平的对共产主义的理解，而不是真正意义上的共产主义。"这种共产主义，由于到处否定人的个性，只不过是私有财产的彻底表现，私有财产就是这种否定。"③在这种情况下，每一个人都渴望拥有私有财产，实际上每一个人都体现着私有财产的本质，在这里出现的是无数的小私有者，而不是真正的公有制。

从这个意义出发，共产主义并没有被理解为保存并发展了以往全部社会物质财富。马克思认为共产主义是人向自身，向社会的人的复归，"这种复归是完全的、自觉的而且保存了以往发展的全部财富的。"④马克思在这里针对的正是那种粗陋的共产主义——如果不能占有私有财产，就把私有财产彻底消灭掉。这种观念体现在社会运动形式中，在苏联就表现为无产阶级文化派运动，在中国则表现为"文化大革命"。这些运动的口号就是要打碎资产阶级文化的一切东西，消灭资产阶级的物质财富，要把资产阶级的铁路、图书馆、博物馆拆掉，重建所有无产阶级的物质基础。马克思认为，真正地扬弃异化，扬弃私有财产，向社会的人的复归，是完全自觉地保存和继承以往发展的全部物质财富。因此，从这个角度来讲，马克思对共产主义的理解绝对不是什么抽象的、理想的"人的预设"，

---

① 马克思,恩格斯. 马克思恩格斯全集:第 42 卷[M]. 北京:人民出版社,1979:118.
② 马克思,恩格斯. 马克思恩格斯全集:第 42 卷[M]. 北京:人民出版社,1979:118.
③ 马克思,恩格斯. 马克思恩格斯全集:第 4 卷[M]. 北京:人民出版社,1979:118.
④ 马克思,恩格斯. 马克思恩格斯全集:第 42 卷[M]. 北京:人民出版社,1979:120.

绝不是奠定在空洞抽象的社会物质基础之上的。

马克思指出,以往一切的社会主义、共产主义的空想性质不在于它们不反对这种"人与人、人与自然"的异化,而是在于它们只是一般地反对异化,即它们都还根本不了解异化的哲学本质,不了解私有财产是人的自我异化,因而他们只能在异化的圈子里批判异化,在为私有财产所扭曲了的人的本质的领域中,在现实主体与对象世界的二元分立中抽象地要求人的权利。因此,无论是"粗陋的共产主义",还是"政治性质的共产主义"和"废除国家的,但同时还未完成的共产主义",它们所要求的或者只是平均化的私有财产,即"私有财产关系的普遍化和完成",或者是仍然作为异化之表现的政治制度(不论它是民主的,还是专制的)。在这一意义上,它们至多只能达到要求政治解放的高度,而不可能提出人类解放的任务,从而实现对异化的积极扬弃,因此真正的共产主义就永远与它们无缘。

(二)激活中国在全球化当中的民族根基

本质来讲,现代化道路就是资本发展与扬弃的同一过程,这是"现代性"被座架在现代大工业生产基础上的存在方式与历史天命。吉登斯认为,"现代性的出现首先是一种现代经济秩序,即资本主义经济秩序的创立。"①对此,马克思有精辟与独到的见解,资本原则"迫使一切民族——如果它们不想灭亡的话——采用资产阶级的生产方式;它迫使它们在自己那里推行所谓的文明,即变成资产者。一句话,它按照自己的面貌为自己创造出一个世界"。② 马克思理论的特点在于突出了资本主义经济秩序在理解现代性当中的作用。马克思从现实物质生活条件出发,解释了资本主义社会为什么会形成阶级对抗,为什么劳动会产生异化。究其实质,资本发展的内在矛盾就是私有财产表现为人与本质的背离,劳动与资本的对立,即作为财产之排除的劳动和作为劳动之排除的资本——客体化的劳动之间的对立。马克思所主张的扬弃私有财产就是扬弃资本发展

---

① [英]安东尼·吉登斯,克里斯多弗·皮尔森. 现代性:吉登斯访谈录[M].尹宏毅译. 北京:新华出版社,2001:71.

② 马克思,恩格斯. 马克思恩格斯选集:第 1 卷[M].北京:人民出版社,1995:276.

带来的劳动异化。退却异化劳动的经济学色彩,私有财产在哲学上的表述就是人的本质与其现实存在的冲突,在于对象化成了异化,在于本应属人的、对象化的人的本质成了外在于人并反过来敌视人的对象性存在,从而呈现出人的本质与私有财产的对立、劳动与资本的对立,以及以私有财产为基础的人与人的对立,亦即主体与对象世界、人与自然界、人与人的二元分立。

按照马克思对资本运动的哲学分析,资本作为投入生产系统中的剩余劳动,具有推动社会生产力发展的强大动力,然而资本在实现自身过程中,必然产生出自身的对立面,必然产生出否定自己、阻碍自身扩张的因素,这就是"资本扩张悖论"。在资本全球化背景下,这种扩张悖论在经济、生态、社会三个层面得到充分的体现:资本扩张以最大限度地制约社会消费为前提,由此限制了它自身扩张的市场空间,形成资本扩张的"经济悖论";资本扩张必然吸收和消耗大量自然资源,从而导致资源枯竭与环境恶化,逐步丧失资本扩张的自然空间,形成资本扩张的"生态悖论";资本扩张不可避免地产生社会两极分化,带来社会动荡,使资本扩张失去其社会条件,形成资本扩张的"社会悖论"。

中国要不要走现代化道路,这已经不再是理论环节上讨论与博弈的命题,而是摆在中国现实面前的实践问题。中国作为一个后发展国家,在现代化道路中,站立的起点就与已经完成了资本主义发展与现代化建设的西方发达国家有着巨大的落差,甚至是一种不平衡的现代化发展。这同时意味着中国在迈向工业、农业、国防和科学技术现代化,高度文明、高度民主的社会主义国家过程中,要比发达国家倾注更多的理论勇气与实践精神。

这带给我们一种时代主题转换的深刻反思,由单纯的经济增长模式下的社会生产力的发展转变为以经济发展为核心的关于人的全面发展。显然,发展资本与走资本主义意识形态道路有着原则高度的差异与本质的区别,资本发展所带来的经济秩序与理性原则不可能如西方自由主义所鼓吹的那样能够自发调节人与人、人与自然之间的和谐关系,构建和谐社会才是社会主义国家实现共产主义理想的立足之本。因此,拥有 14 亿人口的中国现代化事业,作为人类历史上从来没有过的伟大事件,中国必须走自己的路才能克服现代化悖论。

建立中国的现代性基质,不是用西方的范式稀释或颠覆中国的民族传统,而是要在现代化过程中强化自己的民族认同与民族理解。民族认同是一种文化与历史意义上对现有生活过程的肯定立场。在现代化的过程中,各民族往往受到西方强权国家在政治、经济、文化上的侵蚀与挤压,对西方带来的生活样式与价值观要么附庸,要么排斥,难以从一种民族心理上对现有生活样式予以肯定与接受,找不到自身的生存定位与存在的意义,往往对于生活其中的世界是一种排斥与意义否定的过程,从而失去了应有的民族意识边界。因此,确立自身的民族基础,才能实现民族化与现代化的文化对接,帮助人们在深层次的精神层面上达成对现代性的肯定与理解。

现代性在世界各民族进行现代化的过程中也经历一个自身反省的过程,其核心价值、理念、工业化过程并非表现出一个统一的西方"质"的概念与模式。这也意味着,现代化在各民族的建立必须遵照各民族自身的文化与历史特色,这样的现代性对各民族而言才是非异质性的,才是一个外在与内化的真正融合与发展,是一个扎了根、接了民族底气的现代性。同样,解决现代化障碍,必须立足自己的民族基础树立自己的理论底色,以自己的民族根基解决现代性带来的西化问题。中国的现代化并不是一个任工业化发展而消磨自身,消解自己文化的过程。中国接受现代性,历经现代化必须立足自身的民族基础。中国可以用自己的历史实践方式反思与重构对现代性自身的理解。中国必须有这样的理论与实践勇气!

建构民族认同与民族基础是真正实现现代性的基础与前提,而工业化的历程往往褫夺了这个基础,总是以反传统的反叛态势切断与传统历史和精神文化信仰的脐带。但是工业化与资本化的生存建制并没有带来新的社会统合基础,当现代性允诺的美好期许土崩瓦解之后,才会想到反过来寻找它的合理性基础。从胡塞尔的"回到生活世界",到海德格尔的

"面对现象本身",乃至哈贝马斯的"生活世界建构",其理论目标与实践指向都是积极透过现代性捆压下的层层"铁笼"机制与"抽象化现实"的迷雾,从生活世界中寻找合理性基础,从而回归生活本质。而从本质看来,这个所谓追求的生活世界就是民族传统文化。文化在对保有民族精神上具有肯定的意义。同时,历史实践也表明,西方也在中国的民族特色中寻找与汲取新的力量与元素来重新奠定现代性的生存根基与合理性基础。中国的传统文化现代性在建构人们生活样式的同时,也延伸人们对现代性自身的理解,这种理解是要透过现代性当下的机制,重新定义对生活的理解。

结语　城市的未来

作为一个关切人类发展命运的时代课题,城市空间的发展既是一个政治方案,又是一个历史实践方案,其理论诉求的深层意义乃是形成对现实的观照与引导,因此对其积极应对应是一个长久的历史实践过程。在这个过程中,一方面要结合着物质生产过程注意资本主义生产方式的变化,一方面对其的解决也要深入其内在机制的维度当中去考虑,用与其相对的空间形式来应对,任何外在的单纯否定只能使切入的方式游离于主题。"通过阐明观念在其所处时间中的起源、意义与局限,我们可以更好地理解,我们在自己的时代中跟这些观念的紧密关系,及其含义和重要性。"[1]

任何一种理论都是一种敞开的视域,我们不能期许它在理论与现实中都具有自足性,空间理论的发展也不例外。面对城市空间发展这样一个时代命题,任何一种指望从中获得一挥而就、一劳永逸的救世良方的想法都注定是错误与失败的。对于城市在现代性发展中的未来走向,我们希望能够在现代性发展的道路与实践过程中时刻保持清醒的批判与反思。

关于城市的发展,在未来的现代性发展过程中,其地位是十分醒目与不言自重的。可以说,城市的发展是未来国家发展的风向标,这是因为从实践来看,新帝国主义进行空间化、域化的首要对象是城市,城市自身也以其特有的社会空间集合着当代突出的社会问题,金融问题、社会运动等社会行为都是以城市作为载体的,城市成为这些活动在世界各城市"点"与"点"之间进行连接的通道。

---

[1] ［美］卡尔·休斯克. 世纪末的维也纳[M]. 李锋译. 南京:江苏人民出版社,2007:9.

　　至于未来的发展,我们所做的,所能看到的,是空间带给我们的辩证性思维与视野,它既是问题集结的空间,也是我们进行重构、进行人类解放的空间。文化是人类精神家园与精神归属,未来城市的发展将不断突显文化的力量。在资本及信息逻辑所制定的空间秩序和社会规则面前,唯一能够做出不同定义和路径的力量,就是文化。这对中国城市空间的主体建设尤为重要。中国有这样的精神文化内核,能够走出与西方不同的现代化城市发展道路。

　　至此,在关于资本、信息、文化的三者论述中,我们可以看到城市空间变迁的逻辑主线,未来城市空间拯救与发展的力量就在于文化。文化是表明世界多样性文明样式存在的最大明证。时代问题有待深化与解决,但是这种革命乐观的精神是自马克思思想创立以来就具有并崇尚的。

　　本质上说,现代化过程不仅是经济、制度上的达成,更是一种"观念"上的现代化完成,这就要求具有相应的哲学以及精神层面与之呼应和承接,使得现代化成为一种植根于民族历史文化基础之上,符合人的生存特质的存在之境。中国在深化改革、锐意进取的同时,已经有了对现代化进行审视与反思的理论自足与勇气,有了足够的理论自信与民族基础去发展自己的现代化道路。这种理论自信取决于中国在经济、社会发展的同时,有了更为清晰的民族意识和文化自觉。在对接现代性这一历史成果时,中国应当在这个随之而来的过程中建立起民族精神与民族文化的更深层次的历史根基。这需要一个历史时期对文化与精神进行再启蒙与再培育,从而建立起中国现代化发展道路中的文化根基与文化话语。这种植根于中国国情与文化土壤中的文化反思力量,能够清楚自身的立足点在哪,以一种审视反观的眼界来甄别各种思潮,思索自己的现代化之路,从而在全球的经济、政治环境中具有更为充沛的驾驭能力。

　　在改革中坚持发展离不开理论的创新与发展,这正是中国道路在广泛汲取马克思主义理论的基础上,进而转化为民族基础的理论自觉。中国正处于发展自身文化的最好历史时期。在中国共产党的坚强领导下,中国在改革发展的道路中正逐步建立起自己的理论自信。当然,这种自信并不是盲目的乐观与自负,而是在对民族自信、文化自信深深认同基础上,以一种相对稳定与成型的理论化方式建立并完善中国道路发展的理论体系,承托起进一步促进文化自省、精神启蒙的历史责任,建立起一种与中国特色社会主义现代化道路相匹配的民族精神与指导方针,从而为政治、经济、文化改革发展指明方向。

中国建立自己的理论自信具有非常好的时代基础与历史机遇。当前,中国的经济实力、综合国力的发展已经到了新的历史阶段,是总结反思现代化历程,前瞻未来现代化道路的极好历史时期。当下的中国改革创新,鼓励内省、反思、进取精神的内在融合,倡导民族文化与社会主义核心价值的对接,推进效率、利益、公平的深入改革。因此,中国当下的改革创新,是一场社会体系的整体自我更新,是经济、政治、生产方式、社会公平、理念转变的全方位同步改革。有经济实力发展做强有力支撑,有效率开明的政治改革保驾护航,有走向世界的工业化格局,中国正处在最好的改革发展历史时期。这些改革创新离不开改革的理论先导,同时也在实践中不断深化对中国道路理论的理解,培植中国改革的理论自信,为理论进一步指导实践打下坚实的基础。

在全球化席卷的现代化过程中,中国如何建构自己的民族历史与生存空间,这是一个在新的时空座架中思考的时代问题。中国的现代化发展,从时间维度来说,处于后发式现代化进程;从空间维度来说,处于世界经济一体化不平衡发展的序列之中。在改革创新的形势下实现民族的现代化,由技术变革带来的社会革新已不是中国发展的关键,而是新的历史实践方式的革新与建构。坚持马克思主义发展道路,深耕民族历史文化与精神,秉持"只有理论自信,才会有道路自信、民族自信"之理念,中国的民族发展在现代化的世界之林中必会发挥更广泛的作用,担当更多的历史责任。

理论自信对中国改革创新的意义是巨大的。一方面,在创新的道路上,我们离不开生产工具、技术的革新,与此同时,我们更需要的是发展理念的转变与革新,因为任何物质性的变革,都离不开精神层面的创新引领,离不开精神文化的重新审视。物质层面越丰盛,人们的精神与文化越容易迷失，会在物欲缠绕的世界中失去方向，丧失对道路与方向的判断，在世界的现代化之林中失去对发展格局的认识与判断。由此，改革创新，归根结底还需要精神层面的引领与匹配。如果我们在改革创新道路中，没有自己的理论基础、理论体系与理论方向，那么我们就没有精神的引导与归属，没有道路的方向，从而丧失对现代性的判断与发展先机。另一方面，中国如何在现代化生存样式中寻找出属于中国并能够促进中国人实现人的全面发展的道路与方向，仍离不开中国发展的理论先导与理论自足。众所周知，西方的现代化是以自由主义为主流意识形态推进的。在西方世界的话语看来，现代性的胜利仿佛就是自由主义的胜利，自由主义就是现代性的精神底色。但如前文所述，自由主义虽是现代性的精神起点，但却是现代社会分离与背离的精神要害。在中国这样一个多民族广域的国家，如果在工业化道路上再沿袭西方自由主义的精神汤剂，那就是对中国的瓦解与分离。在世界多样性以及现代性自身所繁衍出来的各种意识形态的对撞中，如何通过中国的历史实践向世界证明，中国的集体主义是根植于民族血脉中走现代化道路的历史必然选择与自主选择，是马克思主义在中国历史实践活的灵魂，这些都离不开中国现代化理论的发展与自信。

从世界范围来讲，中国道路的理论自信对世界的和平与发展有着积极而深远的意义，这点是毋庸置疑的。未来世界和平发展的一个重要前提就是国家、民族之间的相互承认与尊重。承认与尊重的内涵就是承认与尊重各民族文化与发展的差异，并不以现代性所谓的强制性与统一性迫使不发达国家与民族纳入现代化、工业化的统一序列中，并不以任何意识形态去影响、干涉其他民族与国家的发展。这种承认与尊重在现代化的世界席卷中，是不容易做到的。因此，各个民族与国家在现代化的道路中，走出一条属于自己特色与方式的发展道路并不容易。中国作为世界上最大的发展中国家，能够在现代化的探索与发展道路上，走出一条属于自己的道路，建立自己的理论体系，确实为世界探索现代化之路提供了自己的版本与典范。

参考文献

[1]马克思,恩格斯. 马克思恩格斯全集:第 3 卷[M]. 北京:人民出版社,1960.

[2]马克思,恩格斯. 马克思恩格斯全集:第 3 卷[M]. 北京:人民出版社,2002.

[3]马克思,恩格斯. 马克思恩格斯全集:第 4 卷[M]. 北京:人民出版社,1958.

[4]马克思,恩格斯. 马克思恩格斯全集:第 11 卷[M]. 北京:人民出版社,1995.

[5]马克思,恩格斯. 马克思恩格斯全集:第 13 卷[M]. 北京:人民出版社,1962.

[6]马克思,恩格斯. 马克思恩格斯全集:第 19 卷[M]. 北京:人民出版社,1963.

[7]马克思,恩格斯. 马克思恩格斯全集:第 21 卷[M]. 北京:人民出版社,2003.

[8]马克思,恩格斯. 马克思恩格斯全集:第 30 卷[M]. 北京:人民出版社,1995.

[9]马克思,恩格斯. 马克思恩格斯全集:第 31 卷[M]. 北京:人民出版社,1998.

[10]马克思,恩格斯. 马克思恩格斯全集:第 32 卷[M]. 北京:人民出版社,1998.

[11]马克思,恩格斯. 马克思恩格斯全集:第 33 卷[M]. 北京:人民出版社,2004.

[12]马克思,恩格斯. 马克思恩格斯全集:第 42 卷[M]. 北京:人民出版社,1979.

[13]马克思,恩格斯. 马克思恩格斯全集:第 44 卷[M]. 北京:人民出版社,2001.

[14]马克思,恩格斯. 马克思恩格斯全集:第 45 卷[M]. 北京:人民出版社,2003.

[15]马克思,恩格斯. 马克思恩格斯全集:第 46 卷[M]. 北京:人民出版社,2003.

[16]马克思,恩格斯. 马克思恩格斯选集:第 1 卷[M]. 北京:人民出版社,1995.

[17]马克思,恩格斯. 马克思恩格斯选集:第 1 卷[M]. 北京:人民出版社,2012.

[18]马克思,恩格斯. 马克思恩格斯选集:第 3 卷[M]. 北京:人民出版社,1995.

[19]马克思,恩格斯. 马克思恩格斯文集:第 2 卷[M]. 北京:人民出版社,2009.

[20]中共中央文献研究室. 毛泽东文集:第 7 卷[M]. 北京:人民出版社,1999.

[21]中共中央文献研究室. 毛泽东文集:第 8 卷[M]. 北京:人民出版社,1999.

[22]毛泽东. 建国以来毛泽东文稿(第 6 册)[M]. 北京:中央文献出版社,1992.

[23]中共中央文献研究室. 毛泽东著作专题摘编(上卷)[M]. 北京:中央文献

出版社,2003.

　　[24]瞿秋白.瞿秋白文集(政治理论编第四卷)[M].北京:人民出版社,1993.

　　[25]中共中央马克思恩格斯列宁斯大林著作编译局编译.列宁全集:第 25 卷[M].北京:人民出版社,1988.

　　[26]中共中央马克思恩格斯列宁斯大林著作编译局编译.列宁全集:第 27 卷[M].北京:人民出版社,1990.

　　[27]中共中央马克思恩格斯列宁斯大林著作编译局编译.列宁全集:第 56 卷[M].北京:人民出版社,1985.

　　[28]中共中央马克思恩格斯列宁斯大林著作编译局编译.列宁全集:第 59 卷[M].北京:人民出版社,1990.

　　[29]斯大林全集:第 2 卷[M].北京:人民出版社,1953.

　　[30]斯大林全集:第 11 卷[M].北京:人民出版社,1955.

　　[31]斯大林.斯大林文集[M].北京:人民出版社,1985.

　　[32][美]戴维·哈维.后现代的状况[M].阎嘉译.北京:商务印书馆,2003.

　　[33][英]大卫·哈维.地理学中的解释[M].高泳源,刘立华,蔡运龙译.北京:商务印书馆,1996.

　　[34][美]戴维·哈维.正义、自然和差异地理学[M].胡大平译.上海:上海人民出版社,2010.

　　[35][美]大卫·哈维.希望的空间[M].胡大平译.南京:南京大学出版社,2006.

　　[36][美]戴维·哈维.叛逆的城市:从城市权利到城市革命[M].叶齐茂,倪晓晖译.北京:商务印书馆,2014.

　　[37][美]大卫·哈维.巴黎城记:现代性之都的诞生[M].黄煜文译.桂林:广西师范大学出版社,2010.

　　[38][美]大卫·哈维.新自由主义化的空间:通向不均衡发展理论[M].王志弘译.台北:群学出版有限公司,2008.

　　[39][英]大卫·哈维.新帝国主义[M].初立忠,沈晓雷译.北京:社会科学文献出版社,2009.

　　[40][美]大卫·哈维.新自由主义简史[M].王钦译.上海:上海译文出版社,2010.

　　[41][英]大卫·哈维.资本的限度[M].张寅译.北京:中信出版集团,2017.

[42][德]鲁道夫·希法亭.金融资本——资本主义最新发展的研究[M].福民译.北京:商务印书馆,1994.

[43][英]彼得·奥斯本.时间的政治——现代性与先锋[M].王志宏译.北京:商务印书馆,2004.

[44][匈]阿格尼丝·赫勒.现代性理论[M].李瑞华译.北京:商务印书馆,2005.

[45][英]史蒂芬·霍金.时间简史[M].许明贤,吴忠超译.长沙:湖南科学技术出版社,2007.

[46][意]文森佐·费罗内.启蒙观念史[M].马涛,曾允译.北京:商务印书馆,2018.

[47][美]马歇尔·伯曼.一切坚固的东西都烟消云散了[M].徐大建,张辑译.北京:商务印书馆,2003.

[48][英]R.J.约翰斯顿.哲学与人文地理学[M].蔡运龙译.北京:商务印书馆,2000.

[49][法]亨利·勒菲弗.空间与政治[M].李春译.上海:上海人民出版社,2008.

[50][美]爱德华·W.苏贾.后大都市:城市和区域的批判性研究[M].李钧等译.上海:上海教育出版社,2006.

[51][美]爱德华·W.苏贾.后现代地理学[M].王文斌译.北京:商务印书馆,2004.

[52][美]曼纽尔·卡斯泰尔斯.经济危机与美国社会[M].晏山枥等译.上海:上海译文出版社,1985.

[53][美]曼纽尔·卡斯特尔.信息化城市[M].崔保国等译.南京:江苏人民出版社,2001.

[54][德]黑格尔.历史哲学[M].王造时译.上海:上海世纪出版集团,2006.

[55][英]巴特·穆尔-吉尔伯特.后殖民批评[M].杨乃乔等译.北京:北京大学出版社,2001.

[56][德]阿尔夫雷德·赫特纳.地理学,它的历史、性质和方法[M].王兰生译.北京:商务印书馆,2009.

[57][美]彼得·盖伊.现代主义:从波德莱尔到贝克特之后[M].骆守怡,杜冬译.上海:译林出版社,2017.

[58][美]詹明信.晚期资本主义的文化逻辑[M].陈清侨译.上海:三联书店,

1997.

　　[59]包亚明.权力的眼睛——福柯访谈录[M].上海:上海人民出版社,1997.

　　[60]蔡禾.城市社会学:理论与视野[M].广州:中山大学出版社,2003.

　　[61][英]斯蒂夫·派尔.真实城市:现代性、空间与城市生活的魅像[M].孙民乐译.南京:凤凰出版传媒股份有限公司,2014.

　　[62][英]约翰·伦尼·肖特.城市秩序:城市、文化与权力导论[M].郑娟、梁捷译.上海:上海人民出版社,2011.

　　[63]汪民安.现代性[M].南京:南京大学出版社,2012.

　　[64][美]詹姆斯·格雷克.信息简史[M].高博译.北京:人民邮电出版社,2013.

　　[65][德]阿尔弗雷德·韦伯.文化社会学视域中的文化史[M].姚燕译.上海:上海世纪出版集团,2006.

　　[66][美]艾尔伯特·鲍尔格曼.跨越后现代的分界线[M].孟庆时译.北京:商务印书馆,2013.

　　[67][英]杰拉德·德兰蒂.现代性与后现代性:知识、权力与自我[M].李瑞华译.北京:商务印书馆 2012.

　　[68][美]乔纳森·弗里德曼.文化认同与全球性过程[M].郭建如译.北京:商务印书馆,2003.

　　[69][英]罗伊·波特.启蒙运动[M].殷宏译.北京:北京大学出版社,2018.

　　[70][德]黑格尔.哲学史讲演录[M].贺麟,王太庆译.北京:商务印书馆,1959.

　　[71][德]齐奥尔格·西美乐.时尚的哲学[M].费勇译.北京:文化艺术出版社,2001.

　　[72][美]詹姆斯·施密特编.启蒙运动与现代性:18世纪与20世纪的对话[M].徐向东,卢华萍译.上海:上海人民出版社,2005.

　　[73][加]杰布·布鲁格曼.城变:城市如何改变世界[M].董云峰译.北京:中国人民大学出版社,2011.

　　[74][美]芒福德.城市发展史[M].宋俊岭,倪文彦译.北京:中国建筑工业出版社,2005.

　　[75][英]安东尼·帕戈登.启蒙运动为什么依然重要[M].王丽慧,郑念,杨蕴真译.上海:上海交通大学出版社,2017.

　　[76][意]文森佐·费罗内.启蒙观念史[M].马涛,曾允译.北京:商务印书馆,

2018.

[77]曹义恒,曹荣湘主编.后帝国主义[M].北京:中央编译出版社,2007.

[78][英]安东尼·吉登斯.民族—国家与暴力[M].胡宗泽、赵力涛译.北京:生活·读书·新知三联书店,1998.

[79][英]安东尼·吉登斯,克里斯多弗·皮尔森.现代性:吉登斯访谈录[M].尹宏毅译.北京:新华出版社,2001.

[80][英]安东尼·吉登斯.社会的构成[M].李猛译.北京:生活·读书·新知三联书店.

[81][英]安东尼·吉登斯.现代性的后果[M].田禾译.上海:译林出版社,2000.

[82][德]马克斯·韦伯.非正当性的支配——城市的类型学[M].简惠美译.桂林:广西师范大学出版社,2005.

[83][德]汉斯-格奥尔格·加达默尔.哲学解释学[M].夏镇平,宋建平译.上海:上海译文出版社,2004.

[84][美]罗纳德·H.奇尔科特主编.批判的范式:帝国主义政治经济学[M].施扬译.北京:社会科学文献出版社,2001.

[85]弗里德里希·奥古斯特·冯·哈耶克.通往奴役之路[M].王明毅,冯兴元等译.北京:中国社会科学出版社,1997.

[86][美]汉娜·阿伦特.论革命[M].陈周旺译.上海:译出版社,2007.

[87][美]汉娜·阿伦特.极权主义的起源[M].林骧华译.北京:生活·读书·新知三联书店,2008.

[88][美]汉娜·阿伦特.《耶路撒冷的艾希曼》:伦理的现代困境[M].长春:吉林人民出版社,2003.

[89][英]以赛亚·柏林.自由及其背叛:人类自由的六个敌人[M].赵国新译.上海:译林出版社,2005.

[90][埃及]萨米尔·阿明.资本主义的危机[M].彭姝祎译.北京:社会科学文献出版社,2003.

[91][埃及]萨米尔·阿明.不平等的发展[M].高铦译.北京:商务印书馆,2000.

[92][埃及]萨米尔·阿明.全球化时代的资本主义——对当代社会的管理[M].丁开杰译.北京:中国人民大学出版社,2008.

[93][埃及]萨米尔·阿明.世界规模的积累——欠发达理论批判[M].杨明柱,

杨光,李宝源译.北京:社会科学文献出版社,2008.

[94][德]安德烈·冈德·弗兰克.依附性积累与不发达[M].高铦,高戈译.上海:译林出版社,1999.

[95][巴西]特奥托尼奥·多斯桑托斯.帝国主义与依附[M].杨衍永,齐海燕,毛金里,白凤森译.北京:社会科学文献出版社,1999.

[96][美]迈克尔·哈特,[意]安东尼·奥奈格里.帝国[M].杨建国,范一亭译.南京:江苏人民出版社,2005.

[97]乔万尼·阿里吉.漫长的20世纪:金钱、权力与我们时代的起源[M].姚乃强,严维明译.北京:社会科学文献出版社,2022.

[98][意]马塞罗·默斯托.马克思的《大纲》:《政治经济学批判大纲》150年[M].闫月梅译.北京:中国人民大学出版社,2011.

[99][意]理查德·桑内特.肉体与石头:西方文明中的身体与城市[M].黄煜文译.上海:译文出版社,2006.

[100][美]丝奇雅·沙森.全球城市:纽约、伦敦、东京[M].周振华等译.上海:上海社会科学院出版社,2005.

[101][美]詹姆斯·E.万斯.延伸的城市:西方文明中的城市形态学[M].凌霓,潘荣译.北京:中国建筑工业出版社,2007.

[102][美]迈克·詹克斯,伊丽莎白·伯顿编著.紧缩城市:一种可持续发展的城市形态[M].周玉鹏等译.北京:中国建筑工业出版社,2004.

[103][德]瓦尔特·本雅明.巴黎,十九世纪的首都[M].刘北成译.北京:商务印书馆,2013.

[104][美]威廉·朱利叶斯·威尔逊.真正的穷人——内城区、底层阶级和公共政策[M].成伯清,鲍磊,张戎凡译.上海:上海人民出版社,2007.

[105][法]让·鲍德里亚.生产之镜[M].仰海峰译.北京:中央编译出版社,2005.

[106]胡大平.后革命氛围与全球资本主义:德里克"弹性生产时代的马克思主义"研究[M].南京:南京大学出版社,2002.

[107]罗岗.帝国、都市和现代性[M].南京:江苏人民出版社,2006.

[108]高鉴国.新马克思主义城市理论[M].北京:商务印书馆,2006.

[109]汪民安.城市文化读本[M].北京:北京大学出版社,2008.

[110]汪民安.身体、空间与后现代性[M].南京:江苏人民出版社,2006.

[111]汪民安等主编.后身体:文化、权力与生命政治学[M].长春:吉林人民出版社,2003.

[112]包亚明.现代性与空间的生产[M].上海:上海教育出版社,2003.

[113]包亚明主编.现代性与都市文化理论[M].上海:上海社会科学院出版社,2008.

[114]包亚明主编.现代性与空间的生产[M].上海:上海教育出版社,2003.

[115]夏铸九、王志弘.空间的文化形式与社会理论读本[M].台北:台湾明文书局,2002.

[116]蔡禾.城市社会学:理论与视野[M].广州:中山大学出版社,2003.

[117]孙逊,杨剑龙.都市空间与文化想象[M].上海:上海三联书店,2008.

[118]孙逊,杨剑龙.都市、帝国与先知[M].上海:上海三联书店,2006.

[119][英]西蒙·克拉克.经济危机理论:马克思的视角[M].杨健生译.北京:北京师范大学出版社,2011.

[120][美]理查德·皮特.现代地理思想[M].周尚意译.北京:商务印书馆,2007.

[121][英]布赖恩·特纳主编.Blackwell 社会理论指南(第 2 版)[M].李康译.上海:上海人民出版社,2003.

[122][英]阿尔弗雷多·萨德—费洛,黛博拉·约翰斯顿主编.新自由主义批判读本[M].陈刚译.南京:江苏人民出版社,2006.

[123][美]诺姆·乔姆斯基.新自由主义和全球秩序[M].徐海铭、季海宏译.南京:江苏人民出版社,2001.

[124][加]埃伦·M.伍德.资本的帝国[M].王恒杰,宋兴无译.上海:上海译文出版社,2006.

[125][加]艾伦·伍德.新社会主义[M].尚庆飞译.南京:江苏人民出版社,2002.

[126][德]于尔根·科卡.资本主义简史[M].徐庆译.上海:文汇出版社,2017.

[127][美]卡尔·休斯克.世纪末的维也纳[M].李锋译.南京:江苏人民出版社,2007.

[128][英]佩里·安德森.思想的谱系:西方思潮左与右[M].袁银传,曹荣湘译.

北京:社会科学出版社,2010.

[129]D. Harvey,*The Limits of Capital*,London:Basil Blackwell,1982.

[130]Maria Balshaw,Liam Kennedy. *Urban Space and Representation*,London:
Pluto Press,2000.

[131]D. Harvey,*Social Justice and The City*,Edward Arnold,1973.

[132]D. Harvey,*The Limits of Capital*,Basil Blackwell,1982.

[133]D. Harvey,*The Urbanization of Capital*,Hopkins University,1985.

[134]D. Harvey,*Consciousness and The Urban Experience*,Basil Blackwell,
1985.

[135]D. Harvey,Justice,*Nature and The Geography of Difference*,Blackwell,
1996.

[136]D. Harvey,*Spaces of Capital*,Edinburgh University,2001.

[137]D. Harvey,*Spaces of Global Capitalism*,Verso,2006.

[138]H. Lefebvre,*The Sociology of Marx*,Vintage,1969.

[139]H. Lefebvre,*The Survival of Capitalism*,St. Martin's Press,1973.

[140]H. Lefebvre,*The Production of Space*,Basil Blackwell,1974.

[141]H. Lefebvre,*Writings on Cities*,Basil Blackwell,1996.

[142]H. Lefebvre,*The Urban Revolution*,University of Minnesota,2003.

[143]M. Castells,*The Urban Question*,Edward Arnold,1977.

[144]M. Castells,*City*,*Class and Power*,St. Martin's Press,1978.

[145]A. Giddens,*Central Problems in Social Theory*,Macmillan,1979.

[146]P. Saunders,*Social Theory and Urban Question*,Hutchinson,1981.

[147]A. Giddens,*A Contemporary Critique of Historical Materialism*,Macmillan,1995.

[148]D. Gregory Ideology,*Scence and Human Geography*,London:Hutchinson

[149]H. l. Wesseling ed,*Imperialism and Colonialism*:*Essays on the History of European Expansion*,Greenwood Press,1997.

[150]Ernest Gellner,*Nations and Nationalism*,Basil Blackwell,1983.

[151]Allan G. Johnson,*The Blackwell Dictionary of Sociology*,Basil Blackwell,1999.

[152]D. Harvey, In What Ways Is "The New Imperialism" Really New, *Historical Materialism*, 2007, (3).

[153] Huntington, Ellsworth: "Geography and History", *Canadian Journal of Econ. and Pol. Science*, 1937, (3).

[154]Ellen Meiksins Wood: Logics of Power: A conversation with David Harvey, *Historical Materialism*, 2006, (4).

[155]Bob Sutcliffe, Imperialism Old and New: A comment on David Harvey's The New Imperialism and Ellen Meiksins Wood's Empire of Capital, *Historical Materialism*, 2006, (4).

[156]Robert Brenner, What Is, and What Is Not, Imperialism? *Historical Materialism*, 2006, (4).

[157]Sam Ashman and Alex Callinicos, Capital Accumulation ad the State System: Assessing David Harvey's The New Imperialism, *Historical Materialism*, 2006, (4).

[158]Ben Fine, Debating the "New" Imperialism, *Historical Materialism*, 2006, (4).

[159]David Harvey, Comment on Commentaries, *Historical Materialism*, 2006, (4).

[160]David Harvey, In What Ways Is "The New Imperialism's" Really New?, *Historical Materialism*, 2007, (1).

[161]Prasenjit Bose, "New" Imperialism? On Globalisation and Nation-States, *Historical Materialism*, 2007, (1).

[162]胡大平. 社会批判理论之空间转向与历史唯物主义的空间化[J]. 江海学刊, 2007(2).

[163]吴敏. 英国著名左翼学者大卫·哈维论资本主义[J]. 国外理论动态, 2001(3).

[164][美]迈克尔·赫德森. 从马克思到高盛: 虚拟资本的幻想和产业的金融化[J]. 国外理论动态, 2010(10).

[165][美]比伦特·格卡伊 达雷尔·惠特曼. 战后国际金融体系演变三个阶段和全球经济危[J]. 国外理论动态, 2011(1).